Richard H. Kastner
Gebäudesanierung

Richard H. Kastner

Gebäudesanierung

Analyse □ Planung □ Durchführung

Callwey Verlag München

CIP-Kurztitelaufnahme der Deutschen Bibliothek
Kastner, Richard H.:
Gebäudesanierung: Analyse, Planung, Durchführung
Richard H. Kastner. - München: Callwey, 1983.
ISBN 3-7667-0665-9

Umschlaggestaltung Baur + Belli Design, München
unter Verwendung der Abbildung 74
Lithos Brend'amour, München, und Seyss, Wien
Satz Typoservice Urban GmbH, München
Druck und Bindung Auer, Donauwörth
Printed in Germany

INHALT

Lexikon der Sanierungstechnik 7
Abbruch 8
Adaptierung 8
Alterung 8
Aufbau 8
Ausführung 8
Ausgestaltung 8
Baukörper 10
Baumethode 10
Baustoff 10
Bekleidung 11
Beschichtung 12
Bestandanalyse 12
1 Auswerten vorhandener Pläne 17
2 Auswerten bildlicher Darstellungen 17
3 Auswerten schriftlicher Quellen 17
4 Auswerten mündlicher Überlieferungen 22
5 Augenschein 22
6 Befühlen 27
7 Abklopfen 27
8 Abhorchen 29
9 Ermitteln der Oberflächenhärte 29
10 Feuchtigkeitsmessung 30
11 Aufsuchen von Metallen 31
12 Messen von Formänderungen 33
13 Planliche Aufnahmen 34
14 Fotografische Aufnahmen 41
15 Statische und andere Berechnungen 43
16 Entfernen von Beschichtungen und Bekleidungen 43
17 Freilegen der Grundkonstruktion 46
18 Öffnen der Grundkonstruktion 48
19 Endoskopie 50
20 Probenentnahme 50
Durchführung 57
Erneuerung 59
Erscheinung 59
Fehler 59
Form 63
Füllung 63
Funktion 64
Gebäude 65
Gebäudeelement 65
Gebäudeteil 66
Gliederung 66
Grundform 66
Grundkonstruktion 66
Herd 68
Instandhaltung 68
Instandsetzung 68
Konservierung 68
Konstruktion 68
Kontinuität 68
Mangel 69
Mißstand 69
Modernisierung 70
Nachbildung 70
Planung 70
Qualität 72
Rationalisierung 72
Rekonstruktion 73
Restaurierung 73
Restnutzungsdauer 73
Revitalisierung 73
Riß 73
Ruine 77
Sanierung 79
Schaden 82
Scheinkonstruktion 82
Sicherung 87
Umbau 89
Veralterung 89
Versetzen 91
Wert 92
Wertanalyse 93
Wirkung 102
Zubau 106
Zustand 106

Praxis der Sanierungstechnik 107
Wände 110
Fenster, Türen und Tore 118
Deckentragwerke 130
Unterdecken 135
Fußböden 139
Treppen 141
Dachtragwerke 143
Dachdeckungen 152
Schornsteine 156
Gebäudetechnische Anlagen 158

Holzkonstruktionen 162
Eisen- und Stahlkonstruktionen 173

Literaturhinweise und Bildnachweis 182

Zum Gebrauch des Buches

Die für das Verständnis des Fachgebietes wichtigsten Begriffe sind im ***Lexikon der Sanierungstechnik*** alphabetisch zusammengestellt, definiert und erläutert. Bezugsbegriffe sind *kursiv* gesetzt. Hinweise auf Abschnitte der ***Praxis der Sanierungstechnik*** einschließlich deren Anhang werden durch einen nach oben gerichteten Pfeil vor der betreffenden ↑ Abschnittsbezeichnung gegeben. Die halbfett gedruckten Ziffern in Klammern beziehen sich auf die Abbildungen.

Lexikon der Sanierungstechnik

ABBRUCH

Planmäßige Zerstörung eines *Gebäudes* oder eines *Gebäudeteiles.* Gründe dafür können sein:

☐ ***Konstruktive Abbruchreife.*** Sie betrifft den Baugrund und die *Grundkonstruktion.* Selbst bei Einsturzgefahr ist sie sehr selten gegeben im Hinblick auf die heute zur Verfügung stehenden technischen Möglichkeiten:
Verfestigen des Baugrundes und andere Fundierungsmaßnahmen;
Unterfangen, Verstärken, Verfestigen und Auswechseln der Grundkonstruktion.
Bei extremen Erhaltungserfordernissen - meist werden es solche immaterieller Art sein - kann auch ein Restbestand der Bausubstanz zum Kristallisationspunkt der *Rekonstruktion* des gesamten Gebäudes werden.

1 *Ausgestaltung* einer Trennwand. Im Zuge der in den letzten Jahren durchgeführten *Adaptierung* eines Palais aus der ersten Hälfte des 19. Jahrhunderts war zwischen dem Vorraum des Festsaales und dem Stiegenhaus ein Wandabschluß erforderlich. Er erfolgte in Glas, damit das natürliche Licht in den Vorraum (Aufnahmestandpunkt) gelangen kann und andererseits von dort der Durchblick zum Stiegenhaus gewonnen wird.
Zur *Gliederung* dienen Stahlsprossen, welche die Wandfläche in Felder teilen. In der untersten Felderreihe sind nach dem Modell eines Bildhauers in Messing gegossene Rosetten als *Füllung* angeordnet, deren materielle *Funktion* der Schutz des Glases ist.

☐ ***Funktionelle Abbruchreife.*** In den meisten Fällen ist es die *Veralterung*, die - infolge Vernachlässigung der *Instandhaltung* und *Instandsetzung* oft von fortgeschrittener *Alterung* begleitet - zu funktioneller Abbruchreife führt, obwohl keine Setzungsschäden vorhanden sind und die Grundkonstruktion ihre Funktionsfähigkeit behalten hat.

☐ ***Standortprobleme.*** Verkehrsrücksichten wie auch militärische, bergbauliche, wasserbauliche oder andere Erfordernisse können den Abbruch eines Gebäudes erzwingen. Besonderen Erhaltungserfordernissen kann durch *Versetzen* an einen anderen Standort entsprochen werden.

ADAPTIERUNG

Bauliche Veränderung, die der Anpassung des *Baukörpers* an neue funktionelle Gegebenheiten und Forderungen dient, die also durch Beseitigung von *Mängeln* der *Veralterung* entgegenwirkt. Auch Fehler in *Planung* oder *Ausführung* können durch Adaptierung behoben werden. Arten der Adaptierung sind *Aufbau, Umbau* und *Zubau.*

ALTERUNG

Vorgang, bei dem infolge gewöhnlicher Beanspruchung (Benützung, Witterung) ein chronischer *Schaden* (Zeitschaden) oder ein Folgeschaden, also ein konstruktiver *Mißstand*, an dem *Baukörper* entsteht. Die Alterung bewirkt demnach eine Verminderung des materiellen *Wertes*, jedoch andererseits eine Vermehrung des ideellen Wertes.

AUFBAU

Adaptierung eines *Gebäudes* durch höhenmäßige Erweiterung.

AUSFÜHRUNG

Auf Grund der *Planung* getroffene bauliche Maßnahmen im Zuge der *Durchführung* einer *Sanierung.*

AUSGESTALTUNG

Dekorative Behandlung der einzelnen Flächen eines *Baukörpers* durch *Gliederung* und *Füllung.* Größere Flächen eines *Gebäudes, Gebäudeteiles*

2, 3 *Ausgestaltung* von Fußböden. Das Flechtmuster des Stabparketts **(2)** aus zwei verschiedenfarbigen Holzarten täuscht als *Scheinkonstruktion* Unebenheit des Fußbodens vor. Die Ausgestaltung vermindert so - auch bei handwerklich einwandfreier Ausführung - die Gehsicherheit und damit den ideellen *Wert* des Fußbodens.

Der Fußboden **(3)** im Stiegenhaus eines gegen Ende des 19. Jahrhunderts errichteten Wohnhauses besteht im Feld aus zementgebundenen Steinplatten gleicher Größe und Musterung, deren Fugen parallel beziehungsweise senkrecht zu den Friesen verlaufen. Mit der Musterung der Platten werden dagegen eine *Gliederung* durch diagonale Fugen und zwischen diesen zwei verschiedene *Füllungen* vorgetäuscht (*Scheinkonstruktion*).

Die mit der Zeit unvermeidlichen Abnützungen der Verfugung, Absplitterungen an den Plattenkanten sowie Höhenunterschiede der Plattenoberflächen führen, wenn sie auch noch nicht als *Schäden* aufzufassen sind, zur Betonung der konstruktiven Gliederung. Es entsteht eine uneinheitliche *Wirkung*, weil die formale Gliederung mit der konstruktiven - erkennbar - nicht übereinstimmt. Außerdem erwecken Teile der Musterung den Eindruck der Unebenheit der Bodenfläche, worunter das sichere Gefühl beim Begehen leidet.

Konstruktive Vorteile des dargestellten Fußbodens sind:

☐ Das ganze Feld zwischen den Friesen kann mit Elementen gleicher Musterung belegt werden.

☐ Die parallel zu den Friesen verlaufenden Fugen ersparen das Zuschneiden der Elemente oder die Verwendung dreieckiger Formstücke.

4 *Ausgestaltung* einer Außenwand. Die vor einigen Jahren in Sgraffito-Technik hergestellten Linienzüge zur Ausgestaltung der Fassade eines Schlosses aus dem 17. Jahrhundert erschweren das Erfassen der konstruktiven und materiell-funktionellen Gegebenheiten, weil sie diesen Gegebenheiten erkennbar widersprechen.

oder *-elementes* wirken leer und unerfreulich, wenn sie glatt und einfarbig sind. Zur leichteren Erfaßbarkeit werden sie daher seit alter Zeit ausgestaltet. Die Ausgestaltung hat demnach ideelle *Funktion.* Daneben kann ihr aber auch eine materielle Funktion zukommen.

Die Ausgestaltung erfüllt ihre ideelle Funktion nur bei formaler Übereinstimmung mit der erkennbaren konstruktiven und materiell-funktionellen Beschaffenheit des Baukörpers **(1-4)**.

Die Ausgestaltung einer Fläche erfolgt

- ☐ plastisch **(1)**
- ☐ farblich in der Fläche **(2, 3)**
- ☐ farblich und plastisch **(4)**.

Die Ausgestaltung einer Fläche muß mit deren Struktur in Einklang stehen. Zahlreiche Äste und sehr unregelmäßige Fladerung von Holzflächen sowie grobe Struktur von Steinflächen können eine feingliedrige plastische Ausgestaltung dieser Flächen weitgehend unkenntlich machen. Das gilt sinngemäß auch für *Beschichtungen.*

BAUKÖRPER

Sammelbegriff für *Gebäudeelemente, Gebäudeteile* und *Gebäude.*

BAUMETHODE

Art und Weise, in der die *Baustoffe* zur *Konstruktion* verarbeitet werden.

BAUSTOFF

Material zur *Ausführung* der *Konstruktion.*

Bauen ist materialgebunden. Seine Wertschöpfung wird außer von der ideellen von der materiellen *Qualität* bestimmt. Die Bedeutung alter Gebäude liegt daher auch in ihren Baustoffen und den damit ausgeführten Konstruktionen.

In *Planung* und Ausführung der *Sanierung* ist die Eignung der verwendeten Baustoffe zu bedenken, im besonderen hinsichtlich

- ☐ Verträglichkeit mit der vorhandenen Bausubstanz
- ☐ Verträglichkeit untereinander
- ☐ Brandverhalten **(5, 6)**
- ☐ Frostempfindlichkeit
- ☐ Langzeitverhalten.

Bis zum 19. Jahrhundert wurde mit unmittelbar der Natur entnommenen Baustoffen - Holz, Stein, Schilf, Stroh, Lehm - oder mit solchen gebaut, die einem einfachen Brennvorgang unterworfen waren - Kalk, Gips, Ziegel, Schmiedeeisen. Zu diesen klassischen kamen in der Folge Baustoffe, die aus einem mehr oder weniger komplizierten chemisch-physikalisch-mechanischen Erzeugungs- und Herstellungsprozeß hervorgingen: Stahl, Beton, Stahlbeton, Aluminium, Bauglas in großen Flächen, Kunststoff. Ihre Einführung brachte Probleme, die nicht immer sogleich erkannt und gelöst werden konnten. Einst sammelte der Bauhandwerker - Steinmetz, Maurer, Zimmermann, Tischler, Schmied - in jahrelanger Ausbildungszeit vom Lehrling über den Gesellen bis zum Meister eigene Erfahrung mit jenen klassischen Baustoffen, deren Eigenschaften und Eignung an sich schon seit alter Zeit bekannt waren. Bei neuen Materialien fehlt zunächst die praktische Erfahrung, die in Hinblick auf die Vielfalt bautechnischer Anwendungsmöglichkeiten gerade bei Sanierungen auch durch noch so gründliche Versuche nicht zu ersetzen ist.

Die Verwendung neuer Baustoffe wird aber auch erschwert, wenn diese nur eine verhältnismäßig kurze Zeit im Handel sind. *Instandsetzungen* und *Adaptierungen* können nicht oder nur notdürftig durchgeführt werden, weil die erforderlichen Baustoffe in bestimmter Qualität und in bestimmten Abmessungen nicht mehr zu beschaffen sind. Selbst die Normung ist im Sog der technischen und wirtschaftlichen Entwicklung einer ständigen Veränderung unterworfen. Es ist darum gerade bei Sanierungen gefährlich, jeden Schritt der Entwicklung bedenkenlos mitzumachen.

BEKLEIDUNG

Überdeckung eines *Baukörpers* mit *Gebäudeelementen* aus
☐ Holz
☐ natürlichem, gebranntem oder gebundenem Stein
☐ Asbestzement
☐ Metall
☐ Gipskarton
☐ Textilien
☐ Linoleum
☐ Kunststoff.

Zum Unterschied von der *Beschichtung* besteht die Bekleidung aus selbständigen Gebäudeelementen.
Die Bekleidung von Fußböden mit Textilien, Linoleum oder Kunststoff heißt Belag.
Aufgabe der Bekleidung ist es, bestimmte funktionelle, konstruktive oder formale Anforderungen, denen der Baukörper unter der Bekleidung nicht oder in nicht ausreichendem Maße entspricht, zu erfüllen. Dies betrifft vor allem den Schutz vor den Beanspruchungen durch Benützung und Witterung.
Grundsätze für die Verwendung einer Bekleidung:
☐ Sie soll im allgemeinen als Bekleidung erkennbar sein und über die *Grundkonstruktion* des Baukörpers, den sie bekleidet, nicht im unklaren lassen. Hat sie jedoch die ideelle *Funktion* einer

5, 6 Brandverhalten von *Baukörpern* aus verschiedenen *Baustoffen*: eine Säule aus Granitquadern **(5)** und eine stark belastete Stütze aus Formstahl und Stahlblech mit Nietverbindungen **(6)**.
Der Quarz im Granit erfährt bei 571° C eine beträchtliche Volumenvergrößerung, was bei Feuereinwirkung zu einem explosionsartigen Abspringen von Gesteinsteilen führen kann. Bei Stahl setzt im Temperaturbereich von etwa 450° bis 650° C eine bedeutende Abnahme der Festigkeit ein, wodurch es besonders bei stark belasteten Baukörpern zu beträchtlichen Verformungen kommen kann.

7 *Beschichtung* einer Fassadenfläche. Die im Zuge einer *Sanierung* aufgebrachte Beschichtung ist so grobkörnig, daß die verhältnismäßig feingliedrige *Ausgestaltung* der Fassade nur mehr schwer erkennbar ist. Durch dunkelgraue Färbung wird diese Wirkung noch verstärkt.

Scheinkonstruktion zu erfüllen, sind auch die dafür geltenden Grundsätze maßgebend.

□ Der Zustand des Baukörpers unter der Bekleidung darf nicht vernachlässigt werden.

□ Sie muß auch bei *Rationalisierung* von Herstellung und Ausführung durch Vereinheitlichung und Vorfertigung konstruktiv und formal einwandfrei sein. Das gilt besonders für die Ausbildung von Rändern und Kanten.

□ Die Möglichkeit ihrer Verwendung darf bei *Adaptierungen* nicht zur Ausführung unklarer, unübersichtlicher oder unsauberer Konstruktionen unter der Bekleidung verleiten.

BESCHICHTUNG

Oberflächenbehandlung eines *Baukörpers.*

Die Beschichtung wird

□ an Ort und Stelle verarbeitet: Anstrichmittel, Spachtelmassen, Mörtelmassen

□ industriell hergestellt: Metallüberzüge

□ aufgeklebt: Tapeten.

Aufgabe der Beschichtung ist die Schaffung oder Erhöhung

□ materieller Eigenschaften der Oberfläche, wie Härte, Glätte, Trittfestigkeit, Abriebfestigkeit, Wasserdichtheit und Brandwiderstandsfähigkeit;

□ immaterieller Eigenschaften als *Ausgestaltung.*

Beschichtung und plastische Ausgestaltung einer Fläche müssen in Einklang stehen **(7)**.

Zum Unterschied von der *Bekleidung* bildet die Beschichtung mit den *Gebäudeelementen* und *-teilen*, deren Oberfläche sie überzieht, eine Einheit.

Die Beschichtung kann einen Baukörper zur *Scheinkonstruktion* machen, beispielsweise mit dem Vortäuschen der Holzmaserung durch Lasuranstrich von Türen, Fenstern, Vertäfelungen und Stuckdecken (Historismus) oder durch Illusionsmalerei (Barock).

BESTANDANALYSE

Systematische Untersuchung eines *Baukörpers* zu dessen Beurteilung in funktioneller, konstruktiver und formaler Hinsicht.

Die Bestandanalyse ist Grundlage der *Wertanalyse.*

Als Methode der *Planung* einer Sanierungsmaßnahme bezweckt sie vor allem das richtige Erkennen von *Mißständen* und deren Ursachen.

Die Verfahren der Bestandanalyse gliedern sich in drei Gruppen:

□ Erfassen und Verarbeiten vorhandener Unterlagen über Entstehung und Entwicklung des *Gebäudes.* Es sind dies planliche, bildliche, schriftliche und mündliche Überlieferungen.

Während damit die Vergangenheit des Gebäudes erfaßt ist, steht bei den folgenden beiden Gruppen die Bestimmung der *Qualität* und des *Zustandes* zum Zeitpunkt der Bestandanalyse im Vordergrund.

□ Zerstörungsfreie Untersuchungen. Dazu gehören zunächst vier Verfahren, die keines oder eines nur geringen Aufwandes an Geräten bedürfen, nämlich der Augenschein, das Befühlen, das Abklopfen und das Abhorchen. Zerstörungsfreie Verfahren, die den Einsatz von Geräten, Apparaten und Instrumenten erfordern, betreffen die Ermittlung der Festigkeit eines *Gebäudeelementes* und seiner Feuchtigkeit, das Aufsuchen von Metallen sowie das Messen von Verformungen. Planliche und fotografische Aufnahmen sowie statische und andere Berechnungen sind hier ebenso einzuordnen.

□ Mechanische Verfahren. Dabei werden durch Entfernen von *Beschichtungen* und *Bekleidungen*, durch Freilegen und Öffnen der *Grundkonstruktion* von Wänden, Decken und Dach, durch Sondierungen mittels Endoskop sowie durch Probenentnahme nötigenfalls weitere Aufschlüsse über das Gebäude gewonnen.

Die angegebenen 20 Verfahren kann der Zivilingenieur, der Architekt, der Baumeister, der Baubeamte, der Denkmalpfleger und nicht zuletzt der Bauherr selbst durchführen. Ihr Aufwand ist der Mehrzahl vorkommender Anwendungsfälle angemessen. Bezüglich Verfahren, die wie die Untersuchungen mit Röntgen-, Gamma- und Infrarotstrahlen sowie mit Ultraschall eines großen Aufwandes bedürfen und darum nur in besonderen Fällen der hochbaulichen Sanierungspraxis wirtschaftlich anwendbar sind, wird auf die einschlägige Literatur verwiesen.

Nicht zur Bestandanalyse, sondern zur Planung im engeren Sinne gehören statische Berechnungen, wenn ihnen Belastungsannahmen zugrunde liegen, die erst im Zuge der eigentlichen Planung getroffen werden können. Aus ähnlichen Erwägungen umfaßt die Bestandanalyse nur solche bauphysikalischen Berechnungen, die sich auf den vorhandenen Baubestand beziehen und nicht solche, die bei Funktionsänderungen und bei Verwendung neuer Baustoffe und Anwendung neuer Bauweisen mitunter notwendig sind. Sie hat jedoch die Grundlagen sowohl für statische als auch für bauphysikalische Untersuchungen, die für die Planung erforderlich sind, zu liefern.

Welche Verfahren der Bestandanalyse bei den einzelnen Gebäudeelementen und -teilen anzuwenden sind und in welcher Reihenfolge das zu geschehen hat, ergibt der konkrete Fall **(97–99)**.

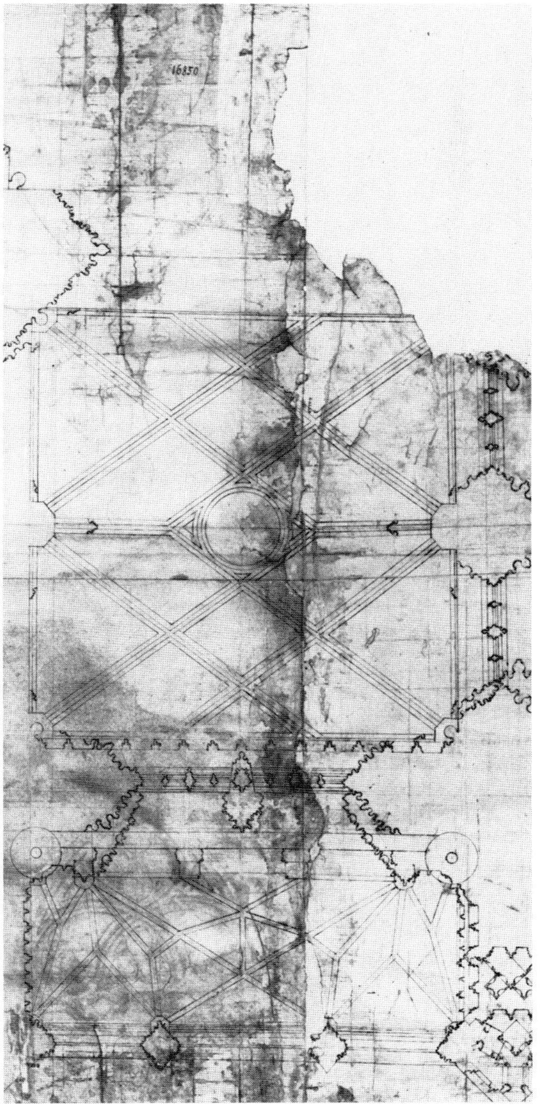

8 Mittelalterlicher Planriß als Unterlage für ein bestehendes Gebäude. Beispiel eines sehr alten Planes ist die außerordentlich gute Grundrißdarstellung vom Westturm des Ulmer Münsters aus dem 15. Jahrhundert. Mit schwarzer Tusche auf Papier gezeichnet, zeigt sie (im Bild von unten nach oben) die Westvorhalle mit ihrem Gewölbe, das Westportal, die innere Turmhalle, ebenfalls mit Gewölbe, sowie den Anschluß an das Mittelschiff. Verschiedene Ebenen sind in eine Grundrißebene projiziert. Der Plan stimmt, abgesehen von späteren Verstärkungen, die gegen Ende des 15. und im späten 19. Jahrhundert erfolgten, mit dem Baubestand überein.

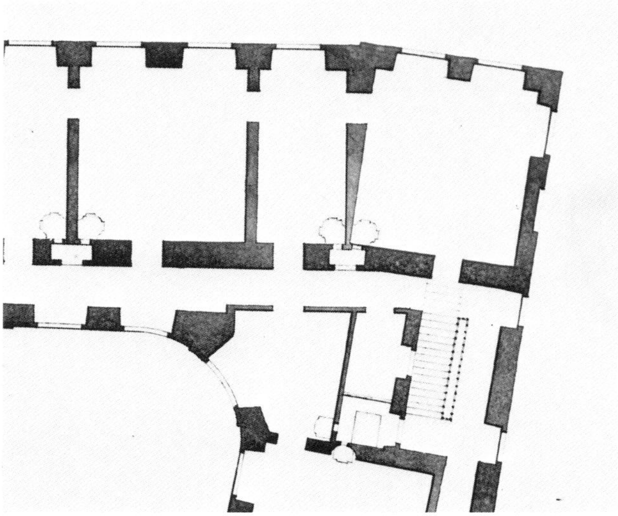

9 △

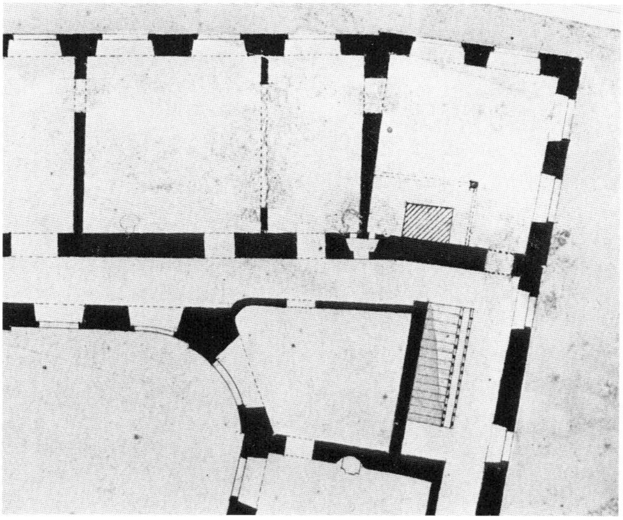

10 △

11 ▽

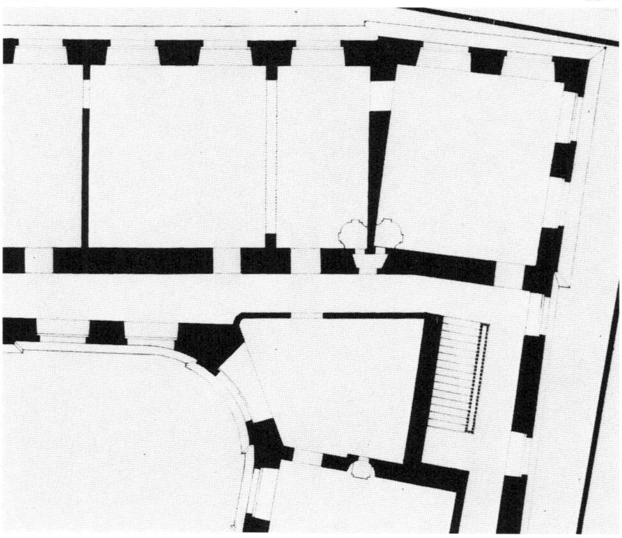

9–17 Vergleichende Untersuchung der grundrißlichen Entwicklung eines Gebäudebereiches an Hand einer chronologischen Folge von Planausschnitten. Alle Planausschnitte sind in gleichem Maßstab und in gleicher Lage wiedergegeben. Da die Pläne ursprünglich verschieden orientiert waren, steht die Beschriftung in einigen Fällen auf dem Kopf.

Unter Berücksichtigung der tatsächlichen und möglichen baulichen Veränderungen im Laufe von mehr als zwei Jahrhunderten und im Vergleich mit der exakten geodätischen Aufnahme **(17)** fallen Unstimmigkeiten vor allem bei Anordnung und Dicke der Querwände, bei den Türöffnungen sowie bei den Winkeln auf, die die Wände miteinander bilden. Die für die Sanierungspraxis wichtige Kenntnis von Anzahl und Lage der Kamine ist aus den Plänen ebenfalls nicht genau zu gewinnen.

9 Entwurf I für das 1745–1747 errichtete Gebäude

10 Entwurf II

11 Entwurf III

12 Bestandplan aus der zweiten Hälfte des 18. Jahrhunderts

13 Plan für die 1800–1804 erfolgte Erweiterung des Gebäudes (rechts im Bild, heller dargestellt). Nach der Legende des Planes gehörten die Räume damals zu einer Wohnung als Arbeitszimmer (B 8), Ankleideraum (B 9), Zimmer des Stubenmädchens (B 10), Garderobe (B 11), Vorraum für die Dienerschaft (B 11a) und Schlafraum der gräflichen Wohnungsinhaberin (B 12).

14 Bestandplan aus dem Jahre 1919; Druck mit Bleistifteintragungen

15 Entwurf von 1948 zur Adaptierung des Gebäudes nach teilweiser Kriegszerstörung

16 Bestandplan nach der Instandsetzung und Adaptierung 1948–1952

17 Geodätische Aufnahme nach einer weiteren Instandsetzung und Adaptierung 1973–1976

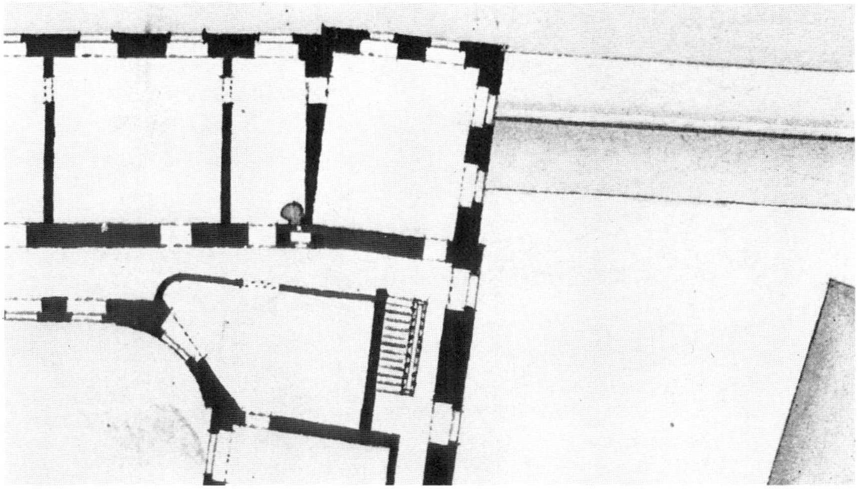

12 △

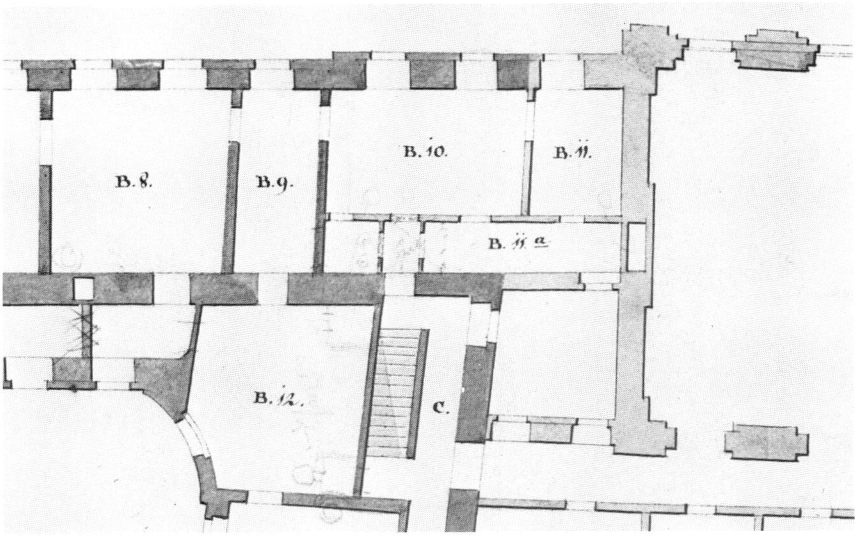

13 △

14 ▽

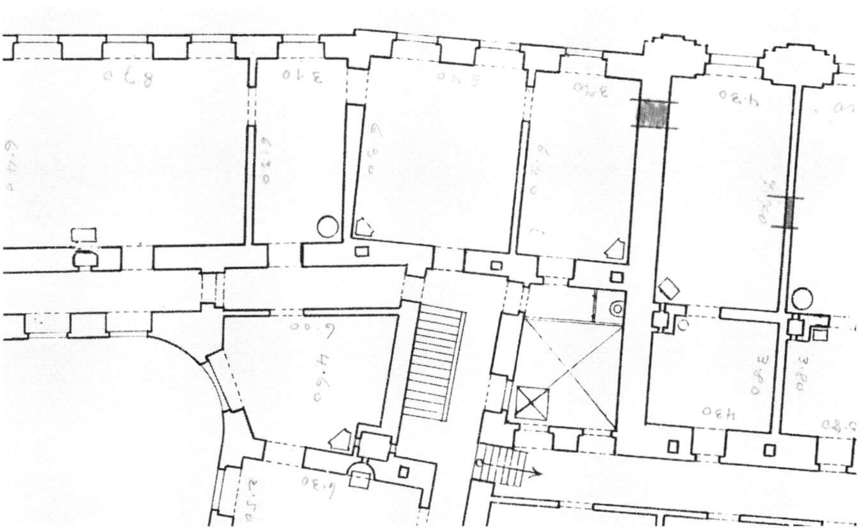

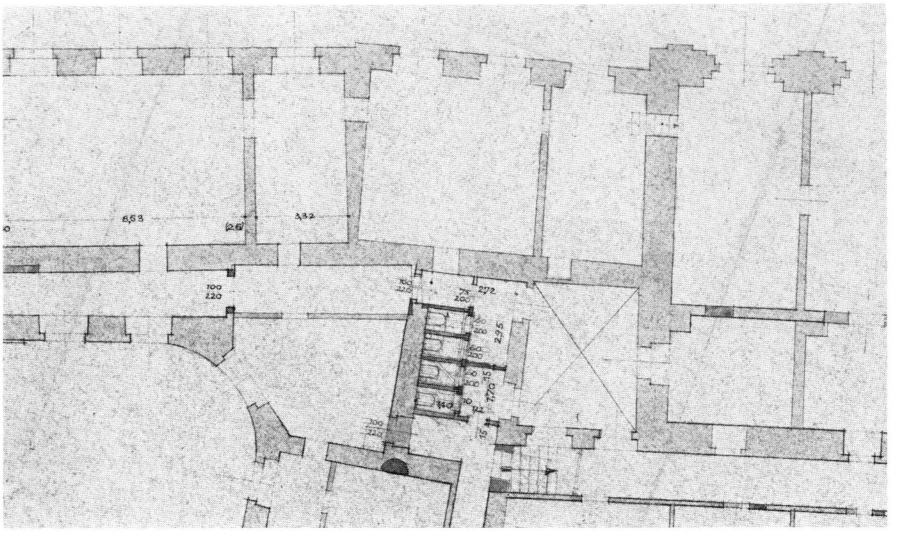

15 △

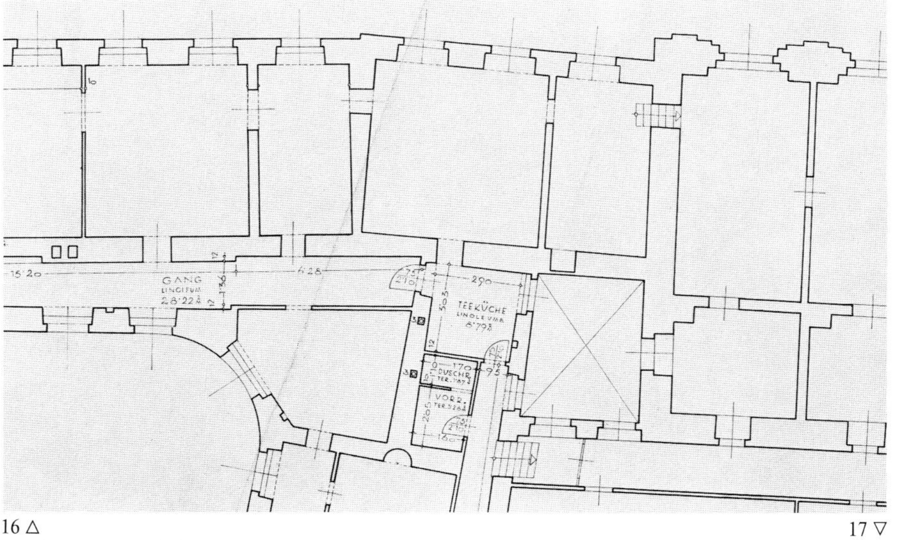

16 △

17 ▽

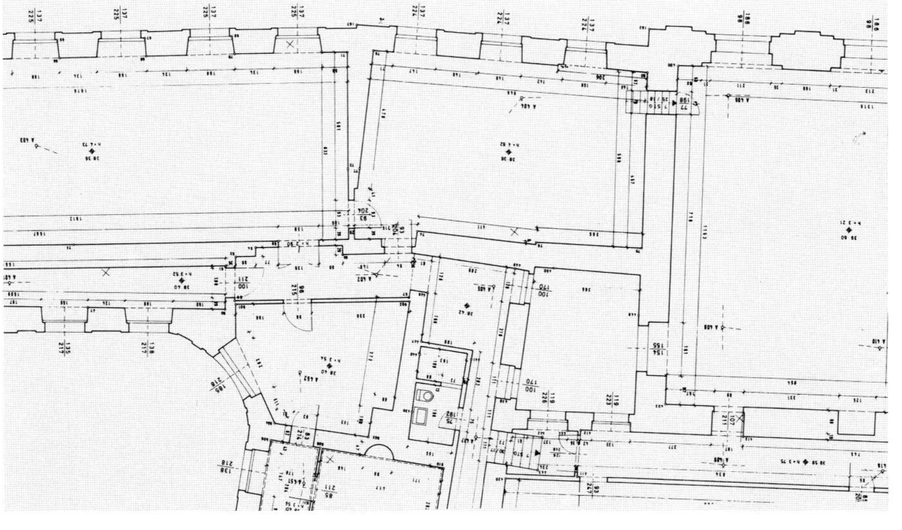

Wiederholungen der Verfahren können durchaus zweckmäßig, ja notwendig sein. Nach Möglichkeit soll durch Anwendung verschiedener Verfahren eine Kontrolle geschaffen werden.
Nach Abschluß einer *Sanierung* sind die bestandanalytischen Ergebnisse zu sichten. Welche Ergebnisse aufbewahrenswert sind, ist von Fall zu Fall zu entscheiden. Jedenfalls sollten all die Unterlagen gesammelt werden, die wir selbst bei Beginn einer Sanierung vorzufinden wünschen.

Verfahren 1 Auswerten vorhandener Pläne
Die wichtigsten Quellen über ein Gebäude, seine Teile und Elemente sind Pläne. Ihr Vorhandensein ist entscheidend für die Möglichkeit der *Rekonstruktion* teilweise oder gänzlich zerstörter *Baukörper.*
Meist handelt es sich um Grundrisse und Ansichten, die vorgefunden werden. Für die Ausbildung von Wänden, Decken und Dächern ebenso aufschlußreich wie selten sind Vertikalschnitte und Detailzeichnungen. Auch Pläne ↑ gebäudetechnischer Anlagen sind, falls sie überhaupt gezeichnet wurden, kaum überliefert. Am ehesten finden sich noch Kanalpläne oder zumindest solche, in denen Kanäle eingezeichnet sind. Zuverlässige Pläne über Fundamente, deren Ausführung im allgemeinen erst nach Aushub der Baugrube entsprechend den vorgefundenen Bodenverhältnissen bestimmt wird, sind ebenfalls selten.
Angaben bezüglich Standort und Lage eines Gebäudes, besonders über Umwelt, Höhenlage und Himmelsrichtungen, können kartographischen Darstellungen (Landkarten, Pläne) entnommen werden.
Verwahrungsorte für planliche Unterlagen, die in einzelnen Fällen weit zurückreichen **(8)**, sind:
□ Baubehörden
□ Öffentliche und private Archive und Sammlungen, vor allem bei öffentlichen, herrschaftlichen und sakralen Bauten
□ Bibliotheken hinsichtlich Planwiedergaben in Büchern und Zeitschriften.
Ausführungs-, Abrechnungs- oder Bestandpläne sind von Entwürfen, die nicht verwirklicht wurden, zu unterscheiden. Jedoch auch bei ersteren kann Richtigkeit und Genauigkeit des Dargestellten nicht unbedingt angenommen werden. Pläne sind daher vergleichend zu untersuchen **(9 - 17)** und mit anderen Verfahren der Bestandanalyse zu überprüfen.

Verfahren 2 Auswerten bildlicher Darstellungen
Neben allenfalls vorhandenen Plänen sind Bilder für die *Rekonstruktion* teilweise oder gänzlich zerstörter *Baukörper* von wesentlicher Bedeutung. Fotografien haben unter den von einem Baukörper überlieferten bildlichen Darstellungen **(18 - 29)** besonderen Dokumentarwert. Bei Gemälden und Graphiken besteht die Gefahr der Idealisierung, die mit der Wirklichkeit nicht oder nur teilweise übereinstimmt. Künstlerische Qualität, auf die es hier nicht ankommt, ist kein Maßstab für den Dokumentarwert der Darstellung.

Verwahrungsorte bildlicher Darstellungen sind:
□ Öffentliche und private Archive und Sammlungen
□ Museen
□ Bibliotheken in Hinblick auf einschlägige Illustrationen in Büchern, Zeitschriften und Zeitungen.

Verfahren 3 Auswerten schriftlicher Quellen
Die Formen, in denen von einem Gebäude schriftlich berichtet wird, sind vielfältig:
□ Akten, Bautagebücher, Rechnungsbücher **(30)**
□ Briefe
□ Urkunden, die in Grund- und Schlußsteinen des Gebäudes liegen
□ Namen oder Initialen von Bauherren und Handwerkern sowie Jahreszahlen, in Deckenbalken eingeschnitzt **(31)**, auf Dachbalken **(32)** und Wände **(33)** geschrieben oder in Stein gehauen **(34)**
□ Bücher und Zeitschriften historischen, kunsthistorischen, heimatkundlichen oder technischen Inhalts
□ Zeitungen.
Schriftliche Quellen, die sich auf die Umwelt des Gebäudes beziehen, sind Klimadaten sowie Aufzeichnungen über die Boden- und Grundwasserverhältnisse.

Verwahrungsorte schriftlicher Überlieferungen sind:
□ Öffentliche und private Archive
□ Bibliotheken
□ der Baukörper selbst.
Es ist nicht angebracht, allen Geschehnissen in der Entwicklung eines Gebäudes mit gleicher Gründlichkeit nachzugehen. Die Untersuchungen sind vielmehr dem Wert des Gebäudes und den Erfordernissen der Bestandanalyse anzupassen.

18 △

19 △

20 ▽

18-29 Die äußere Entwicklung eines Gebäudes im Spiegel bildlicher Darstellungen. Es handelt sich größtenteils um ausschnittsweise Wiedergaben der Originale. Der kolorierte Kupferstich **(18)** des 1745-1747 errichteten Gebäudes entstammt einer in Buchform erschienenen Sammlung von Wiener Ansichten und ist das mit 1785 datierte Werk eines namhaften Künstlers. Die 13 Fensterachsen der stadtaußenseitigen Gebäudefront sind trotz der Kleinheit der Darstellung zahlenmäßig richtig wiedergegeben, die zweiachsigen Eckrisalite jedoch fehlen. Der nach dem Aquarell **(20)** im Jahre 1795 entstandene Stahlstich **(19)** zeigt das Gebäude noch in seiner ursprünglichen Gestalt. Zum Unterschied von **(18)** sind hier auch die Eckrisalite dargestellt und Fensterläden angedeutet, wie sie auch die Fotografie **(25)** zeigt.
Auch bei Entstehen des Aquarells **(20)** war die Erweiterung des Gebäudes in den Jahren 1800-1804 noch nicht ausgeführt. Sie wurde erst nachträglich durch eine an den Rändern deutlich erkennbare, perspektivisch unrichtige Überdeckung berücksichtigt. Die Gliederung der Fassade entspricht nur im großen den tatsächlichen Verhältnissen.
Der mit 1820 datierte Kupferstich **(21)** ist von geringem künstlerischem Wert. Auch der Dokumentarwert ist unerheblich. Die den fünfachsigen Mittelrisalit flankierenden dreiachsigen Seitenrisalite sind nur zweiachsig dargestellt. Der Sockel ist ebenflächig und zeigt weder die Kellerfenster noch die Vorsprünge von Seiten- und Eckrisaliten. Das über die ganze Fassade in gleicher Höhe laufende Kranzgesims ist links des Mittelrisalites tiefer wiedergegeben.
Die Darstellung **(22)** gehört zu einer Serie von kolorierten Kupferstichen »vorzüglichster Gebäude und Monumente« und entstand um 1825. Sie ist von großer Genauigkeit. Sogar die unregelmäßig angeordneten Kellerfenster rechts des Mittelrisalites sind, wie ein Vergleich mit der Fotografie **(28)** zeigt, richtig wiedergegeben. Nach **(22)** und auf Grund der vorhandenen Sparrenteilung läßt sich die Lage der Gaupen, die heute durch liegende Dachfenster ersetzt sind **(26, 29)**, rekonstruieren.

21 △

22 △

23 △

24 ▽

25 △

Das Aquarell **(23)** muß vor 1848 entstanden sein, weil in diesem Jahr der hinter dem Gebäude sichtbare Kirchturm brannte und danach in anderer Form wieder aufgebaut wurde. Es handelt sich um eine freie Darstellung. Die Zahl der Fensterachsen ist bei dem im Bild wiedergegebenen Fassadenteil links des Mittelrisalites um zwei zu gering.

Die handkolorierte Lithographie **(24)** aus einer Serie von Ansichten ist nach jenem 1842 vollendeten Gebäude datierbar, dessen turmartiger Aufbau im fernen Hintergrund links zu sehen ist. Die Graphik hat künstlerische Qualität, ist aber von sehr unterschiedlichem Dokumentarwert. Seiten- und Eckrisalite fehlen. Statt 33 hat die Fassade nur 31 Achsen. Auch Zahl und Anordnung der Kellerfenster ist falsch. Richtig wiedergegeben sind dagegen die im Sockelgeschoß des Mittelrisalites in vertieften Rechteckfeldern zwischen genuteten Pfeilern angeordneten fünf Toröffnungen mit bogenförmigem Sturz sowie darüber die zwischen Pilastern ebenfalls in vertieften Rechteckfeldern liegenden Fensteröffnungen des Obergeschosses. Jedoch ist der Mauerstreifen zwischen den Rechteckfeldern um die Eingangstore und dem Gurtgesimse darüber zu breit dargestellt und außerdem durch drei Nuten statt durch eine Nut geteilt, wie **(25)** zeigt und **(22)** richtig wiedergibt. Von den beiden dargestellten Maueröffnungen des Sockelgeschosses in der Mitte der Seitenflügel, die offenbar Eingängen dienten und bei der 1867 erfolgten Umgestaltung der Fassade wieder verschwanden, ist die linke auch in der Fotografie **(25)** zu erkennen.

Die fotografische Aufnahme **(25)** entstand vor der Umgestaltung von 1867. Auf der Aufnahme **(26)** eines namhaften Fotografen aus der Zeit vor der Jahrhundertwende sind die 1867 erfolgten Adaptierungen klar zu erkennen.

26 ▽

27 △

28 △

Die aquarellierte Federzeichnung **(27)**, datiert 17. Oktober 1947, zeigt in sehr freier künstlerischer Darstellung, was von dem Gebäude nach dem Luftangriff vom 12. März 1945 und den folgenden Abtragungen noch stand. Die Fotografie **(28)** von 1950 zeigt das Gebäude während der Abtragungsarbeiten vor dem 1952 abgeschlossenen Wiederaufbau. Die Fotografie **(29)** entstand am 23. Mai 1979.

29 ▽

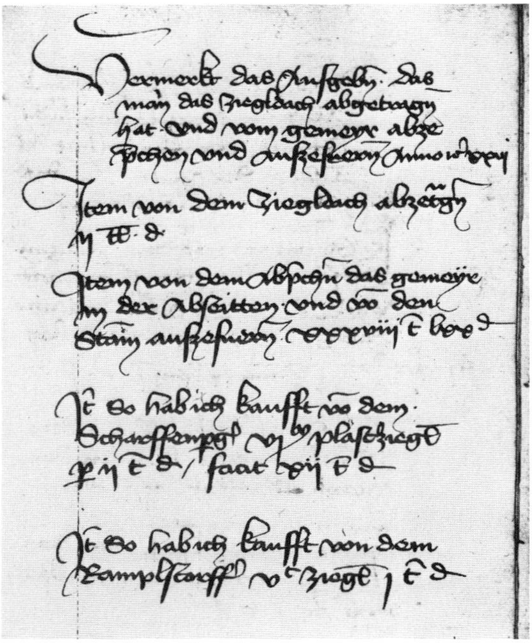

30 - 34 Schriftliche Quellen zur Entwicklungsgeschichte von Gebäuden

30 Eintragungen aus dem Jahre 1426 im Rechnungsbuch eines Kirchenmeisteramtes. Sie beziehen sich auf adaptive Maßnahmen: Abdecken des Ziegeldaches, Abtragen von Mauern, Kauf von Ziegeln. △

31 Schnitzwerk eines Deckenunterzuges im Bauernhaus des Ludwig Weber in Niederösterreich von 1830. ▽

32 Mit der Zahl 1864 auf der Strebe rechts im Bild gab der Dachdecker das Jahr an, in dem das bis dahin bestehende Ziegeldach durch ein Naturschieferdach ersetzt wurde.
Das Beispiel eines *Herdes* liefert die im Bild dargestellte Bodenrinne. Sie ist wegen des nötigen Gefälles im Fußboden versenkt, der aus Pflasterziegeln in Mörtelbettung auf Bauschutt besteht. Als zur Bestandanalyse des Deckentragwerkes der Fußboden abgehoben wurde, traten starke Fäulnisschäden an den Pfosten des Rinnentroges zutage. Darüber hinaus waren die Holzbalken des Deckentragwerkes unter der Bodenrinne so stark angefault, daß sie ihre Festigkeit und damit ihre Tragfähigkeit weitgehend verloren hatten. Ursache des *Schadens* war eine kaum sichtbare undichte Stelle in der Zinkblechauskleidung der Bodenrinne, durch die das Niederschlagswasser austrat. Da dies nur in kleinen Mengen und nicht kontinuierlich geschah, konnte der Schaden nicht an einer sichtbaren Durchfeuchtung von Fußboden und Unterdecke erkannt werden. ▷

Verfahren 4 Auswerten mündlicher Überlieferungen

Auskünfte über ein Gebäude, aber auch über die lokalen Boden-, Grundwasser- und Klimaverhältnisse können von Eigentümern, Vorbesitzern, Bewohnern, Nachbarn, Baumeistern, Handwerkern und anderen Personen erwartet werden, die mit dem Gebäude in irgendeiner Beziehung standen oder stehen. Die Erinnerungen der Menschen an oft weit zurückliegende Geschehnisse sind jedoch im allgemeinen sehr subjektiv und daher einer Überprüfung zu unterziehen.

Verfahren 5 Augenschein

Am Anfang der Bestandanalyse steht ein seelisch-geistiger Vorgang: der erste Eindruck auf Grund von Wissen, Erfahrung und Intuition. Vor allem große Erfahrung ist die Voraussetzung für eine Beurteilung auf den ersten Blick. Die durch Augenschein gewonnenen Erkenntnisse oder Vermutungen können bei Fachkenntnis und Erfahrung schon zur Gesamtbeurteilung hinreichen oder zumindest zur Entwicklung eines Planes für die weiterhin anzuwendenden bestandanalytischen Methoden führen.
Der Augenschein dient also zur ersten, allgemeinen Feststellung der Beschaffenheit eines *Baukörpers*, ausgehend von seiner Oberfläche. Dabei kann und soll auch schon jene Verbundenheit mit dem *Gebäude* gewonnen werden, die Voraussetzung für die gute Lösung einer Sanierungsaufgabe ist.

33 Beschriftung in der Leibung einer abgemauerten Wandöffnung durch den Maurer Redak »Von Wienn«. Sie trat nach Entfernen der Abmauerung (Reste links im Bild) 1980 zutage und ermöglichte die Datierung der Abmauerung mit 1891. ▽

34 Schlußstein, versetzt 1903 über einem Tor ▽

35–38 Erscheinungsformen und Ursachen von Putzschäden

35 Schäden an Beschichtung und Verputz einer Mauer nach längerdauernder Feuchtigkeitseinwirkung. Schadensherd war die Leckstelle eines funktionslosen, aber noch unter Druck stehenden Wasserleitungsrohres, das auf der anderen Seite der Mauer in einem unzugänglichen Schacht verlief.

36 Spuren von Kondensfeuchtigkeit. Die Holzbalken der Saaldecke sind in der Mitte ihrer Spannweite mit Mutterschrauben an einem Holztragwerk befestigt, das sich im darüberliegenden Dachraum befindet. Die Schrauben reichen aus dem Dachraum bis zur Unterseite der Deckenbalken und werden dort von Putz unterschiedlicher Dicke überdeckt. Sie sind wesentlich bessere Wärmeleiter als die Holzbalken, die sie verbinden, und bilden Kältebrücken. Im Bereich des unteren Endes der Schrauben entsteht Kondensfeuchtigkeit. Der Putz, der diese Feuchtigkeit aufnehmen muß, färbt sich infolge erhöhter Staubhaftung dunkel und ist ein Nährboden für Schimmelpilze. Wegen der geringen Luftfeuchtigkeit des zentralgeheizten Saales sind die Schäden jedoch nur wenig ausgeprägt. ▽

37 Spuren von Kondensfeuchtigkeit entlang einer unter Putz verlegten Kaltwasserleitung mit unzureichender Wärmedämmung. Der Putz, der die entstehende Kondensfeuchtigkeit aufnehmen muß, färbt sich infolge erhöhter Staubhaftung dunkel und kann zum Nährboden für Schimmelpilze werden. △

38 Wirkung hygroskopischer Salze. Durch undichte Abflußeinrichtungen einer Sanitäranlage im 1. Obergeschoß des Gebäudes wurde das Mauerwerk samt Außenputz von Nitraten durchsetzt. Noch Jahre nach Sanierung des Schadensherdes zeigt der Putz Abblätterungen und nasse Flecken, deren Größe je nach Witterung schwankt. ▷

Die neben anderen Sinneswahrnehmungen vor allem durch den Gesichtssinn vermittelte *Wirkung* des Baukörpers führt zur Beurteilung von dessen ideeller *Qualität.*
Im materiellen Bereich erlaubt der Augenschein qualitative Feststellungen über die verwendeten *Baustoffe* – wie Holz- oder Natursteinarten – und angewandten *Baumethoden* – beispielsweise Holz-Nagelbau beziehungsweise Quaderbau.
Über den *Zustand* vor allem derjenigen *Gebäudeelemente* und *-teile*, die der Witterung und der Benützung besonders ausgesetzt sind, wie Fußböden, Treppenstufen, Fenster, Türen, Dachdeckung und Schornsteinköpfe, gibt der Augenschein ebenfalls wichtige Anhaltspunkte. Er läßt vielfach schon Schadensfreiheit, Instandhaltungsbedürftigkeit, Instandsetzungsbedürftigkeit oder Erneuerungsbedürftigkeit erkennen.
Spezielle Feststellungen, die der Augenschein – erforderlichenfalls unter Zuhilfenahme einer Lupe – ermöglicht:

Qualität und Zustand von ↑ Holzkonstruktionen. Durch Augenschein sind die meisten Eigenschaften, im besonderen Fehler des Holzes festzustellen: *Risse* an den sichtbaren Außenflächen, Baumkantigkeit, Vorhandensein von festen oder lockeren Ästen sowie von Harzgallen, Drehwüchsigkeit, Krümmung, Verfärbung.
Die Anwesenheit pflanzlicher und tierischer Holzschädlinge ist meist erst in fortgeschrittenem Stadium der Zerstörung erkennbar. Daher soll bei Verdacht auf Befall der Augenschein gegebenenfalls nach Anwendung der Verfahren 16 (Entfernen von Beschichtungen und Bekleidungen), 17 (Freilegen der Grundkonstruktion) und 18 (Öffnen der Grundkonstruktion) wiederholt oder das Verfahren 20 (Probenentnahme) zur Untersuchung durch den Sachverständigen angewendet werden.

Qualität und Zustand von freiliegendem oder freigelegtem Ziegelmauerwerk. Durch Augenschein ist zu beurteilen, ob die einzelnen Ziegel von guter Qualität sind oder aber starke Maßabweichungen, Brennfehler und Kalkeinschlüsse zeigen. Die Farbe der Mauerziegel ist kein Kriterium für deren Festigkeit.
Weiter kann festgestellt werden, ob regelrecht im Verband und »voll auf Fug« gemauert wurde und die Fugen mit Mörtel ganz oder nur teilweise gefüllt sind.
Die Farbe des Mörtels gibt einen gewissen Aufschluß über dessen Bindemittelgehalt: geht sie ins Bläulich- oder Grünlichgraue, läßt das auf höheren Zementgehalt, geht sie ins Gelblichgraue, auf höheren Kalkanteil schließen.

Qualität und Zustand von Beton. Die für die Güte von Beton vor allem maßgebende Druckfestigkeit kann im Augenschein in Grenzen qualitativ beurteilt werden auf Grund der an der Oberfläche erkennbaren Merkmale von Herstellung, Verarbeitung und Nachbehandlung. Risse, Kiesnester, Porenansammlungen, Staub, Absandung, Ansammlung von Zementschlämme, auslaufende Zungen bei Arbeitsfugen, Kantenabbrüche, Farbunterschiede und andere *Fehler* lassen Festigkeitseinbußen vermuten.

Qualität und Zustand von Putz. Viele *Schäden* und *Mängel* eines Baukörpers sind am Putz zu erkennen. Betreffen sie nur diesen selbst, sind sie meist harmlos und leicht zu beheben. Oft sind Putzschäden aber nur Symptome schwerwiegenderer Mißstände, die auch die Grundkonstruktion betreffen:

- ☐ Setzungen **(123)**
- ☐ Formänderungen **(124)**
- ☐ Feuchtigkeit **(35–37)**
- ☐ Gehalt schädlicher Salze **(38)**.

Ausblühungen. Sie entstehen durch Auskristallisierung wasserlöslicher Salze und zeigen sich an der Oberfläche von Ziegelmauerwerk, Natursteinmauerwerk, Beton, Innen- und Außenputz sowie Wandbekleidungen aus natürlichem und künstlichem Stein. Ihre Erscheinungsformen reichen von weißem Belag bis zu dichtem weißen Flaum. Sulfatausblühungen (Calciumsulfat, Magnesiumsulfat), besonders aber die zu dem gefürchteten Mauerfraß führenden Nitratausblühungen (Calciumnitrat) können infolge des Kristallisationsdruckes tiefgreifende Zerstörungen verursachen.

Qualität und Zustand von ↑ Eisen- und Stahlkonstruktionen. Durch Augenschein feststellbar sind vor allem Korrosionsschäden, weiter einige Fehler von Niet- und Schraubverbindungen, weniger solche von Schweißverbindungen, für deren Beurteilung es eigene zerstörungsfreie Prüfverfahren gibt.
Risse, die bei tragenden Konstruktionselementen aus Eisen und Stahl eine besondere Gefahr bilden können, treten vor allem an Kerben, einspringen-

den Ecken und Löchern auf und werden mit der Lupe festgestellt.

Verfahren 6 Befühlen

Die Oberflächenbeschaffenheit eines *Gebäudeelementes* oder *-teiles*, vor allem Härte, Struktur und Feuchtigkeitsgehalt, erkennt man durch Betasten oder Befühlen. Im besonderen bei Holz und Mauerwerk dient das Befühlen zur groben Feststellung der oberflächlichen Festigkeit und Feuchtigkeit. Angefaultes Holz, feuchter oder weicher Putz sind auf diese Weise zu erkennen.

Der Fruchtkörper des Echten Hausschwammes fühlt sich zum Unterschied von dem anderer holzzerstörender Pilze sehr klebrig und weich an.

Durch Befühlen können auch Kältebrücken festgestellt werden.

Verfahren 7 Abklopfen

Das Abklopfen erfolgt mit der Fingerspitze oder dem Knöchel des Mittelfingers, den Knöcheln von vier Fingern, der Faust oder einem Hammer. Aus dem so erzeugten Schall wird auf die Beschaffenheit des *Baukörpers* unter der Oberfläche geschlossen **(39)**.

Maßgebend für die Art des Schalles ist ebenso der Luftgehalt im Inneren des Baukörpers, bedingt durch die Porosität des Materials oder durch Hohlräume, wie es Spannungszustand, Elastizität und Schwingungsfähigkeit des Materials sind. Es bedarf vieler Übung und Erfahrung, um die schallgebenden Eigenschaften des Baukörpers erkennen und differenzieren sowie die erhobenen Befunde kritisch beurteilen zu können.

Das Klopfen erfolgt in verschiedener Intensität, je nachdem, ob mehr die oberflächlichen oder die tieferen Bereiche des Baukörpers zum Schwingen gebracht werden sollen. Bei starkem Klopfen dringen die Stoßwellen mehr in die Tiefe als bei schwachem.

Zu unterscheiden sind vor allem heller und dumpfer Schall. Eine weitere Unterscheidung betrifft die von der Schwingungszahl abhängige Höhe des Schalles.

Verschiedenartige Bereiche des Baukörpers – dünne und dicke, feste und lockere, feuchte und trockene – werden unterschieden durch vergleichendes Abklopfen, wobei meist mehrmals über die Bereichsgrenze zu deren Festlegung zu klopfen ist.

39 Anwendung des Verfahrens 7 der Bestandanalyse: Abklopfen

Gegenstand der Untersuchung	Vorgang der Untersuchung	Beobachtung	Befund
Holz	Anschlagen mit dem Hammer	dumpfer Schall heller Schall	stockige oder faule Stellen im Inneren gesundes Holz
Mauerziegel außerhalb des Mauerwerks	Anschlagen mit dem Maurerhammer	heller Schall dumpfer Schall	in der Regel höhere Druckfestigkeit in der Regel geringere Druckfestigkeit
Mauermörtel	leichtes Abklopfen mit dem Maurerhammer	heller Schall dumpfer Schall	höhere Festigkeit geringere Festigkeit
Putz	Abklopfen mit den Knöcheln	stellenweise dumpfer Schall	lockerer Putz, vom Putzgrund gelöst
Beton	Abklopfen mit leichtem Stahlhammer	heller Schall und weiter Hammerrückprall	guter Beton
Fliesen	Abklopfen mit dem Knöchel des Mittelfingers	stellenweise dumpfer Schall	Fliesen vom Untergrund gelöst
Stahlblech, gestrichen	Abklopfen mit dem Hammer	dumpfer Schall	Rostschäden
Wand	Abklopfen mit der Faust	dumpfer Schall	leichte, nichttragende Wand oder ebensolche Abmauerung

40 Anwendung des Verfahrens 8 der Bestandanalyse: Abhorchen

Gegenstand der Untersuchung	Vorgang der Untersuchung	
Verlauf nicht freiliegender durchflossener Rohrleitungen (Wasserzuleitungen, Wasserableitungen)	Verfolgen des Fließgeräusches mit dem Stethoskop	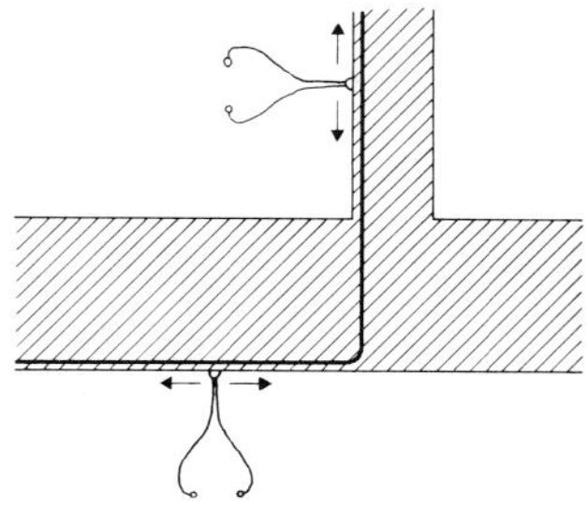
Durchflossensein freiliegender Rohrleitungen	Feststellen eines Fließgeräusches mit dem Stethoskop	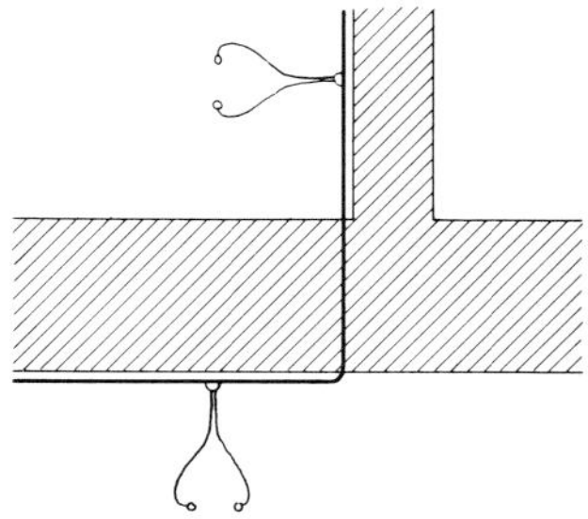
Verlauf nur teilweise freiliegender, nicht durchflossener Metallrohrleitungen (Gasleitungen)	Freiliegender Teil wird durch Schläge mit dem Hammer in Schwingung versetzt, die sich entlang der Rohrleitung fortpflanzt und mit dem Stethoskop als Schall verfolgt werden kann.	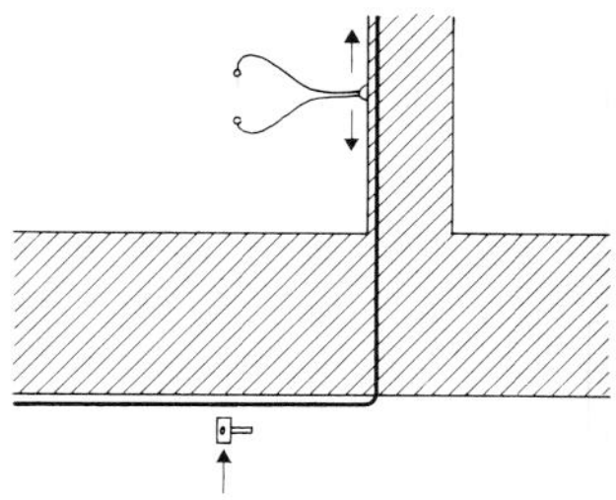
Verlauf nicht freiliegender, nicht durchflossener Metallrohrleitungen	Stellenweise freilegen und mit dem Hammer in Schwingung versetzen, die sich entlang der Rohrleitung fortpflanzt und mit dem Stethoskop als Schall verfolgt werden kann. Zerstörungsfreie Ortung nur nach Verfahren 11 (Aufsuchen von Metallen) möglich	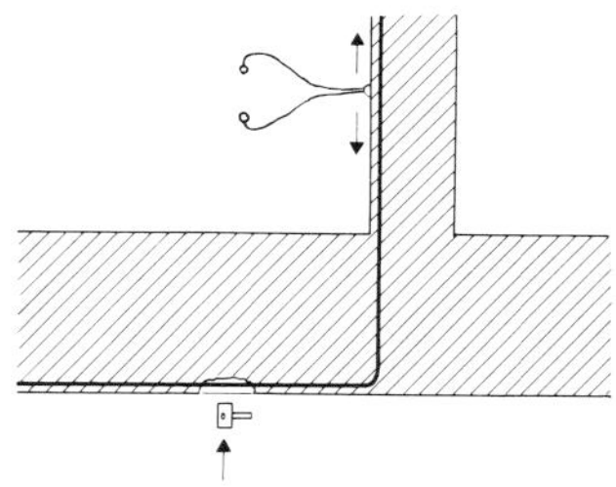
Ortung von Kaminen und anderen Hohlräumen in Wänden	Wand wird abgeklopft und gleichzeitig mit dem Stethoskop abgehorcht **(41)**	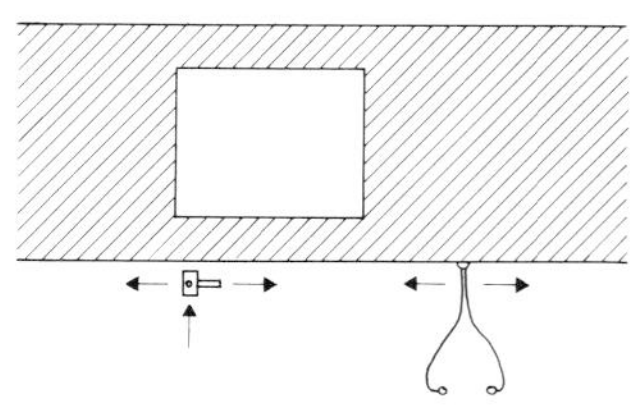
Holz	Anlegen des Stethoskops an der Holzoberfläche zur Feststellung von Fraßgeräuschen der in der warmen Jahreszeit tätigen Larven holzzerstörender Insekten	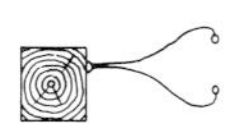

Bei Nietverbindungen von Stahlkonstruktionen dient das Abklopfen mit dem Hammer dazu, den festen Sitz der Nieten zu überprüfen.

Verfahren 8 Abhorchen

Rohrleitungen und Hohlräume des *Baukörpers* können bestandanalytisch durch Abhorchen erfaßt werden **(40)**. Zur Erleichterung des Hörens dient ein Hörrohr, am zweckmäßigsten ein Schlauchstethoskop **(41)**. Der Schall wird durch Klopfen erzeugt, oder aber die Untersuchung bezieht sich auf einen im Baukörper vorhandenen Schall: Fließgeräusche in Rohrleitungen, Fraßgeräusche tierischer Holzschädlinge.

Verfahren 9 Ermitteln der Oberflächenhärte

Zur fast zerstörungsfreien Prüfung der Festigkeit von *Gebäudeelementen* aus Beton und anderen mineralischen *Baustoffen* dient ein Prüfhammer **(42)**. Mit ihm wird die Oberflächenhärte gemessen, die in Beziehung zur Druckfestigkeit des zu prüfenden Materials steht.

Die Oberflächenhärte ist an sich ein Qualitätskriterium, wenn eine bestimmte Festigkeit des Materials nicht mit Rücksicht auf die inneren Kräfte, sondern beispielsweise auf die Widerstandsfähigkeit gegen Abnützung und Verwitterung erforderlich ist. In vielen Fällen genügt demnach zur Charakterisierung der Materialqualität die Anzeige des Prüfhammers selbst, ohne daß der Bezug zur Druckfestigkeit hergestellt werden muß. Die Beurteilung erfolgt dann durch Vergleich der Prüfhammeranzeigen an verschiedenen Stellen eines Gebäudeelementes untereinander oder der an einem Gebäudeelement gemessenen mit den an gleichartigen Gebäudeelementen gemessenen Werten.

Gilt wie bei Beton die Druckfestigkeit als Materialcharakteristik, ist die Beziehung zwischen Prüfhammeranzeige und Druckfestigkeit Diagrammen zu entnehmen, die auf Grund von Versuchsreihen erstellt werden. Für Beton stehen solche Diagramme zur Verfügung.

Vor der Prüfung sind *Beschichtungen* des zu prüfenden Materials zu entfernen. Bei altem Beton muß die übermäßig harte Oberflächenschicht auf etwa 10 mm Tiefe abgetragen werden.

Für die Ermittlung der Oberflächenhärte von Leichtbaustoffen, Belägen, Putz und anderen Materialien geringer Festigkeit wurde ein Pendelhammer entwickelt **(43)**.

41 Orten eines Hohlraumes in einer Wand durch Abklopfen und gleichzeitiges Abhorchen mit dem Stethoskop

42–44 Ermittlung der Oberflächenhärte

42 Prüfhammer im Einsatz an einer Betonwand

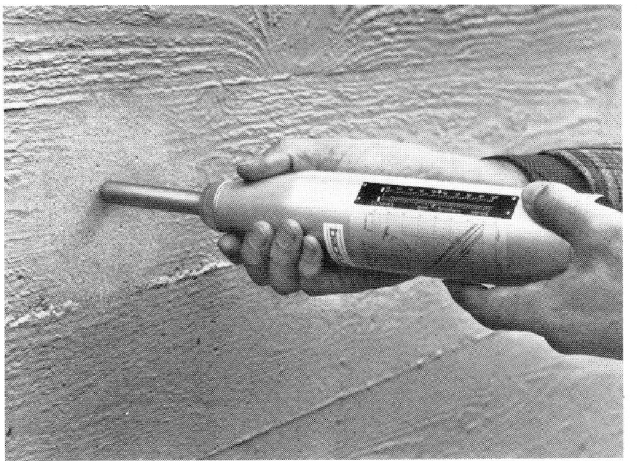

43 Pendelhammer bei der Prüfung eines Bodenbelages

44 Grobblech unter dem Kugelschlag-Härteprüfgerät.

Die Zugfestigkeit von Gebäudeelementen aus Stahl wird mit dem Kugelschlag-Härteprüfgerät **(44)** ermittelt, bei dem durch einen Schlag mit dem Hammer von einer Stahlkugel gleichzeitig Eindrücke in dem zu prüfenden Material und in einem Vergleichsstab bekannter Oberflächenhärte und Zugfestigkeit erzeugt werden. Aus dem Vergleich der Eindruckdurchmesser kann die Oberflächenhärte und in weiterer Folge die Zugfestigkeit des zu prüfenden Materials bestimmt werden.

Verfahren 10 Feuchtigkeitsmessung

Für Gebäudeelemente gilt im Gebrauchszustand ein bestimmter, von ihrer inneren Struktur abhängiger und daher unterschiedlicher üblicher Feuchtigkeitsgehalt, die Dauerfeuchtigkeit **(45)**. Liegt der tatsächliche Feuchtigkeitsgehalt nicht nur vorübergehend, sondern ständig über der Dauerfeuchtigkeit, ist er als schädlich zu bezeichnen. Die Ursachen können sein:

□ Bauliche Mißstände

□ Bodenfeuchtigkeit

□ Hohe Feuchtigkeit der Außenluft und der Raumluft (Küchen, Bäder, Schlafräume)

□ Bauarbeiten. Zum Schutz feuchtigkeitsempfindlicher Bausubstanz sind daher bei Sanierungsmaßnahmen Baustoffe und -verfahren in Hinblick auf eine möglichst geringe Feuchtigkeitszufuhr auszuwählen.

45 Die Dauerfeuchtigkeit w_d und die unter ungünstigen Verhältnissen vorkommenden Maximalwerte w_{max} des Feuchtigkeitsgehaltes verschiedener Materialien in Gewichtsprozent

Material	w_d	w_{max}
Ziegel in Außenwänden		
Raumklima normal feucht	1,5	4,0
Raumklima feucht, naß	3,0	5,0
Beton, Stahlbeton	2,5	4,5
Außenputz mit		
Zementmörtel	2,5	5,0
Kalkzementmörtel	2,7	5,5
Innenputz mit		
Kalkzementmörtel	2,0	5,0
Kalkmörtel	2,0	6,0
Gipsmörtel	1,8	5,8
Weichholz	12	24
Holzwolle-Leichtbauplatten	14	22
Holzfaserplatten	10	22
Holzbeton, Holzspanbeton	15	20
Mineralfasermatten	5,0	10
Pflanzenfaserplatten	10	16
Korkplatten	5,0	10
Kesselschlacke	5,0	10
Sand als Schüttstoff	1,0	4,0

Meßmethoden:

□ Darrprobe. Untersucht wird im besonderen ein mit dem Hohlbohrer gewonnener Bohrkern. Damit eine stärkere Erwärmung und infolgedessen eine Beeinflussung des Feuchtigkeitsgehaltes der Probe durch die Reibung zwischen Bohrer und *Gebäudeelement* vermieden wird, muß langsam gebohrt und öfters abgesetzt werden. Die Bohrprobe wird sofort luftdicht verpackt und im Laboratorium gewogen. Sodann wird sie durch Erhitzen auf 105° C bis zur Gewichtskonstanz getrocknet. Die Differenz zwischen dem Gewicht der Probe im feuchten Zustand G_f und ihrem Trockengewicht G_{tr} gibt den ursprünglichen Wassergehalt an. Der Feuchtigkeitsgehalt in Gewichtsprozent folgt aus der Formel

$$w = \frac{G_f - G_{tr}}{G_{tr}} \cdot 100.$$

□ Messung der Luftfeuchtigkeit in einem Bohrloch des Baukörpers. Von der ermittelten Luftfeuchtigkeit kann auf die Materialfeuchtigkeit geschlossen werden **(46, 47)**.

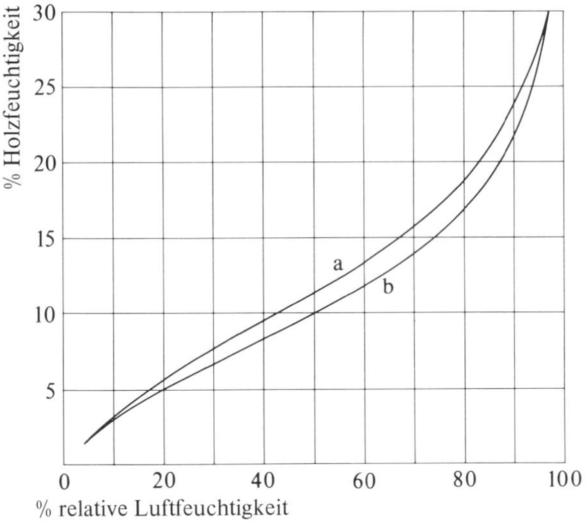

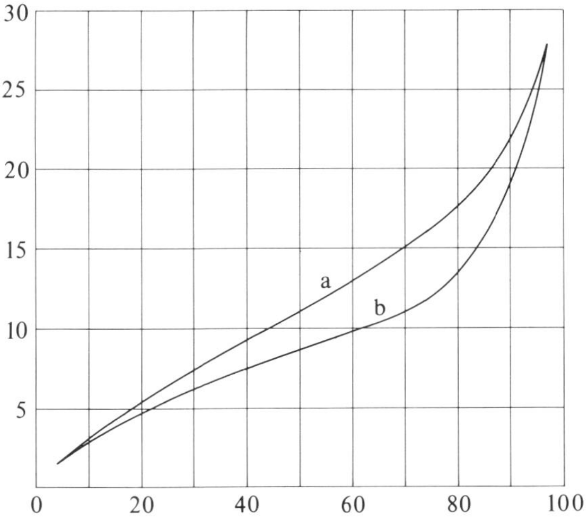

46, 47 Zusammenhang zwischen der Holzfeuchtigkeit und der relativen Luftfeuchtigkeit bei 20° C Lufttemperatur für natürlich getrocknetes Holz **(46)** und bei 115° C Höchsttemperatur künstlich getrocknetes Holz **(47)** bei Feuchtigkeitsabgabe (Kurven a) und Feuchtigkeitsaufnahme (Kurven b) des Holzes.

□ Ermittlung der Materialfeuchtigkeit eines Gebäudeelementes auf Grundlage der Messung des vom Feuchtigkeitsgehalt abhängigen elektrischen Widerstandes. Nach diesem Prinzip arbeitende Holz- und Mauerfeuchtemesser liefern nur Näherungswerte, weil die elektrische Leitfähigkeit feuchter Materialien von vielen Faktoren, insbesondere vom Salzgehalt des Wassers abhängt.

Verfahren 11 Aufsuchen von Metallen

Das Verfahren dient zum zerstörungsfreien Orten nicht freiliegender metallischer Gebäudeelemente. Besonders vor *Adaptierungen* ist es angezeigt, die betroffenen Wand- und Deckenbereiche systematisch abzusuchen. Aber selbst vor dem Anbringen von Dübeln kann eine Sondierung ratsam sein.

Geräte:

□ Allgemein verwendbar ist ein Metallsuchgerät mit verschiedenen Sonden. Die dem Anwendungsfall entsprechend zu wählende Sonde bewegt man langsam dicht über der Oberfläche des *Baukörpers* **(48–50)**. Gelangt ein Metallgegenstand in ihren Wirkungsbereich, so wird von einem Kopfhörer ein akustisches Signal abgegeben. Aus Lautstärke und Tonhöhe sowie aus deren Änderung bei Bewegung der Sonde kann auf die Größe eines georteten Metallgegenstandes und auf dessen Entfernung von der Oberfläche geschlossen werden.

□ Mit einem besonders zur Analyse der Bewehrung von Stahlbeton entwickelten Gerät **(51)** lassen sich Lage und Richtung von Bewehrungsstäben, unter bestimmten Voraussetzungen auch Stabdurchmesser, Betonüberdeckung und Stahlgüte ermitteln.

Aufgaben des Verfahrens:

□ Auffinden von Leitungen ↑ gebäudetechnischer Anlagen verschiedener Art aus Kupfer **(52, 53)**, Blei, Stahl **(54, 55)**, Gußeisen und anderen Metallen, die verborgen im Gebäude liegen.

□ Orten statisch wichtiger Gebäudeelemente wie nicht freiliegende Stahlträger **(48)**, Verankerungen aus Schmiedeeisen **(49)** und anderes mehr.

□ Orten von Kaminen und anderen Schächten, indem man darin einen Metallkörper – beispielsweise die vom Schornsteinfeger verwendete Kugel – herabläßt und mit der Sonde an der Außenfläche der Wand die Bewegung des Metallkörpers verfolgt.

□ Feststellen der Bewehrung von Stahlbeton.

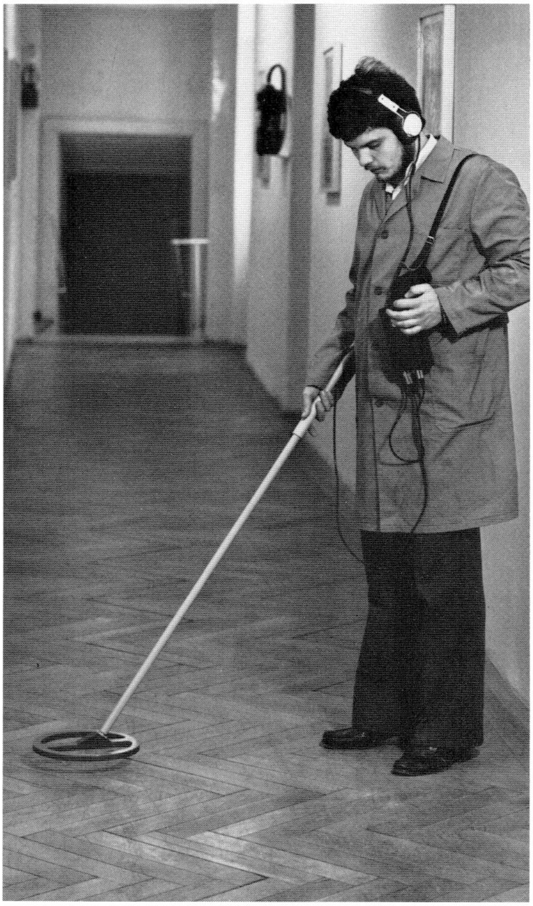

48 △

50 ▽

49 △

48-51 Aufsuchen von Gebäudeelementen aus Metall

48 Einsatz eines Metallsuchgerätes zur Ortung eines Stahlträgers in einer Holzbalkendecke

49 Im Zuge einer Sanierung wird bei Entfernen des Putzes ein schmiedeeiserner Maueranker freigelegt. Mit dem Metallsuchgerät wird untersucht, ob der Anker bei einer früheren Adaptierung gekürzt wurde und daher nicht mehr funktionsfähig ist.

50 Ermittlung des Verlaufes einer Elektroleitung in der Wand eines kostbar ausgestalteten Raumes

Verfahren 12 Messen von Formänderungen

Setzungen von Gebäuden und Gebäudeteilen werden durch Feinnivellement oder mit einer Präzisionsschlauchwaage gemessen. Grundlage sind mindestens zwei von den Bewegungen des *Baukörpers* unabhängige Festpunkte. Diese können, wenn die Bewegungen von Gebäudeteilen - beispielsweise einer gewölbten Decke - untersucht werden sollen, auch an geeigneter Stelle im Gebäude selbst liegen.

Längenänderungen von Gebäudeelementen und -teilen werden mit Setzdehnungsmessern untersucht. Mit ihnen können Druckstauchungen von Wänden und Pfeilern ebenso wie Dehnungen zug- oder biegebeanspruchter Baukörper erfaßt werden. Die Messung erfolgt an eingemauerten, eingemörtelten oder aufgeklebten Meßbolzen, deren Abstand der Meßbasis des Setzdehnungsmessers entspricht. Das Instrument wird bei verschiedener Belastung des zu untersuchenden Baukörpers an den einzelnen Meßstellen angesetzt und abgelesen. Es ist meist mit einer Meßuhr ausgestattet, deren Ablesegenauigkeit bei einigen µ liegt.

Veränderungen an Rissen sind mit Gipsbändern festzustellen. Diese werden senkrecht zum Riß angebracht und mit einer Strichmarke in gleicher

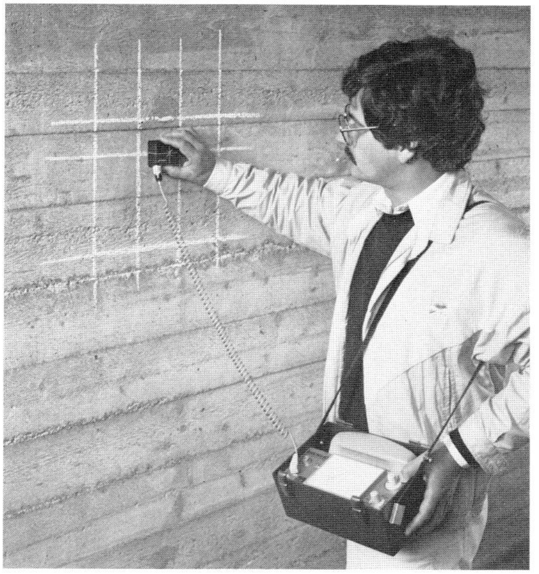

51 Bewehrungssuchgerät für Stahlbetonkonstruktionen

52, 53 Feststellung des Verlaufes von Elektroleitungen aus Kupfer. Im Zuge der Instandsetzung und Adaptierung einer Wohnung wird die Bestandanalyse der vorhandenen Elektroinstallation vorgenommen. Aus dem mit dem Metallsuchgerät festgestellten und danach angezeichneten Verlauf der Elektroleitungen ist bereits deren unsachgemäße Verlegung zu erkennen **(52)**.
Durch teilweises Freilegen der Leitungen wird das Ergebnis der Bestandanalyse bestätigt **(53)**.

52 ▽

53 ▽

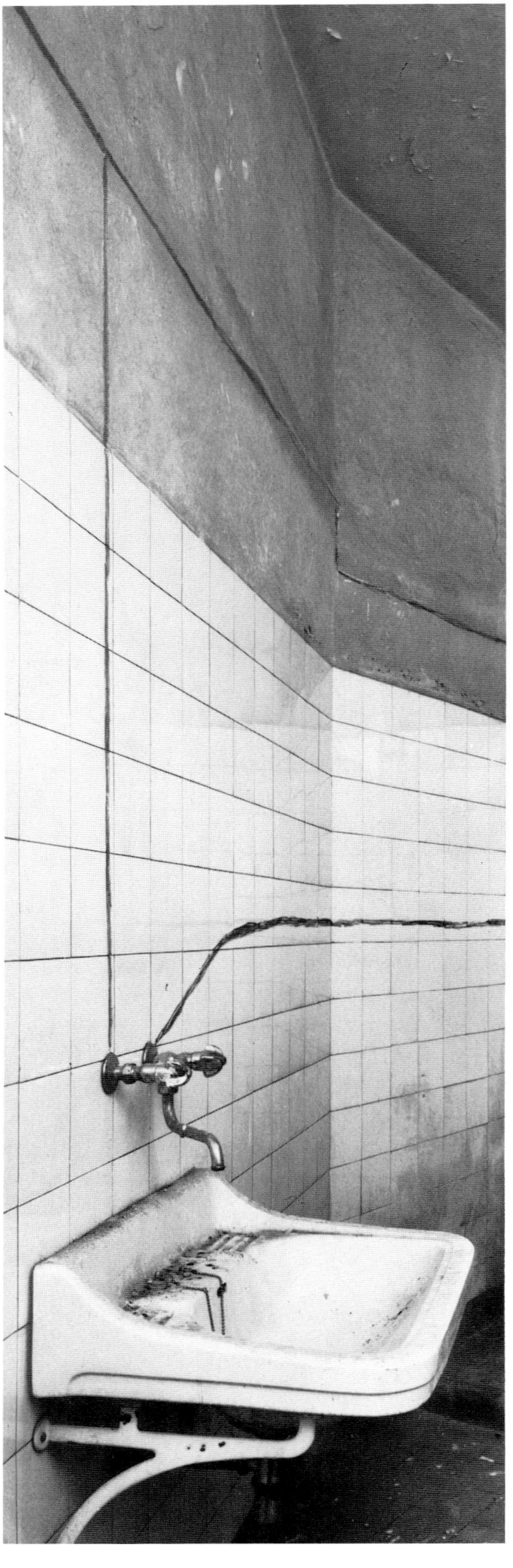

54, 55 Ortung einer Stahlrohr-Wasserleitung. Zwischen dem Waschbecken und der dahinter sichtbaren Richtungsänderung der Wand soll eine Türöffnung ausgebrochen werden. Vorerst sind die in diesem Bereich der Wand befindlichen Installationen bestandanalytisch zu erfassen: Der Verlauf von Wasserleitungen wird - von den Wandauslässen beginnend - mit dem Metallsuchgerät geortet und angezeichnet **(54)**. Die nun mögliche gezielte Freilegung ergibt die Richtigkeit des Sondierungsergebnisses **(55)**. Die Leitungen können vor der Herstellung des Mauerdurchbruches entfernt werden.

▷

Richtung versehen **(56)**. Das Datum der Anbringung und eines eventuellen Aufreißens des Gipsbandes wird notiert. Durch das Aufreißen kann die Bewegung senkrecht zum Riß, durch die Verschiebung der Strichmarke die Bewegung in der Längsrichtung des Risses gemessen werden **(57)**. Auch die Rißenden sind zu markieren, zu datieren und laufend zu beobachten. Ein übersichtliches Bild des ganzen Bewegungsvorganges und auch eine gegenseitige Kontrolle der einzelnen Meßergebnisse erhält man durch eine genügende Anzahl von Meßstellen. Für länger verbleibende Marken an Außenwänden wird Zementmörtel im Mischungsverhältnis 1 Teil Zement zu 3 Teilen Feinsand verwendet. Vorgefertigte Gips- und Betonmarken, die mit Kunststoff auf die Rißufer geklebt werden, haben sich ebenfalls bewährt. Zur Messung und Beobachtung von Rissen eignet sich auch ein Stabmikroskop, das mit Meßskala und Beleuchtungseinrichtung ausgestattet ist.

Das Verfahren 12 kann zur Berechnung der Belastbarkeit (Verfahren 15) von *Grundkonstruktionen* herangezogen werden, deren Freilegung nicht oder nur mit großem Aufwand möglich ist **(58 bis 60)**. Weiter kann damit die Beanspruchung von Konstruktionen unter vorhandener Belastung bestimmt werden, die normalerweise ebenfalls nach Verfahren 15 ermittelt wird **(61, 62)**.

Verfahren 13 Planliche Aufnahmen

Genaue Bestandpläne sind das wichtigste Instrument für eine *Sanierung.*

Die Geschicklichkeit, mit der man in früheren Zeiten schwierige konstruktive und formale Probleme zu lösen verstand, erschwert oft eine direkte Ablesung der grundrißlichen Verhältnisse am Gebäude selbst. So lassen sich bei dem Beispiel **(9-17)** die zunächst der Form des Baugrundes und dann bei dem Zubau der Rücksicht auf das Bestehende

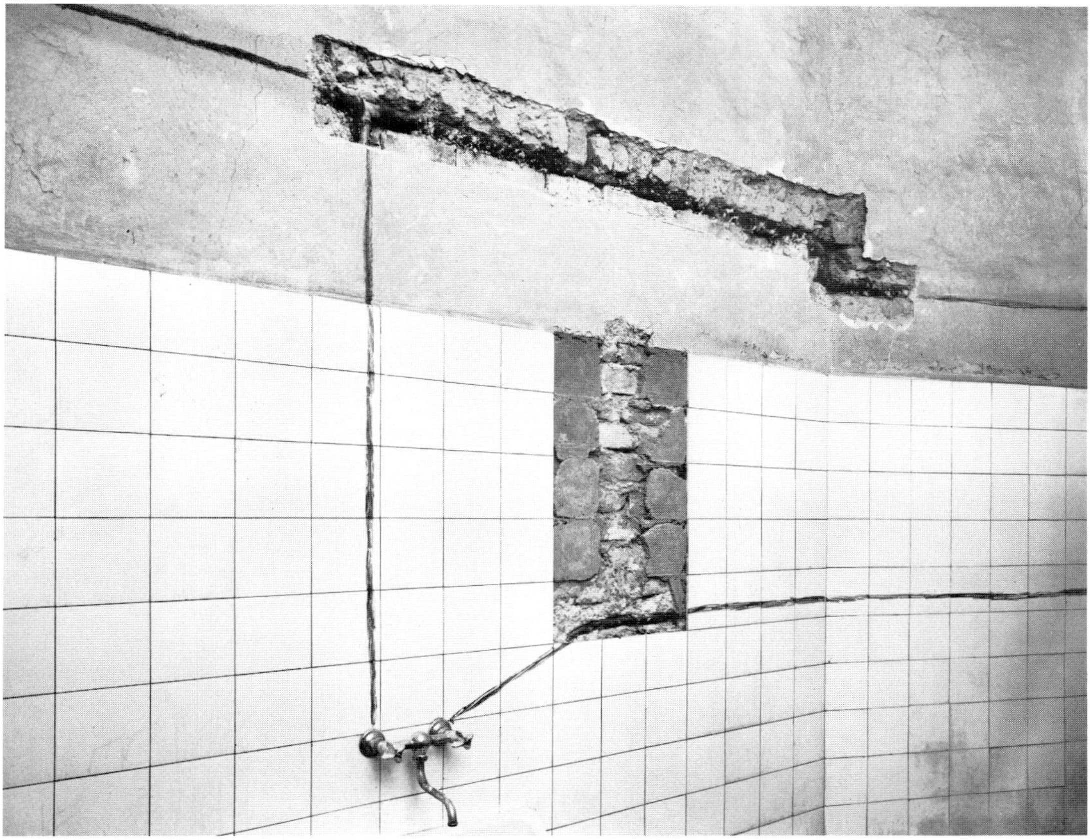

55 △

entsprechenden Abweichungen der Mauerecken vom rechten Winkel und der Außenwände von der Parallelität bei oberflächlicher Betrachtung des Gebäudes von innen und außen kaum erkennen, was offenbar der Absicht der Erbauer entsprach. Auch ungenaue Pläne geben meist keinen genügenden Aufschluß über die grundrißlichen Verhältnisse.

Wenn daher geeignete Pläne nicht vorliegen, ist eine Lage- und Höhenaufnahme mit Theodolit und Nivelliergerät unbedingte Voraussetzung der Sanierung. Bei kleinen und einfachen Verhältnissen wird man mit Maßstab, Wasserwaage und Schlauchwaage auskommen können.

Zur planlichen Darstellung der geodätischen Aufnahme eines Gebäudes besonders geeignet ist der bei Polierplänen und Werksätzen verwendete Maßstab 1:50 **(63)**. Er ist groß genug, die Details noch erkennen zu lassen, und doch so klein, daß die Übersicht nicht verlorengeht. Für spezielle Aufgaben der Bestandaufnahme im Rahmen der Planung von Sanierungsmaßnahmen können auch andere Maßstäbe zweckmäßig sein **(78)**.

56, 57 Gipsband zur Beobachtung von Veränderungen an Rissen. Wie die Bilder am Beginn **(56)** und im weiteren Verlauf der Untersuchung **(57)** zeigen, hat im vorliegenden Fall eine Bewegung sowohl senkrecht zum Riß, als auch in dessen Längsrichtung stattgefunden. ▽

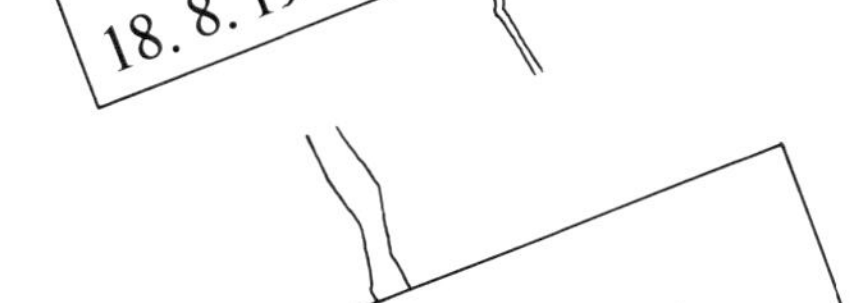

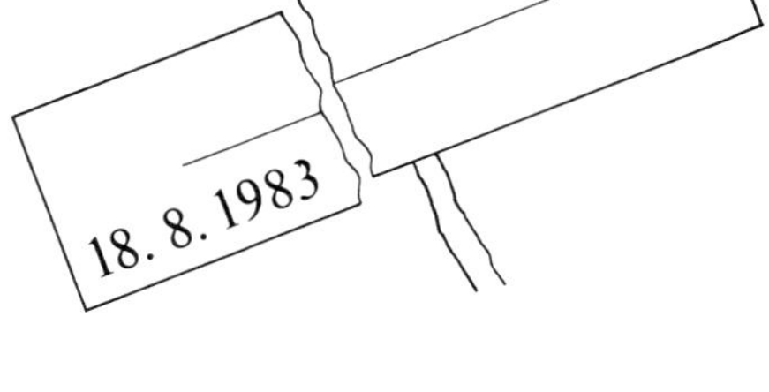

58 △

59 △

60 ▽

61 △

62 △

58-60 Ermittlung der Tragfähigkeit einer Decke. Das aus unmittelbar nebeneinander liegenden, mit der Axt behauenen Holzbalken unterschiedlicher Höhe bestehende Deckentragwerk konnte aus konstruktiven Gründen (reich ausgestaltete Unterdecke) und aus funktionellen Gründen (keine Beeinträchtigung der Raumnutzung durch Abheben des Fußbodens) nicht freigelegt werden. Die Decke wurde in der Mitte ihrer Spannweite mit Sandsäcken in drei Stufen zu 50, 100 und 150 kg/m belastet **(58)**. Die dementsprechenden Verformungen der Decke wurden an der Deckenunterseite mit Meßuhren **(59)** gegenüber vier auf dem Kranzgesimse aufgelagerten Stahlrohrträgern gemessen **(60)**.
Aus dem festgestellten Durchbiegungsverhalten und dem Aufbau der Decke sowie der vorhandenen Nutzlast konnte die mittlere Höhe der Deckenbalken und weiter die Belastbarkeit der Decke nach Verfahren 15 (Statische und andere Berechnungen) bestimmt werden.

61, 62 Ermittlung der Belastung von Natursteinsäulen durch Messen von Dehnungen infolge Entlastung im Oberflächenbereich. Eigengewicht und Nutzlasten sind in dem Gebäudebereich über den Säulen so groß und so ungleichmäßig verteilt, daß die vorhandene Belastung der Säulen rechnungsmäßig nicht hinreichend genau erfaßbar ist. Es wurden nach Abschlagen des Putzes, der an der Säule im Hintergrund **(61)** noch zu sehen ist, auf der Natursteinoberfläche der Säulen Dehnungsmeßstreifen angebracht und zwar auf allen vier Seiten der Säule, damit auch Inhomogenitäten und Schichtungen des Kalksandsteines sowie eine Exzentrizität der Belastung erfaßt werden. Durch Einschnitte in den Stein **(62)** wurden die Bereiche um die Meßstreifen entlastet und damit Dehnungen bewirkt. Diese Formänderungen ε zeigte ein an die Meßstreifen angeschlossenes Meßgerät an. Die Druckspannung im Stein ergibt sich aus $\sigma = E \cdot \varepsilon$. Zur Bestimmung des Elastizitätsmoduls E dienten kleine Proben von 5/5 cm Querschnitt und 10 cm Höhe, die der Säule an konstruktiv und formal unbedenklicher Stelle entnommen, mit Meßstreifen versehen und in einer Prüfmaschine der Druckprobe unterworfen wurden, wobei auch die Druckfestigkeit des Materials im gleichen Versuch ermittelt wurde.

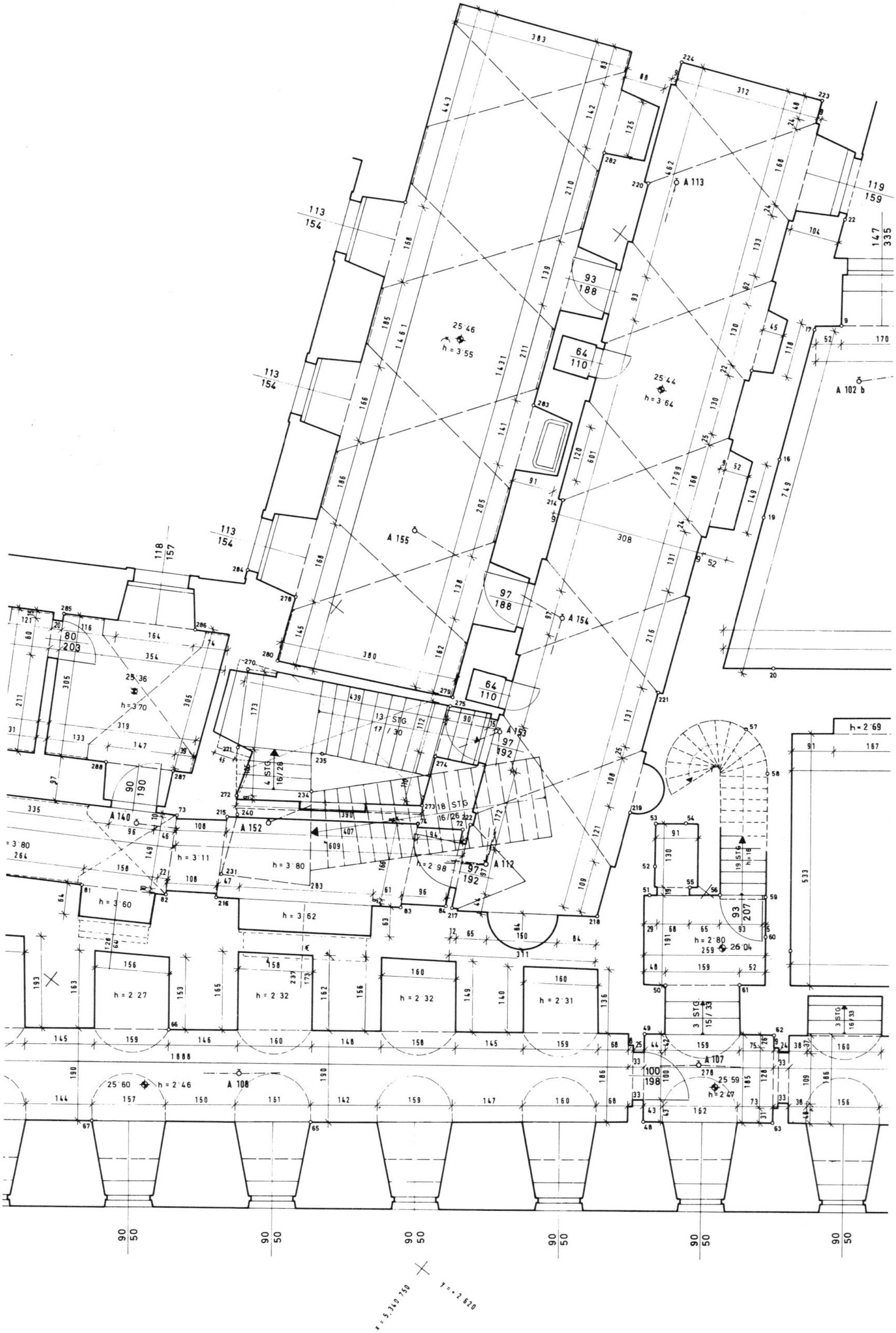

A 155
A 113
A 154
A 153
A 152
A 140
A 112
A 108
A 107
A 102 b
h = 3'55
h = 3'64
h = 3'70
h = 3'80
h = 3'11
h = 3'60
h = 3'62
h = 2'98
h = 2'80
h = 2'69
h = 2'27
h = 2'32
h = 2'31
h = 2'46
h = 2'47
13 STG 17 / 30
4 STG 16 / 28
18 STG 16 / 26
19 STG h = 16
3 STG 15 / 33
3 STG 16 / 33
x = 5.340.750
y = + 2.620

◁ **63** Geodätische Gebäudeaufnahme. Ausschnitt eines Stockwerksgrundrisses im Originalmaßstab 1:50. Außer den Maßzahlen für Wände, Tür-, Fenster- und andere Wandöffnungen, Wandvorsprünge, Nischen, Treppen und ähnliches enthält der Plan:

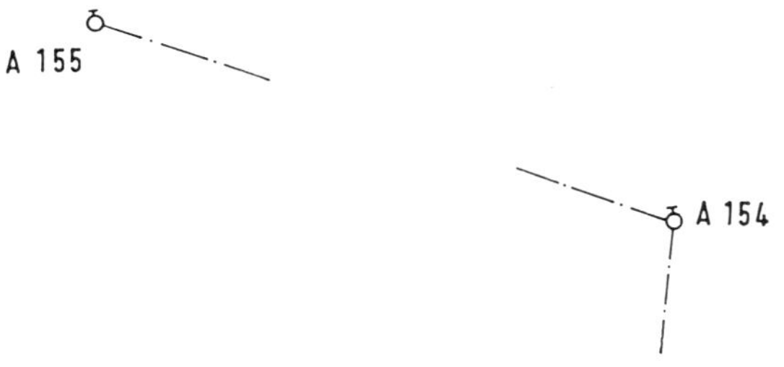

◁ Polygonpunkte. Sie sind Teile von Polygonzügen, die in geeigneter Weise um das Gebäude und in dem Gebäude gelegt werden. Als Polarpunkte bilden sie das Gerippe für die Detailaufnahme. Für Ergänzungen der Vermessung werden die Polygonpunkte markiert und zwar mittels Stahlnägel bei Holzfußböden, Farbanstrich einander kreuzender Fugen bei Steinböden sowie Schlagen eines kleinen Loches und Farbanstrich bei Estrichböden. Wenn solche Marken verlorengehen, ist eine Rekonstruktion an Hand der Pläne, der Aufnahmeprotokolle und der Koordinaten möglich.

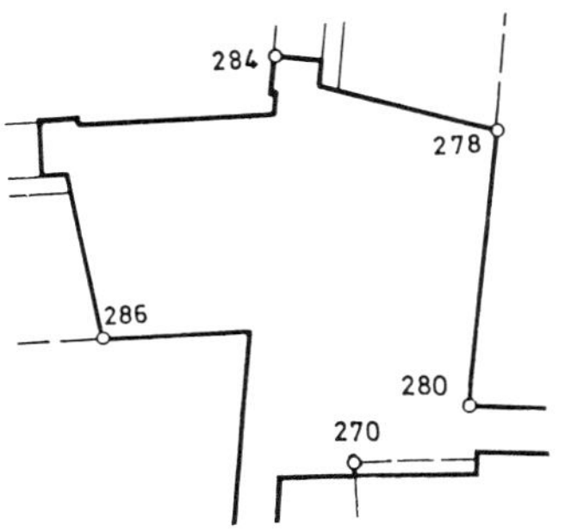

◁ Detailpunkte. Die Auswahl der Detailpunkte setzt einen sicheren Blick für die räumlichen Verhältnisse und Erfahrung voraus, damit gerade so viele Detailpunkte aufgenommen werden, als zur genauen grundrißlichen Darstellung notwendig sind, nicht weniger, aber auch nicht mehr. Aufzunehmen sind im besonderen Tür-, Fenster- und andere Wandöffnungen, Wandvorsprünge, Nischen, Knickpunkte in der Wandflucht und andere Abweichungen von der Ebenflächigkeit der Wand.

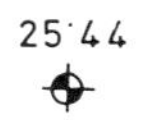

◁ Absolute Fußbodenhöhe. Sie ist auf einen örtlichen, regionalen oder überregionalen (Meereshöhe) Höhenfestpunkt bezogen.

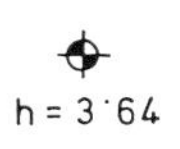

◁ Raumhöhe. Ebenso wie die Fußbodenhöhe gilt sie für einen bestimmten Punkt des Grundrisses, weil besonders bei historischen Gebäuden vielfach die Höhenlage von Fußboden und Plafond von Raum zu Raum, oft sogar im gleichen Raum wechselt.

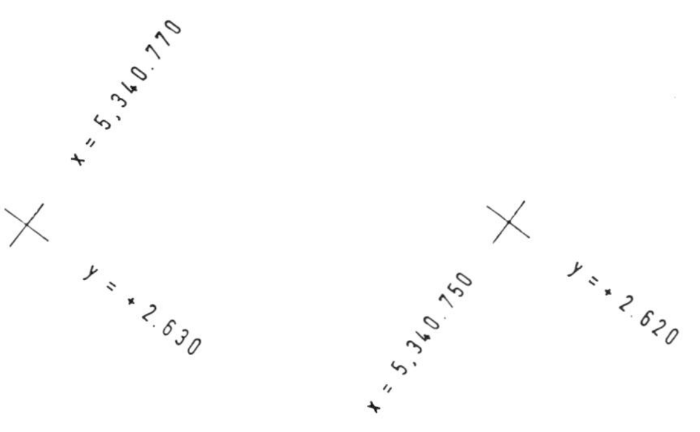

◁ Hektarmarken. Durch diese Zeichen wird die relative Lage der Geschosse zueinander gesichert, so daß die einzelnen Stockwerksgrundrisse, wenn transparente maßhaltige Folien verwendet werden, genau übereinander gelegt und damit auch die Zusammenhänge in vertikaler Richtung erkannt werden können.

64 △

64 - 67 Fotografische Aufnahmen zur Dokumentation eines Baugeschehens. Im Zuge des Umbaues eines Lagerraumes **(64)** zu einem Konzertsaal **(67)** waren Instandsetzungsmaßnahmen erforderlich, die sich auch auf die Grundkonstruktion der Decke erstreckten **(65)**: Von einem Plateaugerüst aus wurde eine Reihe der an den Enden abgemorschten unmittelbar nebeneinander liegenden Deckenbalken durch in Abstand verlegte Balken zwischen U-Trägern ersetzt. Der in **(65)** linke Stahlträger schließt an das alte Deckentragwerk an, der andere liegt über der Querwand. Die noch brauchbaren Teile der ausgelösten Balken wurden für das neue Deckentragwerk verwendet. Vor Anbringen des Wandputzes wurde die Verrohrung der Starkstrominstallation an den Wänden verlegt und mit Gips befestigt. In der Raumecke ist die Oberfläche des aufzubringenden Grobputzes durch ein Mörtelplättchen bestimmt. Von diesem aus wird dann einer der lotrechten Lehrstreifen hergestellt als Führung der Latte zum Abziehen der zwischen den Streifen liegenden Putzfelder.
Ein weiteres markantes Stadium der Sanierung ist in **(66)** festgehalten. Zwischen Wand und Decke, die bereits grob verputzt sind, ist eine große Hohlkehle hergestellt und darunter ein Sofittengesims in Arbeit, das die Beleuchtungskörper aufnimmt. Die Tragkonstruktion des über 30 cm weit ausladenden Gesimses ist rechts in **(66)** zu sehen. Zwischen diesem und einem darunter angeordneten Gesims wurden vorhandene Gipsplastiken vom Bildhauer an drei Raumseiten (mit Ausnahme der Fensterwand) versetzt **(67)**.

65 ▽

66 △ 67 ▽

Verfahren 14 Fotografische Aufnahmen

Aufgaben des Verfahrens:

☐ Vervollständigung der Dokumentation des ursprünglichen Zustandes **(64)**, der Vorgänge während der Ausführung **(65, 66)** und des Endzustandes nach Abschluß der Sanierung **(67)**. Weitere Phasen der Sanierung sind fotografisch festzuhalten, weil es nicht möglich ist, nur an Hand von Plänen und Beschreibungen alle getroffenen Maßnahmen später erforderlichenfalls zu rekonstruieren. Das gilt besonders für solche Teile ↑ gebäudetechnischer Anlagen, die eingemauert, eingeputzt oder verkleidet werden und deren Lage planlich nur schwer zu erfassen ist.

☐ Anfertigung maßstabgerechter Pläne durch Auswerten von Stereoaufnahmen. Diese Stereofotogrammetrie, deren Geräteaufwand beträchtlich ist, wird dort angewandt, wo eine Handmessung nicht durchführbar ist. Sie dient in der Sanierungspraxis vor allem zur planlichen Erfassung von Fassaden **(68)**, sei es zur Rekonstruktion oder aber für adaptive Maßnahmen. Die auf fotogrammetrischem Wege gewonnenen Pläne liefern die betreffende Gebäudefläche mit allen Einzelheiten. Sie können zur Klärung formaler wie auch konstruktiver Fragen verwendet werden.

68 Fotogrammetrische Aufnahme eines abgebrochenen Fachwerkhauses zu dessen *Rekonstruktion*

69 △ 70 ▽

69 – 72 Entfernen von Beschichtungen und Bekleidungen

69 Das Entfernen von Anstrichschichten macht frühere räumliche Verhältnisse erkennbar. Die nur vorübergehend bestandene Teilung eines in **(13)** dargestellten Raumes in Zimmer des Stubenmädchens (B 10), Garderobe (B 11) und Vorraum der Dienerschaft (B 11 a) wird durch die dementsprechende, nach Entfernen darüberliegender Anstrichschichten sichtbar gewordene Deckenmalerei belegt. Die erkennbare gemalte Mittelrosette läßt klar auf die einstige Lage der Umfassungswände des Raumes schließen. Außerdem zeigt die innige Verbindung der freigelegten Malerei mit dem Deckenputz, daß es sich um die erste Beschichtung dieses Putzes handelt.

70, 71 Durch Entfernen von vielfachen Übertünchungen **(70)** wird ein vordem kaum mehr erkennbarer Wandstuck freigelegt **(71)**. Die Anwendung des Verfahrens 16 dient hier nicht nur der Bestandanalyse, sondern gehört bereits zur Sanierung.

71 ▽

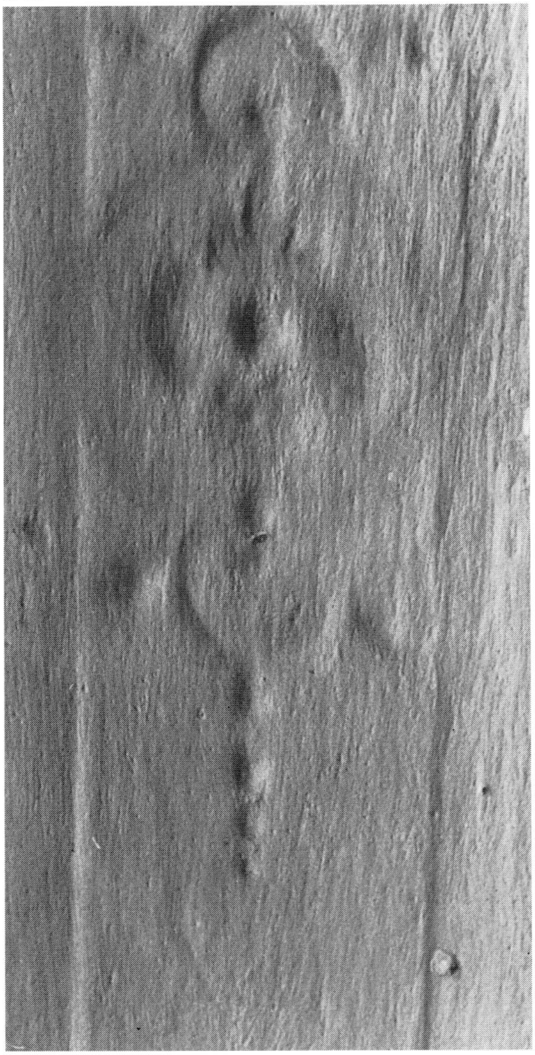

72 Vertäfelte Wand mit stoffbespannten Feldern. Wie sich nach Abnahme der Bespannung zeigt, wurden im rechten Feld nachträglich Leitungsschlitze verputzt. Im linken Feld sind - und darauf bezog sich die Untersuchung - zwei nahezu parallel nach rechts oben verlaufende Putzstreifen ebenfalls jüngeren Datums zu erkennen, die dort ehemalige Setzungsrisse vermuten lassen, zumal auch der erneuerte Putz solche aufweist. Im Bereich des unteren Putzstreifens wurde dann auch nach Freilegen der Ziegelmauer ein Riß in der Grundkonstruktion festgestellt **(123)**, dessen treppenförmiger Verlauf mit dem im Putz übereinstimmt.
Die in weiterer Folge notwendige Feststellung von Zustand und Auflagerverhältnissen des Deckentragwerkes war nach Anwendung von Verfahren 17 (Freilegen der Grundkonstruktion) möglich: Der Fußboden - Tafelparkett auf Blindboden mit Polsterhölzern in Beschüttung - wurde abgehoben.

Verfahren 15 Statische und andere Berechnungen

Gegenstand der Berechnungen:

□ Belastbarkeit bestehender Konstruktionen (Tragfähigkeitsnachweis)
□ Beanspruchung von Konstruktionen unter vorhandener Belastung (Spannungsnachweis)
□ Formänderungen bestehender Konstruktionen (Formänderungsnachweis)
□ bauphysikalische Gegebenheiten des Baubestandes
□ Funktionsfähigkeit vorhandener ↑ gebäudetechnischer Anlagen.

Bei Auftreten pflanzlicher oder tierischer Schädlinge an Holzteilen sowie von Korrosion an Metallteilen der Grundkonstruktion muß die Standsicherheit überprüft werden. Gegebenenfalls sind die zur Wiederherstellung der Standsicherheit erforderlichen Maßnahmen rechnerisch und konstruktiv zu ermitteln.

Verfahren 16 Entfernen von Beschichtungen und Bekleidungen

Dieses Verfahren bildet den Übergang von den bisher beschriebenen zerstörungsfreien zu den mechanischen Verfahren. Es umfaßt unter anderem:

□ Entfernen von Anstrichen **(69-71)**
□ Ablösen von Tapeten
□ Abheben von Bodenbelägen
□ Abnehmen von Bespannungen **(72)** und Vertäfelungen an Wänden und Decken
□ Abnehmen von Außenwandbekleidungen.

Beschichtungen und *Bekleidungen* sind zur Bestandanalyse vor allem dann zu entfernen, wenn *Schäden* oder *Mängel* an dem beschichteten oder bekleideten Baukörper vermutet werden:

Holz. Das Auftreten des Echten Hausschwammes und anderer pflanzlicher Schädlinge ist an der Oberfläche von gestrichenem Holz oder gar unter einem Bodenbelag erst in fortgeschrittenem Stadium zu erkennen.

73 △

74 △

75 ▽

73, 74 Freilegen des Ziegelmauerwerkes von Wänden und Decken in einem alten Klostergebäude. Nach Abschlagen des Putzes erwies sich die Wandnische, zu der die Türe rechts führte **(73)** und die als Abort genutzt war, als Rest einer ehemaligen Wandöffnung, über die sich ein sehr schlecht erhaltener Mauerbogen spannte **(74)**. Er konnte ohne Schwierigkeiten entfernt werden, weil er - erkennbar - erst nachträglich im Zuge einer Adaptierung eingezogen worden war und sich darüber ein zweiter, älterer Mauerbogen befand. Die Wandöffnung wurde als Eingang rekonstruiert.

75 Freilegen der Grundkonstruktion von Wand und Decke. Das Abschlagen des Putzes ließ eine Reihe schwerer Mängel zutage treten, die auf fehlerhafte Adaptierungsmaßnahmen zurückgehen. Zunächst ist an den Natursteingewänden und an dem Wechsel im rechten Auflagerbereich der Holzdecke eine ehemalige Türe aus der Zeit der Errichtung des Gebäudes um 1800 zu erkennen. Zwei Jahrzehnte später wurde zur Verlegung der Türe nach links die alte Wandöffnung teilweise ausgemauert und der linke Gewändestein entfernt. Der Steinsturz wurde an seinem linken Ende schräg abgearbeitet und bildet nun als Kragträger das Widerlager eines Mauerbogens über der neuen Wandöffnung. Dieser aus Platzgründen sehr flache und sehr niedere Gewölbesturz hat nicht nur das darüber liegende Mauerwerk zu tragen, sondern auch die Decke einschließlich der Auflast des Wechsels.
Einen weiteren gefährlichen Eingriff in das ursprüngliche Wandgefüge bedeutete das Einstemmen von zwei Installationskästen in die linke Türleibung. Diese und der im Bild deutlich erkennbare Leitungsschlitz links darüber, der zu einem ebenfalls sichtbaren Mauerdurchbruch führt, beeinträchtigen das Widerlager des gewölbten Sturzes. Durch den Leitungsschlitz verlor außerdem der linke Randbalken der Decke sein Auflager. Bei Entfernen des Putzes begann er sich zu senken, und die Decke mußte sofort unterstellt werden.
Zur Bestandanalyse wurde der Putz in weiteren Bereichen entfernt und dadurch das Ausmaß der Mängel erkennbar. Wäre - auch das zeigt die Bestandanalyse - der Wanddurchbruch für die beiden Heizungsrohre (rechts im Bild) weiter links im Bereich der rechten Leibung der derzeitigen Wandöffnung erfolgt, hätte dies zum Absturz des Kragteiles des Steinsturzes, in weiterer Folge zum Einbrechen des darauf gestützten Mauerbogens und damit zum Einsturz der Decke geführt.

76 Beeinträchtigung eines Deckenauflagers durch Leitungsverlegungen. Nach Freilegen des Deckentragwerkes und der Wand im Auflagerbereich der Decke wurde erkennbar, daß unter den Enden der Deckenbalken die Wand für Elektroleitungen tief aufgestemmt war. In der Bildmitte sind außerdem zwei Heizleitungen und dahinter mehrere Rohre für Elektroleitungen durch die Decke nach oben geführt, was zusätzlich eine Schwächung der betroffenen beiden Balken im Auflagerbereich verursacht. Die Decke war bis zur Sanierung ihres Auflagers zu unterstellen.
Für die Verlegung der Elektroleitungen unter Putz bestand keine Notwendigkeit, weil es sich um untergeordnete Räume handelt, an deren Wänden andere Rohrleitungen frei liegen.

76 ▽

77, 78 Auffinden eines Risses in einem Gewölbeanker. Putzrisse und Senkungen an einzelnen Stellen machten das sofortige Unterstellen des betroffenen Bereiches eines Tonnengewölbes notwendig. Nach Abschlagen des Putzes ergaben sich die Zusammenhänge **(77)**: Das Gewölbe war aus Ziegeln gemauert. Dort, wo es die Pfeiler einer darüberliegenden Stiege zu tragen hatte, waren Werksteingurten eingesetzt, an deren Seiten schmiedeeiserne Anker zur Aufnahme des Gewölbeschubes liegen. Im Gewölbescheitel, wo diese Anker unter dem Putz sichtbar sind, ist bei einem von ihnen ein offener Riß festzustellen. Die Vermutung, dieser Riß stehe mit den Setzungen des Gewölbes in ursächlichem Zusammenhang, wird durch eine geodätische Querschnittsaufnahme im Maßstab 1:20 erhärtet **(78)**.
Weil nicht auszuschließen ist, daß auch andere der im Gewölbe verlaufenden Anker an nicht sichtbarer Stelle durch Erschütterungen (nahe Bombentreffer im Zweiten Weltkrieg, Erdbeben) gerissen sind, war eine neue Verschließung des gesamten Tonnengewölbes vorzunehmen.

Eisen und Stahl. Bei gestrichener Oberfläche sind oft nur kleine Rostflecken festzustellen, und erst nach dem Entfernen des Anstriches werden ausgedehnte Unterrostungen sichtbar.

Putz. Wand und Decke sind häufig von zahlreichen Anstrichschichten überzogen, nach deren Entfernen die Beschaffenheit des Putzes - seine Rissigkeit, seine Brüchigkeit oder aber seine gute Qualität - erkennbar wird. Darüber hinaus werden auf Grund von in Farbe und Struktur unterschiedlichen Putzoberflächen Leitungstrassen, Abmauerungen und ähnliches erkennbar. Sind Putzrisse im Zuge von Malerarbeiten durch Überdeckung mit Glasvlies oder einem anderen Material oberflächlich zum Verschwinden gebracht worden, muß das Entfernen der Beschichtung erforderlichenfalls auch solche Überdeckungen betreffen.

Stuck. Das Freilegen einmal oder mehrmals überstrichener Wand- und Deckenstukkaturen **(70, 71)** erfordert große spezielle Fachkenntnis und ist zeitaufwendig, vor allem, wenn die Flächen feingliedrig plastisch sowie durch Wand- und Deckenmalerei - besonders mit bildlichen Darstellungen - farblich ausgestaltet sind. Für bestandanalytische Zwecke werden daher nur einzelne Stellen freigelegt, wobei gleichzeitig mit der Kenntnis von *Qualität* und *Zustand* der ursprünglichen Stuckoberfläche auch Anhaltspunkte über die Möglichkeiten und Erfordernisse der Freilegung gewonnen werden.

Verfahren 17 Freilegen der Grundkonstruktion

Dieses Verfahren dient zur Feststellung der Art und Oberflächenbeschaffenheit des Tragwerkes von Wänden, Decken, Treppen und Dächern

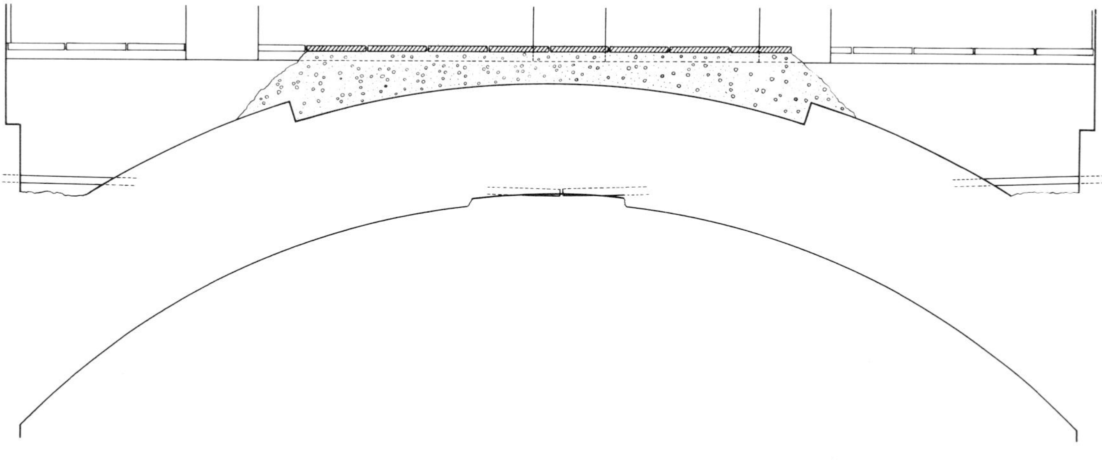

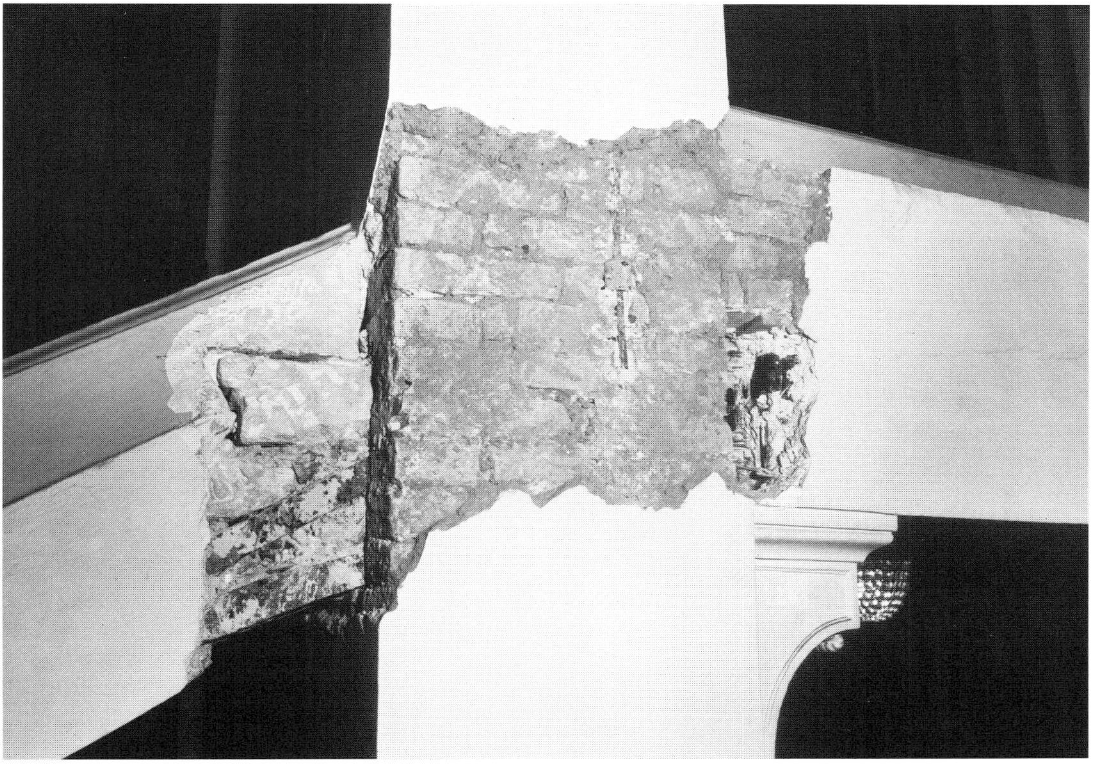

79 Das Freilegen eines gemauerten Stiegenpfeilers im Bereich der Auflagerung einer Stiegenwange (links) und des Randträgers eines Podestes (rechts) zeigt den konstruktiven Aufbau:
In der Stiegenwange sind als tragende Elemente zwei geschmiedete Vierkanteisen angeordnet. Darüber liegen die Natursteinstufen. Den oberen Abschluß der Wange bilden Natursteinelemente, auf denen das Geländer befestigt ist.
Der Randträger des Podestes ist ein Holzbalken, der über einer Scheinkonsole in den Pfeiler eingelassen und von Putz mit Holzkohleeinlagen überdeckt ist. Öhr und Splint eines schmiedeeisernen Ankers sind an der Vorderseite des Pfeilers erkennbar.

(73-79). Es wird im allgemeinen erst nach Auswertung vorhandener Unterlagen über das *Gebäude* und Heranziehen der zerstörungsfreien Verfahren zu deren Überprüfung angewandt.
Unter den mechanischen Verfahren der Bestandanalyse ist das Freilegen der *Grundkonstruktion* das wichtigste, weil es sehr weitgehende Schlüsse auf *Qualität* und *Zustand* des betreffenden Tragwerkes erlaubt, ohne dieses selbst zu beeinträchtigen.

Vielfach auf anderem Wege nicht oder nicht eindeutig festzustellen sind:
☐ Konstruktive Besonderheiten eines Gebäudes
☐ Konstruktive Veränderungen im Laufe der Entwicklung eines Gebäudes
☐ Schäden und Mängel der Grundkonstruktion.

Zu bestandanalytischen Zwecken werden Tragwerke auch dort freigelegt, wo sie vom Erdreich bedeckt sind. Dies kann notwendig sein bei
☐ teilweisem *Abbruch* eines Gebäudes
☐ Bodenaushub oder -anschüttung neben einem Gebäude
☐ Errichtung eines Zubaues
☐ bedeutenden Veränderungen der Nutzlast im Gebäude.
In diesen Fällen kann es zu Schäden am Gebäude, ja zu dessen Einsturz kommen, wenn Ausmaß und Beschaffenheit der unterirdischen Teile seines Tragwerkes, im besonderen seiner Fundamente, nicht von vornherein richtig beurteilt wurden. Zuverlässige Unterlagen über Fundamente (Auswerten vorhandener Pläne und schriftlicher Quellen nach den Verfahren 1 und 3) sind selten. Es müssen daher erforderlichenfalls im Gebäudeinneren vom Fußboden des tiefsten Geschosses oder an der Gebäudeaußenseite vom umgebenden Gelände aus unter *Sicherung* Schächte gegraben werden, bis die Fundamentsohle eindeutig erkennbar ist.

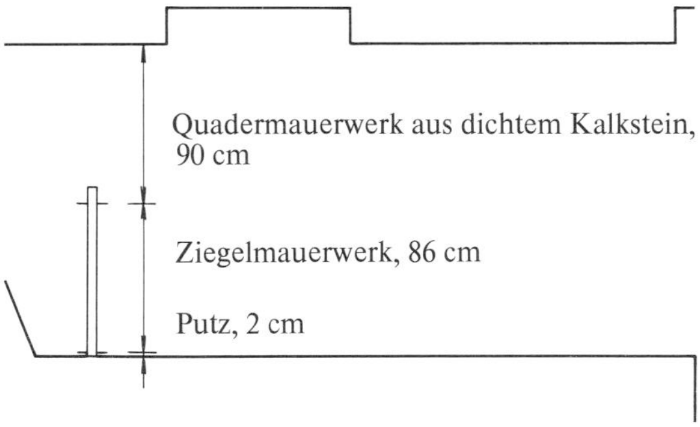

80, 81 Öffnen der Grundkonstruktion einer Wand. Die Außenwand eines Museumsgebäudes, deren Gesamtdicke den vorhandenen Grundrißplänen entnommen werden konnte **(80)**, besteht aus Kalksteinquadern, die mit Ziegeln hintermauert sind. Die Dicke von Naturstein- und Ziegelmauerwerk ist im einzelnen nicht bekannt und wird als Grundlage einer Wärmebedarfsberechnung für das Gebäude bestandanalytisch durch Sondierungsbohrungen an mehreren Stellen ermittelt **(81)**. Die Grenze zwischen Naturstein- und Ziegelmauerwerk kann auch noch nach Verfahren 19 (Endoskopie) festgestellt werden.

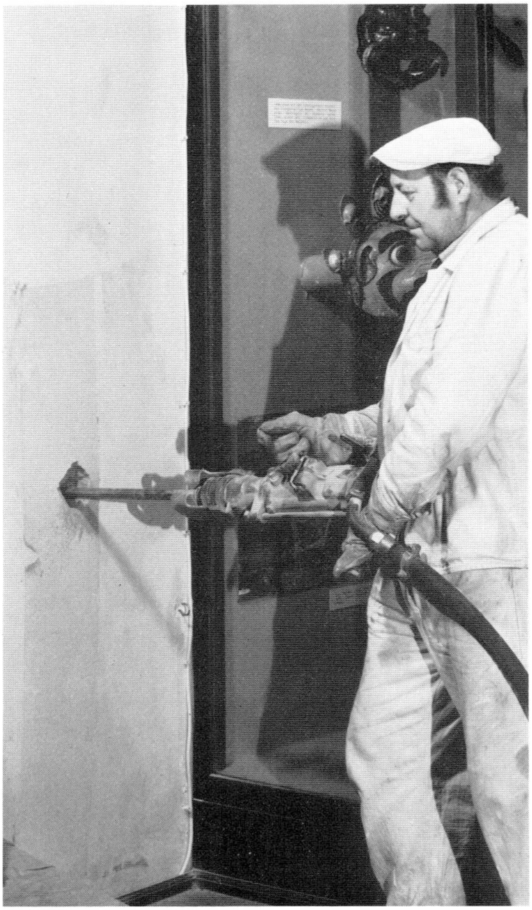

Von im Boden befindlichen, nicht zu einem bestehenden Gebäude gehörenden Baukörpern – alte Fundamente und Grundmauern, Wehranlagen, Kanäle, Stollen, Schächte – sind Lage, Größe und Beschaffenheit festzustellen

□ zur Planung eines *Zubaues*, dessen Ausführung solche Baukörper beachtliche technische Schwierigkeiten bereiten können

□ aus historischem oder kunsthistorischem Interesse.

Verfahren 18 Öffnen der Grundkonstruktion

Der Ermittlung von

□ Aufbau und Zustand im Inneren eines tragenden Gebäudeteiles (Wand **(80, 81)**, Decke)

□ Zustand im Inneren eines tragenden Gebäudeelementes (Dachbalken) dienen Sondierungen:

Mauerwerk und Beton. Im allgemeinen genügen Bohrungen mit einer elektrisch betriebenen Handbohrmaschine. Sehr hartes Material und große zu durchbohrende Längen erfordern die fallweise Verwendung eines Preßlufthammers **(80)**, einer fahrbaren Bohrmaschine oder eines Bohrgerätes. Der Übergang vom einen zum anderen Material wird dabei sofort erkennbar an der Änderung der Bohrarbeit, des Bohrgeräusches und der Farbe des Bohrmehls, das aus dem Bohrloch befördert wird. In Ermangelung geeigneter Geräte oder aus anderen Ursachen wird bei Mauerwerk auch das Stemmen von Öffnungen notwendig sein. Wo immer möglich, sind jedoch gebohrte den gestemmten Öffnungen vorzuziehen, weil ihre zerstörende Wirkung auf den Baukörper weit geringer ist. In Verbindung mit Verfahren 19 (Endoskopie) sind sie im allgemeinen auch genügend aufschlußreich.

Holz. Zur Feststellung von holzzerstörenden Pilzen und Insekten sowie der Folgen ihres Auftretens im Inneren von Gebäudeelementen dienen Probebohrungen. Die Bohrlöcher sind dabei so anzulegen, daß eventuell auftreffendes Wasser abläuft, und müssen in jedem Fall wieder geschlossen werden. Zerstörungen durch Fäulnis oder Insektenfraß, die den Verlust der Festigkeit des Holzes bewirken, lassen sich aber oft auch schon mit einem Stichel feststellen und begrenzen, der in das Holz gedrückt wird. Bei Verdacht des Befalles durch den Hausbock wird die Oberfläche der mutmaßlich befallenen Holzteile aufgerissen, wobei über Larvengängen die dünne Holzschicht aufbricht und Bohrmehl herausfällt.

Stahl. Schadhafte genietete Stahlkonstruktionen, bei denen nicht mit Sicherheit feststeht, daß sich ernste Schäden auf freiliegende Stellen beschränken, sind zur Anwendung von Verfahren 5 (Augenschein) durch Lösen der Nietverbindungen zu zerlegen.

Stahlbeton. Die Zugbewehrung im Feld von Stahlbeton-Deckenplatten wird geprüft durch Abschlagen eines schmalen Streifens der Betonüberdeckung senkrecht zum vermuteten Verlauf der Bewehrung. Richtung, Abstand und Durchmesser der Stäbe sowie die Überdeckung können direkt gemessen werden.

Boden. Das Gebäude bildet mit dem Boden in seinem Bereich nicht nur formal und funktionell, sondern vor allem auch konstruktiv eine Einheit. Der Boden muß die Last des Gebäudes in jeder Phase von dessen Entwicklung so aufnehmen, daß keine schädlichen Setzungen und damit Verformungen auftreten. Vor Maßnahmen, die Veränderungen im Zusammenwirken von Gebäude und Boden herbeiführen, ist daher zu untersuchen, wie sich der Boden zu diesen Veränderungen verhält **(82)**. Grundlage solcher Untersuchungen sind die Ergebnisse von

☐ Sondierungen nach Verfahren 17 (Freilegen der Grundkonstruktion), die Aufschluß geben über Art und Dimension der unterirdischen Teile des Gebäudes

☐ Bodenerkundungen nach Verfahren 18, wie Schürfen und Bohrungen.

Der Grundwasserstand ist, wenn keine geeigneten Beobachtungsdaten aus den Verfahren 3 und 4 (Auswerten schriftlicher Quellen und mündlicher Überlieferungen) vorliegen, im Bedarfsfall in Schürfgruben oder Bohrlöchern über einen genügend langen Zeitraum zu beobachten.

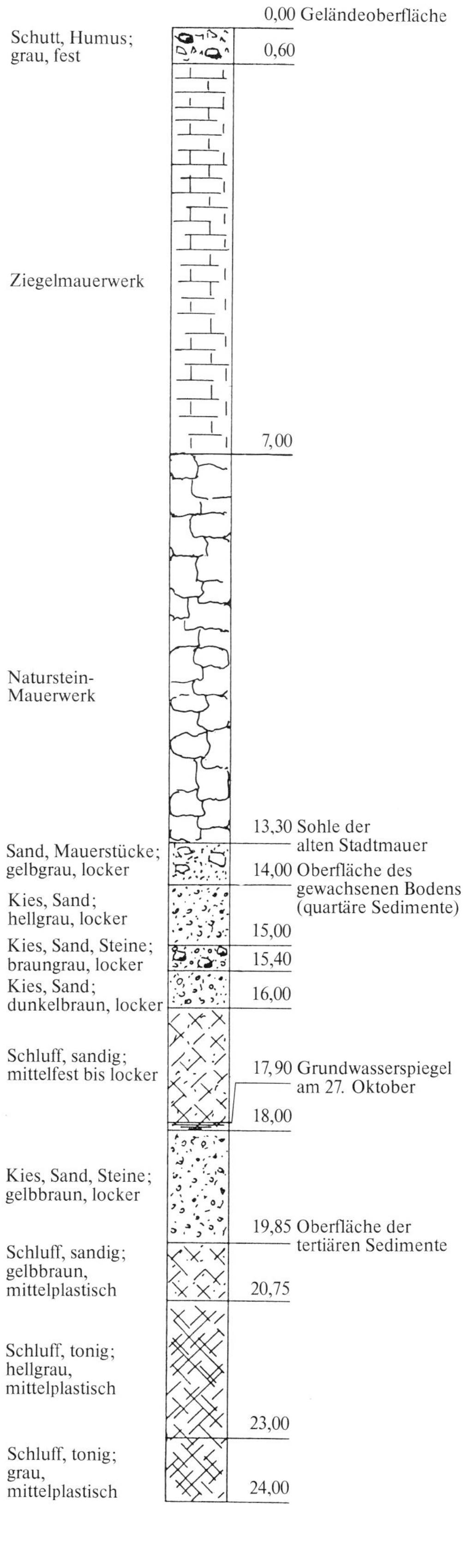

82 Probebohrung durch einen unterirdischen Mauerwerkskörper und durch den Boden. Durch Ausschachten eines Suchschlitzes quer zum vermuteten Verlauf einer in der zweiten Hälfte des 19. Jahrhunderts teilweise abgetragenen alten Stadtmauer wurden deren Reste unter einer Anschüttung geringer Mächtigkeit nach Verfahren 17 (Freilegen der Grundkonstruktion) geortet. Die durch die Mauer geführte Rotations-Kernbohrung erbrachte dann den Aufbau und die Sohlentiefe der Mauer sowie nach einer abermaligen geringen Anschüttung die Schichtfolge des gewachsenen Bodens bis zu den tertiären Sedimenten.

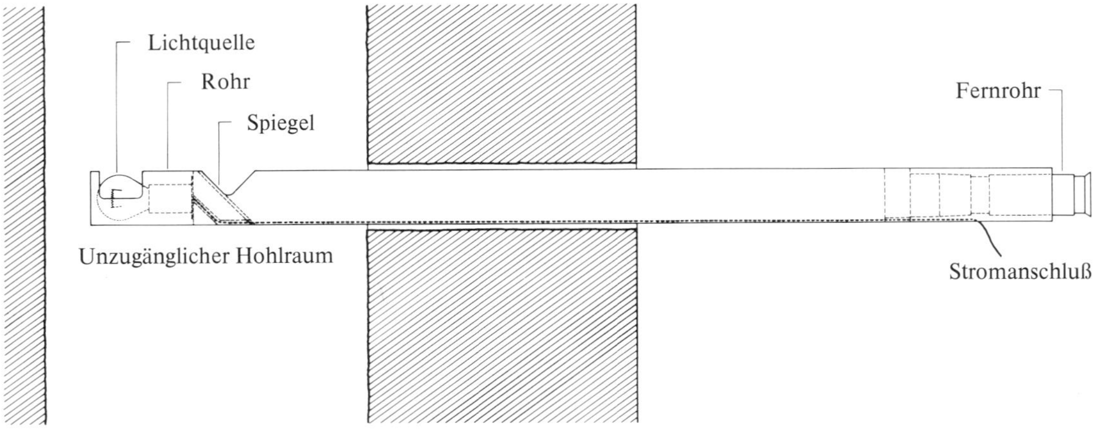

83 Bau- und Funktionsweise eines einfachen Endoskops

Verfahren 19 Endoskopie

Unzugängliche und nicht einzusehende Hohlräume von Wänden und Decken sowie Kanäle können mit einem technischen Endoskop untersucht werden, das durch Kamintürchen, Putzstücke von Kanälen und andere vorhandene Öffnungen oder aber durch Bohrlöcher eingeführt wird.
Es ist mit dem Endoskop auch möglich, an den Wandungen von eigens dafür hergestellten Bohrlöchern Qualität und Zustand der durchbohrten Materialien zu beobachten.
In Anbetracht der hohen Kosten eines technischen Endoskops kann ein einfaches Gerät auch selbst gebaut werden. Seine wichtigsten Bestandteile, die in einem Rohr montiert werden, sind ein Fernrohr, das eine Scharfstellung auf Entfernungen ab etwa 1 m erlaubt, ein Spiegel und eine Beleuchtungseinrichtung **(83).**

Verfahren 20 Probenentnahme

Zur materialtechnischen Prüfung kann es notwendig sein, dem *Gebäude* an statisch unbedenklicher Stelle oder nach entsprechender *Sicherung* einzelne Elemente ganz oder teilweise zu entnehmen. Es kommen mechanisch-technologische, chemische und biologische Untersuchungen in Betracht.

Holz. Probenentnahmen erfolgen zur Materialprüfung des Holzes **(84-87)**, aber auch zur Bestimmung seiner Schädlinge. So wird bei Fehlen eines Fruchtkörpers der Echte Hausschwamm auf Grund der mikroskopischen Untersuchung von Myzelfäden durch den Sachverständigen nachgewiesen.

Mauerwerk. Ziegel und andere Mauersteine werden zur Ermittlung ihrer Druckfestigkeit dem Mauerwerk entnommen und in einer Druckprüfmaschine bis zum Bruch beansprucht.
Die Mauerwerksdruckfestigkeit hängt nicht allein von der Steinfestigkeit ab, sondern vor allem von der Mörtelfestigkeit und dem Verband. Sie muß an einem Mauerwerkskörper, der an statisch unbedenklicher Stelle ungestört ausgelöst wird **(88, 89)**, geprüft werden **(90, 91).**
Aus dem Mauerwerk gelöste Mörtelstücke können im Laboratorium einer chemischen Analyse unterzogen werden. Diese ergibt in relativ einfacher Weise

- □ Art des Bindemittels (Luftkalk, Dolomitkalk, hydraulischer Kalk, Zement)
- □ Menge des Bindemittels (aus dem Mischungsverhältnis).

Bei Ausblühungen wird durch chemische Untersuchung von Stemm- und Bohrproben des Mauerwerks festgestellt, um welches Salz es sich handelt.

Stuck. Aufschluß über die Materialbeschaffenheit von Wand- und Deckenstuck kann aus Untersuchungen, vor allem chemischen Analysen, an entnommenen Probestücken gewonnen werden. Von besonderer Bedeutung ist der Nachweis von Gips. Die Pigmentanalyse zeigt, welche Farben ursprünglich verwendet wurden und ob sich diese im Laufe der Zeit durch Licht und Feuchtigkeit verändert haben.
Querschliffe von entnommenen Probestücken geben ähnlich wie Verfahren 16 (Entfernen von Beschichtungen und Bekleidungen) Aufschluß über den Aufbau von Stuck und *Beschichtungen.*

84 △

85 △

86 △

87 ▷

84 - 87 Materialprüfung eines Deckenbalkens. Aus einer Holzdecke wurde ein Stück eines bereits durch Einstemmen von Elektroleitungen mechanisch beschädigten Randbalkens von 15/26 cm Querschnitt **(84)** zur Feststellung von *Qualität* und *Zustand* geschnitten. Untersucht wurden:

□ Wuchseigenschaften (Astabmessungen, mittlere Jahresringbreite, Faserneigung)
□ Rohdichte
□ Feuchtigkeitsgehalt
□ Druckfestigkeit parallel **(85)** und quer **(86)** zur Faser
□ Biegefestigkeit **(87)**
□ Scherfestigkeit.

88-91 Probenentnahme und Prüfung von Ziegelmauerwerk. Zur Ermittlung der Druckfestigkeit von gemauerten Pfeilern, denen aus statischen Gründen die Probe nicht entnommen werden kann, wird einem der gleichen Bauphase zugehörigen Wandmauerwerk durch Sägeschnitte ein Pfeiler entnommen. Die Bilder zeigen Einrichten und Ansetzen der Säge **(88)** sowie das Gerät während der Arbeit **(89)**, wobei das Sägeblatt gemäß der erreichten Schnittiefe gegen ein größeres ausgetauscht ist.
Die Versuchsanordnung in der Druckprüfmaschine mit den an allen vier Seiten angebrachten Meßuhren für die Stauchungen ist **(90)** zu entnehmen. Der Bruch trat durch Risse ein, die sich in Belastungsrichtung ausbildeten und zu einer Aufspaltung des Mauerwerkskörpers führten **(91)**.

90 ▽ 89 △ 91 ▽

92 △ 93 ▷ 94 ▽

92-94 Prüfung von Schrauben eines Holztragwerkes. Die schmiedeeisernen Bolzenschrauben **(92)** von rund 22 mm Durchmesser und 600 mm Länge haben aufgeschmiedeten Vierkantkopf und Vierkantmutter. Um 1820 sind mit ihnen die weitgespannten Holzbalken der obersten Geschoßdecke eines Gebäudes an darüber liegenden Querbalken befestigt worden. Wegen augenscheinlicher Mängel - verzunderte Überschmiedungen und andere Fehler - sollten sie durch neue ersetzt werden. Dieser Eingriff in die Grundkonstruktion des Dach- und Deckentragwerkes hätte - abgesehen von den Kosten - eine weitgehende Zerstörung der darunter liegenden Stuckdecke verursacht und außerdem auch den immateriellen Wert des historischen Tragwerkes vermindert. In einer Materialprüfanstalt wurden daher 4 Schrauben, deren Aussehen zu Zweifel an der Tragfähigkeit besonderen Anlaß gab, dem Zugversuch unterworfen **(93, 94)**, wobei sich die Tragfähigkeit als ausreichend erwies. Die übrigen Schrauben konnten belassen werden.

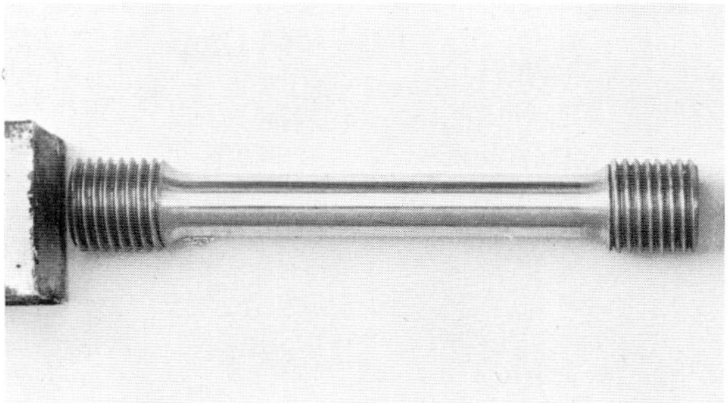

95 △

96 ▽

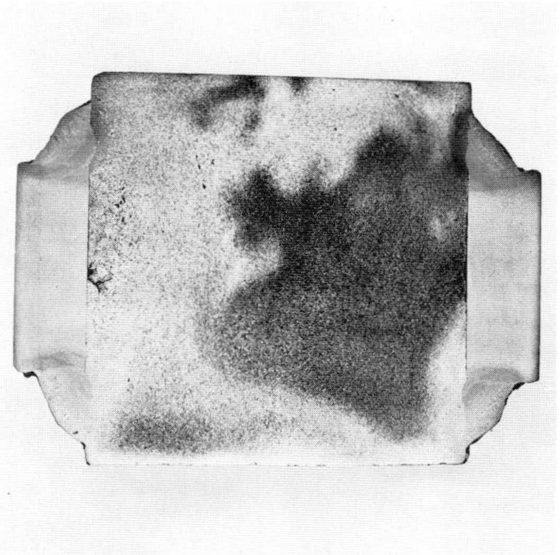

95, 96 Prüfung eines Trägers aus einer Treppenkonstruktion. Das geschmiedete Vierkanteisen von 50/55 mm Querschnitt **(95)** gehörte einem System von Trägern an, die als konstruktive Elemente in den Läufen einer um 1820 entstandenen Treppe eingebaut waren. Die Materialeigenschaften sollten zur Feststellung der Tragfähigkeit untersucht werden.
Der Zugversuch, bei dem vor allem Streckgrenze, Zugfestigkeit und Bruchdehnung ermittelt wurden, erfolgte an 2 aus dem Vierkanteisen herausgearbeiteten Rundproben **(95)**. Die an Spänen vorgenommene chemische Analyse ergab den Gehalt an Kohlenstoff, Silizium, Mangan, Schwefel und Phosphor. Die metallographische Untersuchung des Feingefüges erfolgte mikroskopisch an Schliffproben in ungeätztem Zustand und geätzt mit zweiprozentiger alkoholischer Salpetersäure. Sie ergab vor allem, daß es sich um Puddelstahl handelt.
Chemische Analyse und metallographische Untersuchung dienten auch zur Beurteilung der Schmelzschweißbarkeit, die noch an einer Schliffprobe des Vierkanteisens mit zwei angeschweißten Flachstahlleisten **(96)** im besonderen untersucht wurde. Sie war nur eingeschränkt vorhanden, so daß eine Klebeverbindung mit den erforderlichen Verstärkungselementen gewählt werden mußte.

97-99 Beispiel einer *Bestandanalyse.* Ein Lagerraum war zu einem Konzertsaal auszugestalten. Dieser *Umbau* bedeutete nicht nur eine funktionelle, sondern - wie sich im Zuge der Arbeiten herausstellte - auch eine konstruktive *Sanierung.* Die Bestandanalyse erfolgte vor der *Ausführung* und begleitend zu dieser.

Decke über dem Saal. Der Augenschein (Verfahren 5) zeigte einen anscheinend gut erhaltenen glatten Putz und - in **(97)** dahinter - schmale helle Streifen, die mit breiteren dunkleren abwechselten. Zwischen den beiden Deckenbereichen war ein Riß sichtbar. Das von einer Leiter aus durchgeführte Abklopfen (Verfahren 7) ließ durch dumpfen Schall auf weichen Putz ohne innige Verbindung mit dem Deckentragwerk schließen. Dahinter deutete der helle Schall an den hellen Streifen auf eine direkte Verbindung von Putz und Putzträger mit der Unterlage hin, während der dumpfe Schall der dunkleren Streifen auf Hohlräume hinwies.

Als nächster Schritt folgte von einem fahrbaren Gerüstturm aus das Entfernen des Deckenputzes im Bereich des genannten Risses (Verfahren 17), wobei das Ergebnis der beiden vorangegangenen Untersuchungsverfahren bestätigt und vervollständigt wurde: In dem in **(97)** vorderen Teil der Decke war der Putz offenbar durch Alterung weich geworden, und der direkt an den Deckenbalken befestigte Putzträger (Verrohrung) hatte sich durch Abrosten der Webdrähte vom Deckentragwerk gelöst. Die hellen Streifen deuteten Latten an, die zum Höhenausgleich dienten und auf denen der Putzträger ebenfalls direkt befestigt war.

Nach der neben den angeführten Untersuchungen erfolgten Auswertung von Plänen (Verfahren 1) und schriftlichen Quellen (Verfahren 3) stammt die Decke offenbar aus der Entstehungszeit des Gebäudes Mitte des 18. Jahrhunderts. Der Riß im Deckenputz war an der Stelle einer früheren Trennwand aufgetreten. Durch das Entfernen dieser Wand entstand nicht nur ein Höhenunterschied in der Decke, der mit Latten ausgeglichen wurde, sondern auch ein Wandvorsprung an der Mittelmauer **(97)**.

Die angeführten Untersuchungsergebnisse ließen zur weiteren Bestandanalyse wie auch als Baumaßnahme ein vollständiges Freilegen der Grundkonstruktion zweckmäßig erscheinen. Dabei zeigte sich, daß im Hintergrund rechts von **(98)** die Decke angefault und zu sanieren war.

Wände. Den ersten Augenschein des Wandmauerwerks (Verfahren 5) ermöglichte das aus funktionellen und formalen Gründen erforderliche Auslösen der Türen mit Stock und Futter **(97)** sowie das Abnehmen der Holzverkleidungen der Fensterleibungen samt Spalettläden (Verfahren 16) **(98)**. Diese Maßnahme sowie das Ab-

97 △

98 ▽

99 △

schlagen des Putzes an einzelnen Stellen **(97)** ließen Zweifel am guten Zustand des Wandmauerwerks entstehen. Tatsächlich zeigte sich nach Freilegen und Öffnen des Wandmauerwerks (Verfahren 17 und 18), daß die Mittelmauer eine Reihe von Schornsteinen durchzog **(98)**, die von brüchigem Zungen- und Wangenmauerwerk umgeben und mit Schutt gefüllt waren, so daß sie durch Abklopfen und Abhorchen (Verfahren 7 und 8) nicht festgestellt werden konnten. Sie wurden von Schutt entleert, abschnittsweise von unten nach oben aufgeschlitzt und im Verband mit dem alten Mauerwerk ausgemauert. Zwei Schornsteine, die sich nach unten weiter fortsetzten, wurden belassen und von dem der Mittelmauer gegenüberliegenden Gang aus durch Einstiegtüren zugänglich gemacht. Sie können erforderlichenfalls zur Leitungsführung herangezogen werden und so das Aufschlitzen von Wänden und Deckendurchbrüche ersparen.
Der teilweise auf einer Holzdecke ruhende hintere Abschnitt der Mittelmauer mußte abgetragen und durch eine leichte Trennwand ersetzt werden. Dabei konnte auch der formale Mangel des erwähnten Mauervorsprunges beseitigt werden.
Auch die Fensterwand war in ihrem Gefüge durch Alterung und Adaptierungen stark gestört **(98)**. Die schadhaften Mauerwerksteile mußten schrittweise ausgelöst und erneuert werden.
Zur Ausgestaltung der Wände dienten historische Gipsfiguren, die restauriert und zu einem Fries vereinigt wurden. Die glatte Wandfläche darunter erhielt eine Spachtelmassen-Beschichtung. Die anfangs ausgelösten Türen wurden restauriert, adaptiert und wieder verwendet.

Decke unter dem Saal. Der Nachweis einer der neuen Funktion des Raumes entsprechenden Tragfähigkeit der Decke war nur durch Freilegen der Grundkonstruktion (Verfahren 17) möglich, dies um so mehr, als nach Verfahren 11 die Beschüttung ein weitverzweigtes Netz alter Heizleitungen durchzog, das als Herd für Feuchtigkeitsschäden an den Deckenbalken nicht ausgeschlossen werden konnte. Nach Abheben des vorhandenen Tafelparkettbodens samt Blindboden **(97, 98)** – verwendbares Material kam in ein Depot – und schließlich auch Entfernen der Beschüttung zeigten sich tatsächlich Feuchtigkeitsschäden, die durch Auswechseln einzelner Balken behoben werden mußten. Ansonsten ergab die statische Berechnung (Verfahren 15) eine ausreichende Tragfähigkeit der Decke.
Nach Abschluß der Sanierung erfolgte die planliche und fotografische Aufnahme (Verfahren 13 und 14) **(99)**.

Naturstein und Beton. Die Druckfestigkeit kann aus Bohrzylindern bestimmt werden, die mittels Hohlbohrern dem zu untersuchenden Gebäudeteil oder -element an solchen Stellen entnommen werden, an denen dies keine Schädigung der Tragwerkswirkung hervorruft. Bei Stahlbeton ist außerdem darauf zu achten, daß die Bohrstelle nicht von Bewehrung durchsetzt ist. Die Bohrkerne werden in einer Druckprüfmaschine bis zum Bruch beansprucht.

Stahl. Bei erforderlicher Materialprüfung tragender Gebäudeelemente aus Eisen und Stahl, deren Materialeigenschaften unbekannt sind oder sich durch schädigende Einwirkungen, beispielsweise einen Brand, verändert haben könnten, werden diese Elemente als Ganzes ausgebaut **(92-96)**, oder es werden ihnen Proben entsprechender Größe entnommen.
Prüfverfahren zur Ermittlung wichtiger Materialeigenschaften wie

- ☐ Zugfestigkeit, Streckgrenze, Bruchdehnung
- ☐ Schweißbarkeit
- ☐ Kaltverformbarkeit
- ☐ Fehlerfreiheit oder Fehlerhaftigkeit

sind vor allem:

- ☐ Zugversuch
- ☐ chemische Analyse
- ☐ metallographische Untersuchung.

Boden. Materialproben werden im Zuge von Sanierungsmaßnahmen nicht nur dem Gebäude selbst entnommen, sondern auch dem Boden in seinem Bereich. Dabei kann es sich um Bodenproben und um Grundwasserproben handeln. Das Grundwasser ist beispielsweise chemisch zu untersuchen, wenn der Verdacht besteht, es könne betonschädigende Stoffe enthalten. Die Untersuchung der Proben ist in einer anerkannten Untersuchungsanstalt vornehmen zu lassen.

DURCHFÜHRUNG

Sammelbegriff für *Planung* und *Ausführung* der *Sanierung.*
Die Durchführung einer Sanierung gehört zu den schwierigsten und verantwortungsvollsten Aufgaben, die das Bauwesen kennt. So vielfältig der Baubestand in seiner Gesamtheit hinsichtlich *Funktion, Konstruktion* und *Form* ist, so vielfältig sind auch die Sanierungsaufgaben. Sie erfordern möglichst gründliche, aber dennoch anpassungsfähige Planung bis ins kleinste ebenso wie gewissenhafte, einfühlende Ausführung und setzen umfassende Kenntnis und Erfahrung auf dem Spezialgebiet der Sanierung voraus. Keinesfalls darf an eine Sanierung wie an ein Neubauvorhaben herangegangen werden.
Wichtige Voraussetzung für die erfolgreiche Durchführung einer Sanierungsaufgabe ist der zeitlich richtige Ablauf von Planung und Ausführung. Ein Gebäude für die Dauer seiner Sanierung funktionslos zu machen, ist meist nicht möglich. Im allgemeinen müssen die Arbeiten ohne generelle Unterbrechung der Raumnutzung und kurzfristig erfolgen. Das darf aber nicht zu einer übereilten Ausführung der Sanierung führen, für deren Ablauf mit Rücksicht auf Abbinde-, Erhärtungs-, Austrocknungszeiten und andere Umstände ein bestimmter Zeitraum nicht unterschritten werden sollte. Es soll einerseits für die Ausführung der Sanierung mit ihren wechselvollen, unvorhergesehenen, vielfach auch unvorhersehbaren Gegebenheiten genügend Zeit zur Verfügung stehen und andererseits der geistig-psychische Vorgang der Planung mit der Ausführung Schritt halten können.

Den zeitlichen Zusammenhang von Planung P und Ausführung A einer Sanierung zeigen die Diagramme **(100-104)**. Auf der Abszisse des Achsenkreuzes ist jeweils die Zeit t, auf der Ordinate das Ausmaß s von Planung und Ausführung aufgetragen. Zur Vereinfachung der Problemstellung wird von folgenden Annahmen ausgegangen:

- ☐ Die Planung P erfolgt gleichmäßig. Sie erscheint somit als Gerade. Da nur hochqualifizierte, also seltene Fachkräfte - vielfach wird es nur eine Person sein - für die Planung in Frage kommen, entspricht diese Annahme auch weitgehend der Praxis.
- ☐ Die Planung P ist nicht nur vor, sondern auch während der ganzen Ausführung A zur Berücksichtigung der dabei auftretenden unvorhergesehenen und unvorhersehbaren Umstände erforderlich.
- ☐ Der Verlauf der Ausführung A ist, abgesehen von den durch ungenügende Planung - vor allem unzureichende *Bestandanalyse* - oder unvorhersehbare Umstände verursachten Verzögerungen, eine s-förmige Kurve.
- ☐ Die Ausführungszeit t_A liegt **(100)** zwischen einem und zwei Drittel der Gesamtplanungszeit

100 - 104 *Durchführung* einer *Sanierung*: Ablauf von *Planung* P und *Ausführung* A

100 Optimaler Ablauf von Planung und Ausführung

101 Unvollkommener Ablauf durch einen gegenüber der Planung verfrühten Beginn der Ausführung

102 Berichtigung des Ablaufes bei einem gegenüber der Planung verfrühten Beginn der Ausführung durch Unterbrechen der Ausführung

103 Ablauf bei mehrmals unterbrochenem Ausführungsvorgang

104 Ablauf bei Ausweitung der Sanierung

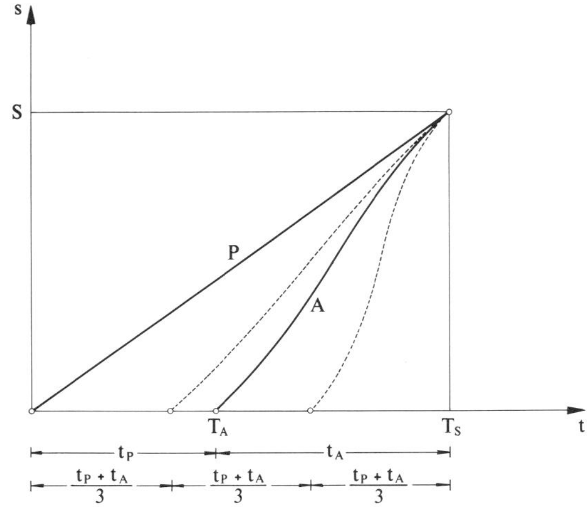

100 △

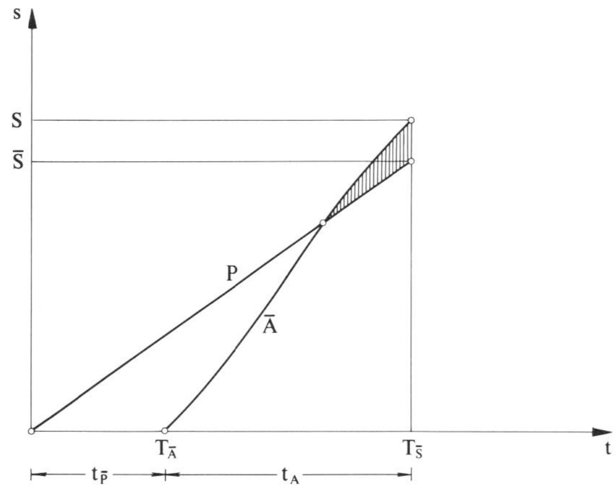

101 △

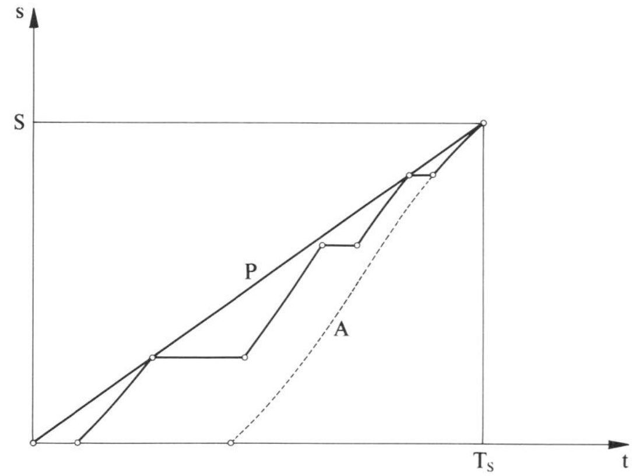

103 △

102 ▽

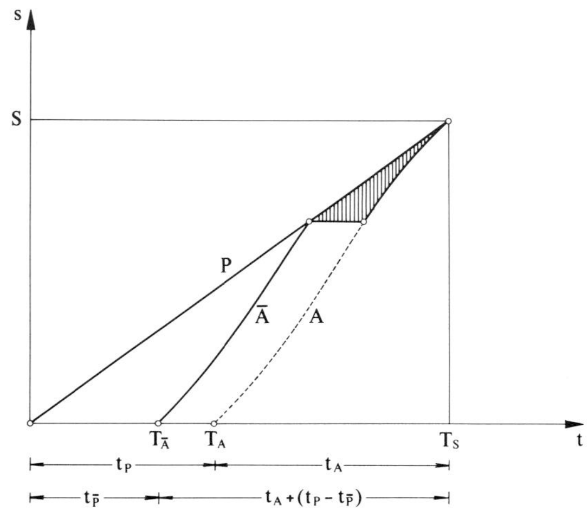

104 ▽

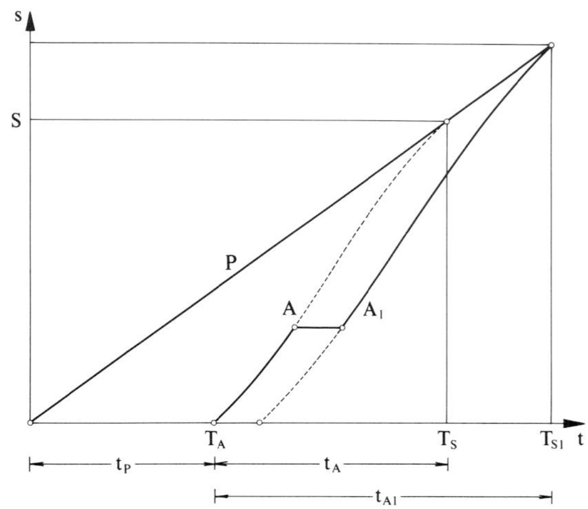

$t_P + t_A$, oder anders ausgedrückt, die reine Planungszeit t_P bis zum Beginn der Ausführung A wird im allgemeinen nicht weniger als die Hälfte und nicht mehr als das Doppelte der Ausführungszeit t_A betragen können. Auch dies kommt der Praxis sehr nahe, wenn man die für Neubauten gültige Faustregel zum Vergleich heranzieht, nach der die Planung mindestens die gleiche Zeit erfordert wie die Ausführung. Dabei ist zu berücksichtigen, daß bei Neubauten die Planung während der Ausführung in weit geringerem Maße notwendig ist als bei der Sanierung.

Bei Sanierungen bewirkt eine lange Bauzeit nicht nur wie bei Neubauten höhere Kosten für die Baustellenerhaltung, sondern auch größeren Aufwand für Sicherungsmaßnahmen zum Schutze von Personen und Sachen, für Beschaffung von Ersatzräumen und ähnliches. Andererseits lassen die im allgemeinen beengten Verhältnisse von Sanierungsbaustellen keinen zu großen personellen und materiellen Einsatz zu. Damit ist t_A nach oben und unten begrenzt.

Bei dem Idealfall **(100)** im zeitlichen Ablauf einer Sanierung, dem ein optimales Ergebnis entspricht, beginnt die Ausführung erst nach einer reinen Planungszeit t_P zum Zeitpunkt T_A. Während der ganzen Zeit der Ausführung t_A ist die Planung P der Ausführung A voran. Ausführungs- und Planungsende T_S fallen schließlich zusammen.

Dieser Ablauf ist nur selten erreichbar. Häufig **(101)** wird auf einen früheren Baubeginn $T_{\overline{A}}$ gedrängt. Die reine Planungszeit $t_{\overline{P}}$ reicht nicht aus, so daß die Ausführung $\overline{A}$ die Planung schließlich hinter sich läßt. Die schraffierte Fläche kennzeichnet jenen Teil der Sanierung, der ohne oder mit ungenügender Planung ausgeführt wird. Die Richtung der Ausführung bestimmt hier mehr oder weniger der Zufall, oder sie ist dem Dafürhalten der einzelnen ausführenden Kräfte überlassen, die ihre Entscheidung aber ohne Einsicht der Gesamtaufgabe treffen müssen. Wohl ist die Sanierung schon zum Zeitpunkt $T_{\overline{S}}$ abgeschlossen, sie führt aber zu einem unbefriedigenden Ergebnis, das nach Umfang und Qualität das anzustrebende Optimum nicht erreicht, weil einem Teil der Ausführung die ordnende Planung fehlt.

Ein gutes Ergebnis ist im Falle zu frühen Baubeginnes nur möglich, wenn die Ausführung unterbrochen oder so verlangsamt wird, daß die Planung das Fehlende aufholen kann **(102)**. Der durch den verfrühten Baubeginn ersparte Zeitraum $t_P - t_{\overline{P}}$ geht freilich durch die entsprechend längere Bauzeit wieder verloren. Der weitere Verlauf der Ausführung nach der Unterbrechung muß nicht der Kurve A folgen. Er hat nur in der schraffierten Fläche zwischen der Geraden P und der Kurve A zu liegen. Allgemein ausgedrückt heißt das **(103)**: Die Ausführung, gleichgültig, wie oft und in welchem Stadium s sie unterbrochen wird, soll immer zwischen der Geraden P und der Kurve A verlaufen. Zeigen sich im Verlauf der Ausführung A unvorhergesehene oder unvorhersehbare Gegebenheiten **(104)**, die der Planung zunächst verschlossen geblieben waren und das erforderliche Ausmaß der Sanierung von S auf S_1 erhöhen, ist es zweckmäßig, die Arbeiten zu unterbrechen, damit die Planung die neuen Verhältnisse berücksichtigen kann. Der weitere Verlauf der Ausführung folgt der Kurve A_1. Ausführungs- und Planungsende verschieben sich vom Zeitpunkt T_S auf den Zeitpunkt T_{S1}. Die Verlängerung der Ausführungszeit von t_A auf t_{A1} ist gleich groß wie die der Planungszeit.

ERNEUERUNG

Rekonstruktion als Mittel der *Instandhaltung* oder *Instandsetzung* von *Gebäudeteilen, Gebäudeelementen* und *Beschichtungen*, die dem Verschleiß durch Benützung und Witterung besonders ausgesetzt sind und deren Bestandsdauer daher wesentlich geringer ist als die des ganzen *Gebäudes.* In **(105)** sind Richtwerte für die Bestandsdauer angegeben.

Schäden durch außergewöhnliche Einflüsse mit zerstörender Wirkung können ebenfalls eine Erneuerung der betroffenen *Baukörper* erforderlich machen.

ERSCHEINUNG

Sichtbares Äußeres des *Baukörpers.* Auf der Erscheinung beruht die *Wirkung* eines Baukörpers und nicht auf dessen realen Eigenschaften.

FEHLER

Konstruktiver oder funktioneller *Mißstand* infolge unzulänglicher *Planung* oder *Ausführung.*

105 Bestandsdauer von *Gebäudeteilen, Gebäudeelementen* und *Beschichtungen*, die den Einflüssen von Benützung und Witterung besonders ausgesetzt sind

Gebäudeteil Gebäudeelement Beschichtung	Material	Bestandsdauer in Jahren
Wände		
Außenputz	Kalkmörtel	40 - 60
	Kalkzementmörtel	40 - 60
	Zementmörtel	40 - 80
Innenputz		
Wohn- und Arbeitsräume	alle Mörtelgruppen	100
Stallräume	alle Mörtelgruppen	50 - 60
Äußere Schalung	Weichholz, imprägniert	25 - 30
Innere Vertäfelung	Weichholz	100
	Hartholz	100
Außenanstrich	Mineralfarbe	5 - 8
	Kaseinfarbe	5 - 8
auf Putz	Ölfarbe	3 - 8
auf Holz	Ölfarbe	3 - 5
Innenanstrich		
auf Mauerwerk und Holz	Ölfarbe	15 - 20
Wohn- und Arbeitsräume	Kalkfarbe	3 - 5
	Binderfarbe	5 - 8
	Mineralfarbe	8 - 15
	Kaseinfarbe	8 - 15
Küchen und Naßräume	Binderfarbe	3 - 5
Tapeten	Papier	4 - 12
	Textilien	15 - 20
	Kunststoff	15 - 20
Fenster		
Einfachfenster	Weichholz	30 - 50
	Hartholz	50 - 80
Innenfenster von Doppelfenstern	Weichholz	50 - 80
Fensterbänke	Weichholz	20 - 40
	Hartholz	40 - 60
Fensterläden	Weichholz	20 - 30
Beschläge	Schmiedeeisen	30 - 50
Türen		
Innentüren	Weichholz	100
	Hartholz	100
Außentüren	Weichholz	30 - 50
	Hartholz	80 - 100
Beschläge	Schmiedeeisen	40 - 60

Gebäudeteil Gebäudeelement Beschichtung	Material	Bestandsdauer in Jahren
Fußböden		
Holzboden	Weichholz	40 - 60
	Hartholz	80 - 100
Estrich	Zementmörtel auf Unterbeton	100
Bodenbelag	Textilien	5 - 10
	Linoleum	20 - 30
	Kunststoff	30 - 40
Pflaster		
Wohn- und Arbeitsräume	Hartbrandziegel	80 - 100
	Natursteinplatten	100
	Steinzeugplatten	100
Stallräume	Hartbrandziegel	30 - 40
Unterdecken		
Deckenputz auf Putzträger		
Wohn- und Arbeitsräume	alle Mörtelgruppen	80
Naßräume	alle Mörtelgruppen	25 - 30
Deckenputz auf Massivdecke		
Wohn- und Arbeitsräume	alle Mörtelgruppen	100
Stallräume	alle Mörtelgruppen	40 - 50
Treppen		
Stufen	Weichholz	50 - 60
	Hartholz	100
	Natur- oder Kunststein	100
Geländer, außen	Schmiedeeisen	40 - 50
innen	Schmiedeeisen	100
Dächer		
Deckung	Dachziegel	100
	Dachschiefer	100
	Asbestzement	70 - 80
	Betondachsteine	40 - 50
	Metall	
	Stahlblech, verzinkt	25 - 30
	Zinkblech	40 - 50
	Kupferblech	100
	Pappe, doppellagig	20 - 30
Rinne, Abfallrohr	Stahlblech, verzinkt	15 - 20
	Zinkblech	40
	Kupferblech	100

Fortsetzung der Tabelle s. Seite 62 ▷

Gebäudeteil Gebäudeelement Beschichtung	Material	Bestandsdauer in Jahren
Heizungsanlagen		
Zentralheizung		
Warmwasserheizung		
Rohrleitungen	Stahlrohr, schwarz	20 - 50
	Kupfer	60 - 80
Kessel	Stahl	15 - 30
	Grauguß	20 - 40
Niederdruck-Dampfheizung		
Dampfleitung	Stahlrohr, schwarz	35 - 50
Kondensleitung	Stahlrohr, schwarz	15 - 30
Kessel	Grauguß	15 - 30
Heizkörper	Stahl	5 - 20
	Grauguß	60 - 80
Ventile und Hähne	Messing	30 - 40
Einzelheizung		
Kachelofen,		
transportabel		15 - 25
feststehend		40 - 50
Eiserner Ofen	Stahlblech, ausgemauert	15 - 20
	Gußeisen, ausgemauert	20 - 30
Kohlebadeofen	Zinkmantel	20 - 40
	Kupfermantel	40 - 50
Wasserversorgungsanlagen		
Rohrleitungen	Stahl, verzinkt	15 - 40
	Blei	30 - 60
	Kupfer	60 - 80
	Kunststoff	60 - 80
Badewannen	Stahlblech, emailliert	20 - 40
Waschbecken		40 - 60
Armaturen	Messing, vernickelt oder unvernickelt	20 - 40
Starkstromanlagen		
Leitungen		
auf Putz	Kupfer	30 - 40
unter Putz	Kupfer	50 - 60
Feuchtraumleitungen	Kupfer	25 - 30
Schalter, Steckdosen		10 - 20
Blitzschutzanlagen		
oberhalb der Erde	Kupfer	100
in der Erde	Stahl, verzinkt	20 - 40
Heißwasserbereiter		10 - 15

FORM

Gestalt des *Baukörpers*. Dieser äußeren Form steht die *Konstruktion* als innere Form gegenüber.

Die Wesensmerkmale *Funktion*, Konstruktion und Form des Baukörpers bedingen einander wechselseitig. Jede echte Sanierungsmaßnahme ist daher an ihrer dreifachen positiven Wirkung zu erkennen. Eine funktionell schlechte Lösung führt dagegen auch zu konstruktiven und formalen *Mißständen*, eine konstruktiv schlechte Lösung hat funktionelle und formale Mißstände im Gefolge, wie das anschließende Beispiel zeigen soll.

Eine Füllungstüre erhält zur Modernisierung Platten aufgeleimt. Durch diese Maßnahme, die zunächst nur formale Bedeutung zu haben scheint, erhöht sich das Gewicht des Türblattes, die Bänder werden frühzeitig ausgerieben und verzogen (konstruktiver Mißstand oder *Schaden*), die Türe schließt schlecht (funktioneller Mißstand oder *Mangel*) und wird unansehnlich (formaler Mißstand). Somit führt die ursprünglich angestrebte formale Verbesserung zum Gegenteil.

Nur eine Form, die aus den Gegebenheiten von Funktion und Konstruktion entsteht, hat bleibenden Wert. Alles andere ist Mode und verschwindet wieder.

Ein entscheidendes Kriterium für den Erfolg einer Sanierung ist die Übereinstimmung des Neuen mit dem Bestehenden. Dabei genügt die rein formale Übereinstimmung nicht. Es muß eine funktionelle und konstruktive Übereinstimmung gefunden werden, die im Sinne der Einheit von Funktion, Konstruktion und Form auch über Jahrhunderte hinweg zur formalen Übereinstimmung führt.

Auch die wertmäßige Übereinstimmung von Neuem und Bestehendem ist anzustreben. Starke Unterschiede der *Werte* im Sinne der *Wertanalyse* werden trotz formaler Übereinstimmung als Disharmonie empfunden. Demgemäß ist bei Sanierungen die Verwendung von *Gebäudeelementen* und *-teilen*, die aus anderen Epochen des Raumbaues stammen, oder von *Nachbildungen* solcher Baukörper zulässig, wenn sie funktionell, konstruktiv und formal geeignet und dem zu sanierenden Baukörper gleichwertig sind. Die Frage nach der Epoche oder dem Stil muß in diesem Zusammenhang in den Hintergrund treten, es sei denn, der Baukörper solle durch *Konservierung* für einen bestimmten Zeitpunkt seiner Entwicklung unverändert erhalten werden.

FÜLLUNG

Mittel zur *Ausgestaltung* einer Fläche: Eine gegebene Flächenform wird dadurch für die Betrachtung leichter erfaßbar gemacht, daß statt ihrer eigenen Beschaffenheit diejenige einer gewohnteren Form – eben der Füllung – dem Auge dargeboten wird.

106 Wahrung der funktionellen Kontinuität. Die Maueröffnung diente zunächst als Fenster, später als Türe, wurde dann abgemauert und nun abermals für eine Türe verwendet. Die Natursteinumrahmung, an die eine zweiflügelige schmiedeeiserne Türe aus vorhandenen Beständen angeschlagen wird, ist bereits versetzt.

107, 108 Fehlende funktionelle Kontinuität. Das neue Tor **(107)** ist ebenso ohne Rücksicht auf die vorhandenen Maueröffnungen angeordnet, wie der Mauerdurchbruch für eine Außenwandheizung ohne Rücksicht auf die Ausgestaltung der Fassade **(108)** erfolgte. Maßnahmen dieser Art sind nur selten stichhaltig mit einer funktionellen oder konstruktiven Zwangssituation zu begründen.

FUNKTION

Aufgabe eines *Baukörpers* in materieller und ideeller Hinsicht. Mit *Konstruktion* und *Form* eines der drei Wesensmerkmale des Baukörpers.

Die materielle Funktion kann statisch begründet sein wie bei einem Maueranker, im Schutz vor atmosphärischen Einflüssen liegen wie bei der Dachhaut oder das Schließen einer Maueröffnung betreffen wie bei einer Türe.

Die ideelle Funktion eines Baukörpers liegt in dessen *Wirkung* auf den Menschen. Sie kann in der Übereinstimmung von innerer und äußerer Form erfüllt sein, aber auch in einer über die konstruktiven Erfordernisse hinausgehenden Wirkung, wie sie bei *Scheinkonstruktionen* angestrebt wird.

Jedem Baukörper kommt materielle und ideelle Funktion zu. Grenzfälle sind beispielsweise der nicht sichtbar angeordnete Maueranker mit rein materieller oder die Scheinsäule mit ausschließlich ideeller Funktion.

Bei Sanierungen sind zunächst frühere Funktionen und Funktionsänderungen weitestmöglich festzustellen. Dann muß untersucht werden, ob eine frühere Funktion den neuen Anforderungen an den Baukörper entspricht **(106)**. *Adaptierungen* erwecken ein tiefes Unbehagen, wenn der Einklang zwischen der ursprünglichen und der neuen Funktion fehlt **(107)**. Der Umbau eines Konzertsaales zu einer Fabrikhalle kann aus dieser Sicht niemals gelingen.
Die Funktion darf keine Veränderung erleiden, welche in der Anlage eines Gebäudes nicht mitgedacht oder mitdenkbar ist, wie die Anbringung von Verkehrs- und Reklameschildern, Fernsehantennen, Spanndrähten und Freileitungen an einem Schloß. Das Gebäude war nie »gedacht« als Befestigungsgelegenheit für technische und Reklamerequisiten. Das heißt andererseits aber nicht, in dem Schloß solle auf den Einbau einer notwendigen Sanitäranlage verzichtet werden. Bei dem Umbau in ein Hotel entsteht allerdings die Frage, ob jedes Zimmer mit Bad und Abort ausgestattet werden muß, wenn dies großen konstruktiven Schwierigkeiten begegnet und so bedeutende bauliche Veränderungen erfordert, daß schließlich jene Atmosphäre zerstört ist, derentwillen die Gäste in einem Schloß Unterkunft suchen.

Ebenso ist die Anordnung von Lüftungsöffnungen in einer Fassade **(108)** zu beurteilen. Mit der funktionellen wird die formale *Kontinuität* beeinträchtigt.
Die Umwandlung einer alten Mühle, eines alten Backhauses oder einer alten Schmiede in eine Gaststätte ist sicher dann vertretbar, wenn dadurch die Erhaltung von Kulturdenkmälern gesichert und dem Besucher ein Eindruck von deren historischem Wert gegeben werden kann, wenn also eine museale Aufgabe erfüllt wird. Im besonderen wird dies mit dem *Versetzen* verlassener wertvoller ländlicher Gebäude in ein Freilichtmuseum erreicht. Hier ist allein die Bewahrung der ideellen Funktion die Grundlage für die Sanierung dieser Gebäude. Die funktionelle Kontinuität bleibt im ideellen Bereich erhalten.

Gemäß seiner materiellen Existenz ist jeder Baukörper durch Konstruktion und Form gekennzeichnet. Gleiches gilt nicht für die Funktion. Ein Baukörper ist ohne weiteres funktionslos denkbar. Er wird dann aber zur funktionellen Ruine und damit dem Verfall und der Zerstörung preisgegeben. Denn im Sinne der Einheit von Funktion, Konstruktion und Form muß er zwangsläufig auch zur konstruktiven und formalen Ruine werden.

GEBÄUDE

Funktionelle, konstruktive und formale Einheit der *Gebäudeelemente* und *Gebäudeteile*. Der Begriff umschließt alle im Laufe der Jahrhunderte entstandenen Raumbauten, vom einfachen Bauernhaus bis zum Gutshof, von der kleinen Kapelle bis zur Domkirche, vom bescheidenen Wohnhaus bis zum Schloß, Geschäfts- und Industriebauten ebenso wie Schulen und Theater.

GEBÄUDEELEMENT

Baukörper, der Grundbestandteil des *Gebäudes* ist. Es ist zwischen gebundenen und selbständigen Gebäudeelementen zu unterscheiden. Gebundene Gebäudeelemente sind an den Ort ihrer Herstellung gebunden und daher zur Wiederverwendung nicht geeignet:
- ☐ Ortbetonkonstruktionen
- ☐ Mauermörtel, Putz
- ☐ Estrich.

Selbständige Gebäudeelemente werden bei der *Ausführung* eines Bauvorhabens versetzt und eignen sich, guten Erhaltungszustand vorausgesetzt, nach Auslösen bei *Abbruch* oder *Adaptierung* zur Wiederverwendung:
- ☐ Werk-, Schicht- und Bruchsteine des Mauerwerks
- ☐ Mauer-, Gewölbe-, Pflaster-, Gesims-, Verblend- und Dachziegel
- ☐ Dachschiefer
- ☐ Wand-, Decken- und Dachbalken
- ☐ Ankereisen
- ☐ Säulen, Konsolen
- ☐ versetzte Elemente zur plastischen *Ausgestaltung*
- ☐ *Bekleidungen*
- ☐ Parkettstäbe und -tafeln
- ☐ Pflastersteine
- ☐ Fenster, Türen und Tore samt Beschlägen und Gittern
- ☐ Treppenstufen, -geländer und -handläufe.

Schon bei der *Planung* ist auf die Möglichkeit einer Wiederverwendung solcher selbständiger Gebäudeelemente Bedacht zu nehmen, die nicht mehr

109 Lagerung von *Gebäudeelementen.* Sachgemäß und übersichtlich sind einige hundert Türflügel verschiedener Größe und verschiedenen Alters in einer Regalanlage gelagert.

im Handel sind und auch nicht mehr oder nur mit großem Aufwand hergestellt werden können. Sie können entweder von Abbrüchen und Adaptierungen besorgt werden oder fallen im Zuge der *Sanierung* selbst an. Werden sie nicht sofort benötigt, sind sie sachgemäß und übersichtlich zu lagern **(109)**. Sie dienen dann nicht nur der direkten Verwendung bei Sanierungen, sondern auch, wenn Erhaltungszustand und Abmessungen nicht entsprechen, als Muster für *Nachbildungen.*

GEBÄUDETEIL

Aus *Gebäudeelementen* bestehender *Baukörper.* Gebäudeteile sind unter anderen Einfahrten, Keller, Aufenthaltsräume, Treppen, Dachräume und Balkone samt den diese bildenden Wänden, Decken und Dächern. Sie ergeben in ihrer Gesamtheit das *Gebäude.*

110 Unzulängliche *Instandsetzung.* Das Nachgießen der fehlenden Eisenteile des Treppengeländers und das Wiederherstellen der Verglasung des Fensters mit ornamental ausgestaltetem Mattglas erfordern einen erheblichen Aufwand. So führten Unwillen oder technisches und wirtschaftliches Unvermögen statt zur Behebung der *Schäden* durch *Rekonstruktion* zu einer unbefriedigenden Dauerlösung im Sinne einer *Sicherung.* ▷

GLIEDERUNG

Art der *Ausgestaltung* einer Fläche: Durch Teilung wird an Stelle einer Gesamtform eine leichter als diese erfaßbare Mehrheit von Formen gesetzt.

GRUNDFORM

Die im abstrakten Sehen an Stelle mannigfaltiger Einzelheiten zunächst erfaßte *Form* eines *Baukörpers.* Damit von einem Baukörper eine einheitliche, klare *Wirkung* ausgeht, bedarf es daher unter anderem einheitlicher Grundformen, deren Erfaßbarkeit eine geeignete *Ausgestaltung* erleichtert.
Lineare und ebenflächige Grundformen sind Gerade, Kettenlinie, Kreis, Quadrat und regelmäßiges n-Eck, das jedoch bei einer größeren Anzahl von Ecken - etwa ab dem Neuneck - bereits als Kreis aufgefaßt wird. Räumliche Grundformen, von innen oder außen wahrnehmbar, sind Würfel, Kugel, gerader Kreiszylinder, gerader Kreiskegel und gerade Pyramide mit quadratischer Grundfläche oder einem regelmäßigen n-Eck als Grundfläche, wobei auch hier bei einer größeren Eckenzahl das n-Eck als Kreis und damit die Pyramide als Kreiskegel aufgefaßt wird.
Diese Grundformen sind gewohnte und darum typisch wirkende Formen, die sofort einheitlich aufgefaßt werden.

GRUNDKONSTRUKTION

Haupttragwerk von Wänden, Decken, Treppen und Dach. Das Versagen der Grundkonstruktion eines *Gebäudes* bedeutet einen sprunghaften Verlust an *Wert.* So führt der Einsturz einer Decke, eines Teiles des Daches oder einer Wand oft zum *Abbruch* des ganzen Gebäudes.
Eine wesentliche Voraussetzung für den Erfolg der Sanierung ist das genaue Erfassen der bestehenden konstruktiven Zusammenhänge. Sodann sind unter weitestmöglicher Schonung der Grundkon-

struktion eine solche *Grundform* und *Ausgestaltung* anzustreben, die mit der Grundkonstruktion in Einklang stehen. Entsprechen müssen sie ihr, wie unter dem Begriff *Scheinkonstruktion* ausgeführt ist, nicht. Vor allem kann die Grundkonstruktion durch eine ihr nicht entsprechende Ausgestaltung überdeckt sein, die das Erkennen der konstruktiven Gegebenheit erschwert.

HERD

Ausgangspunkt eines Schadens, beispielsweise eine undichte Stelle in der Dachhaut, einer Mauerwerksabdichtung oder einer wasserführenden Leitung **(32)**, durch die Feuchtigkeit dringt.
Besondere Beachtung erfordern mögliche Brandherde (*Sicherung*).

INSTANDHALTUNG

Laufende Behebung von chronischen *Schäden* (Zeitschäden) infolge gewöhnlicher Beanspruchung (Benützung, Witterung). Dazu gehören beispielsweise das periodische Streichen der Fenster und das Übergehen des Daches.
Der Instandhaltungsaufwand wird von *Qualität* und Beanspruchung des *Baukörpers* bestimmt. Er ist im allgemeinen mit jährlich 1% bis 2% der Neuherstellungskosten anzunehmen. Geringer Instandhaltungsaufwand ist zu erwarten bei *Konstruktionen*, die

☐ aus hochwertigem Material in ebensolcher Verarbeitung bestehen

☐ den Bedingungen von Standort und Lage angepaßt sind

☐ konstruktions- und funktionsgerecht benützt werden.

Instandhaltungsmaßnahmen sollen schrittweise nach Erfordernis durchgeführt werden. Dieser Vorgang ist mit Rücksicht auf den verschieden langen Bestand der einzelnen *Gebäudeteile, Gebäudeelemente* und *Beschichtungen* günstiger als eine sogenannte Generalrenovierung, die in größeren Zeitabständen durchgeführt wird, der also ein Zeitraum der Verwahrlosung vorausgeht. Mit den bereits notwendigen Maßnahmen der Instandsetzung bedeutet sie einen schweren Eingriff in das Baugefüge **(127, 128)** und kann sogar den Eindruck einer *Nachbildung* hervorrufen.
Bei regelmäßig durchgeführter Instandhaltung können Instandsetzungsmaßnahmen weitgehend vermieden werden, sofern sie Folgeschäden betreffen und nicht akute Schäden durch außergewöhnliche Einflüsse auf den Baukörper.

INSTANDSETZUNG

Möglichst getreue Wiederherstellung des früheren *Zustandes* eines *Baukörpers* durch Behebung von chronischen *Schäden* (Zeitschäden) samt den infolge mangelnder *Instandhaltung* aufgetretenen Folgeschäden. Sie ist notwendig, wenn beispielsweise durch Unterlassen des Streichens Holzfenster vermorscht und Eisenfenster verrostet oder infolge undichter Dachhaut Teile des Dachstuhls angefault sind. Auch die Folgen außergewöhnlicher Einflüsse von wenig zerstörender Wirkung **(110)** sind durch Instandsetzung zu beseitigen **(111)**.

KONSERVIERUNG

Dauernde *Sicherung* des jeweiligen Erhaltungszustandes eines *Baukörpers*, wie dies bei *Ruinen* von Bedeutung ist.
Die Konservierung greift nicht in die Geschichtlichkeit des Baukörpers ein. Sie ist daher einer *Sanierung* durch *Instandhaltung, Instandsetzung, Adaptierung* oder *Rekonstruktion* vorzuziehen, wenn diese Maßnahmen aus Mangel an geeigneten Fachkräften für *Planung* und *Ausführung*, geeigneten Materialien sowie den erforderlichen finanziellen Mitteln nur fehlerhaft durchgeführt werden könnten und dadurch Verluste an wertvoller Bausubstanz zu erwarten sind. Besonders gilt das für Baukörper, durch deren bloße Konservierung die Nutzung des *Gebäudes* nicht wesentlich beeinträchtigt wird wie beispielsweise ↑ Unterdecken hoher *Qualität*.

KONSTRUKTION

Gesamte materielle Substanz des *Baukörpers*, im besonderen die *Gebäudeelemente* in ihrem das *Gebäude* oder den *Gebäudeteil* bildenden Zusammenwirken. Mit *Funktion* und *Form* eines der drei Wesensmerkmale des Baukörpers.

KONTINUITÄT

Stetigkeit in der Entwicklung eines *Baukörpers*: *Funktion, Konstruktion* und *Form* stehen in fortlaufendem, lückenlosen Zusammenhang.

111 *Mißstände* an *Baukörpern* in schematischer Übersicht

Art des Mißstandes		Ursache	Beeinträchtigtes Wertkriterium	Sanierung
Akuter Schaden	Konstruktiver Mißstand	Konstruktiver Fehler in Planung oder Ausführung	Qualität	Adaptierung
		Außergewöhnlicher, wenig zerstörender Einfluß	Zustand	Instandsetzung
		Außergewöhnlicher, weitgehend zerstörender Einfluß	Zustand	Rekonstruktion
Chronischer Schaden (Zeitschaden)		Alterung durch gewöhnliche Einflüsse (Benützung, Witterung)	Zustand	Instandhaltung
Folgeschaden		Fortgeschrittene Alterung	Zustand	Instandsetzung
Akuter Mangel	Funktioneller Mißstand	Funktioneller Fehler in Planung oder Ausführung	Qualität	Adaptierung
Chronischer Mangel		Veralterung	Qualität	Adaptierung

MANGEL
Funktioneller *Mißstand* eines *Baukörpers*. Er wirkt qualitätsmindernd und wird durch bauliche Veränderungen beseitigt, die der Anpassung – *Adaptierung* – des Baukörpers an neue funktionelle Gegebenheiten und Forderungen dienen.

MISSSTAND
Sammelbegriff für den *Schaden* als konstruktiven Mißstand und den *Mangel* als funktionellen Mißstand. Eine klare Trennung von Schäden und Mängeln ist deshalb wichtig, weil die Feststellung von Schäden eine objektive ist, Mängel dagegen erst dann entstehen, wenn subjektive funktionelle Forderungen an einen *Baukörper* gestellt werden, die dieser nicht erfüllt.
Einen Überblick über die auftretenden Mißstände, ihre Ursachen und ihre Behebung gibt die Tabelle **(111)**. Ihr ist zu entnehmen, ob von einem bestimmten Mißstand primär die *Qualität* oder der *Zustand* des Baukörpers beeinträchtigt wird. Wie die Tabelle weiter zeigt, wird der Zustand durch *Instandhaltung, Instandsetzung* und *Rekonstruktion* verbessert. Eine Qualitätssteigerung kann dagegen nur durch adaptive Maßnahmen erreicht werden. Treten Mängel auf, weil sich die *Funktion* des Baukörpers geändert hat, sind sie der Ausdruck der *Veralterung*. Die durch gewöhnliche Beanspruchung bedingten Schäden entsprechen dagegen der *Alterung* des Baukörpers. Zwischen Alterung und Veralterung ist eine allgemeingültige Beziehung – etwa die der Proportionalität – nicht aufzustellen. So sind Gebäude, die vor einem Jahrzehnt ohne die zur Einzelraumheizung erforderlichen Rauchabzüge nach den Grundsätzen der ausschließlich zentralen Wärmeversorgung errichtet wurden, angesichts einer geänderten Energieversorgungslage mit diesen Grundsätzen veraltert. Auch die gleichzeitig in Leichtbauweise errichteten Gebäude sind in wärmetechnischer Hinsicht der Veralterung anheimgefallen und Gebäuden unterlegen, die um ein Vielfaches älter sind. Nachträgliche Installation von Notschornsteinen und Anbringung von Wärmedämmschichten machen meist erhebliche konstruktive Schwierigkeiten und verursachen hohe Kosten.
Die Geschwindigkeit des Alterungs- und Veralterungsvorganges hängt unter anderem von der Funktion des Gebäudes ab. Industriebauten altern bei intensiver Benützung und veraltern im Zuge der technischen und wirtschaftlichen Entwicklung viel rascher als Wohnhäuser.
Schäden entstehen nicht nur durch gewöhnliche Beanspruchung (Benützung, Witterung), sondern auch durch außergewöhnliche Einflüsse wie Sturm und Brand.
Schäden und Mängel können auch eine fehlerhafte *Planung* oder *Ausführung* zur Ursache haben. Dabei erscheint häufig ein *Fehler* als solcher erst

112 *Modernisierung* eines Hauses aus der Zeit der Jahrhundertwende. Die reiche plastische Ausgestaltung der Fassade wurde teilweise entfernt. Auf der rechten Seite des Bildes ist im Bereich der Obergeschosse der ursprüngliche Zustand noch erhalten.

nach dem heutigen Stand der Technik, wie etwa das Nichtvorhandensein einer Feuchtigkeitsabdichtung bei einem Gebäude des 18. Jahrhunderts. Zwischen Schäden und Mängeln besteht eine Wechselwirkung: Schäden führen meist auch zu Mangelerscheinungen, und umgekehrt kann mangelnde Eignung eines Baukörpers für den Zweck, dem er dient, Schäden verursachen.
An Baukörpern vorkommende Schäden und Mängel sind gemäß ihrer Art und Ursache zu beheben, wobei Planung und Ausführung grundsätzlich nach den Regeln der Technik, des Handwerks und der Kunst durch geeignete Ziviltechniker, Baugewerbetreibende, Bauhandwerker und bildende Künstler erfolgt.

MODERNISIERUNG

Gebräuchliche Bezeichnung für das Bestreben, einen *Baukörper* durch adaptive Maßnahmen dem zum Zeitpunkt der Modernisierung gerade herrschenden Standard der Neubauten anzugleichen.

113, 114 *Nachbildung* von Türbeschlägen. Von dem Langschild **(113)** aus Messing mußten an Stelle fehlender Exemplare Nachbildungen angefertigt werden. Infolge von Gußfehlern und mangelhafter Bearbeitung ist die *Qualität* der Nachbildung **(114)** wesentlich geringer als die des Vorbildes. Zudem beeinträchtigt die hochglänzende Oberfläche der Nachbildung deren Wirkung. ▷

Wenn diese Angleichung hauptsächlich in einer dem Zeitgeschmack entsprechenden neuen *Form* gesucht wird, ohne Rücksicht auf die in der vorhandenen Form zum Ausdruck kommenden konstruktiven und funktionellen Eigenheiten des Baukörpers, kann nicht von einer *Sanierung* gesprochen werden **(112)**.

NACHBILDUNG

Mehr oder weniger getreue Nachschöpfung eines *Baukörpers* auf Grund bestehender oder in Unterlagen überlieferter Vorbilder **(177, 178)**.
Die Nachbildung wird unter Verwendung oder Vortäuschung der ursprünglichen *Baustoffe* und *Baumethoden* am gleichen, selten an einem anderen Ort errichtet **(177, 178)** oder – beispielsweise bei Beschlägen **(113, 114)** – angebracht. Der Begriff umfaßt auch die *Rekonstruktion.*
Die Problematik von Nachbildungen liegt darin, daß jeder Baukörper in materieller und ideeller Hinsicht einem ständigen Wandel unterworfen ist. Eine Nachbildung kann sich also nur auf einen bestimmten Zeitpunkt im Werdegang des Baukörpers beziehen, vor und nach dem dieser ebenso seine eigene Entwicklung nimmt wie die Nachbildung nach ihrer Vollendung die ihre. Selbst wenn es gelingt, den materiellen *Wert* des Originales zu erreichen, wenn also nicht die ursprünglich verwendeten Baustoffe und angewendeten Baumethoden durch geringerwertige ersetzt werden, geht der ideelle Wert nicht über den des Originales unmittelbar nach seiner Vollendung hinaus. Der in der historischen Entwicklung begründete immaterielle Wert des Originales kann nicht nachgebildet werden.

PLANUNG

Im Zuge der Herstellung eines *Baukörpers*, im besonderen der *Durchführung* einer *Sanierung*, alle vorbereitenden und begleitenden Maßnahmen für die *Ausführung*. Mit der Anwendung der *Bestandanalyse* unterscheidet sich die Planung der Sanierung grundlegend von der Neubauplanung.

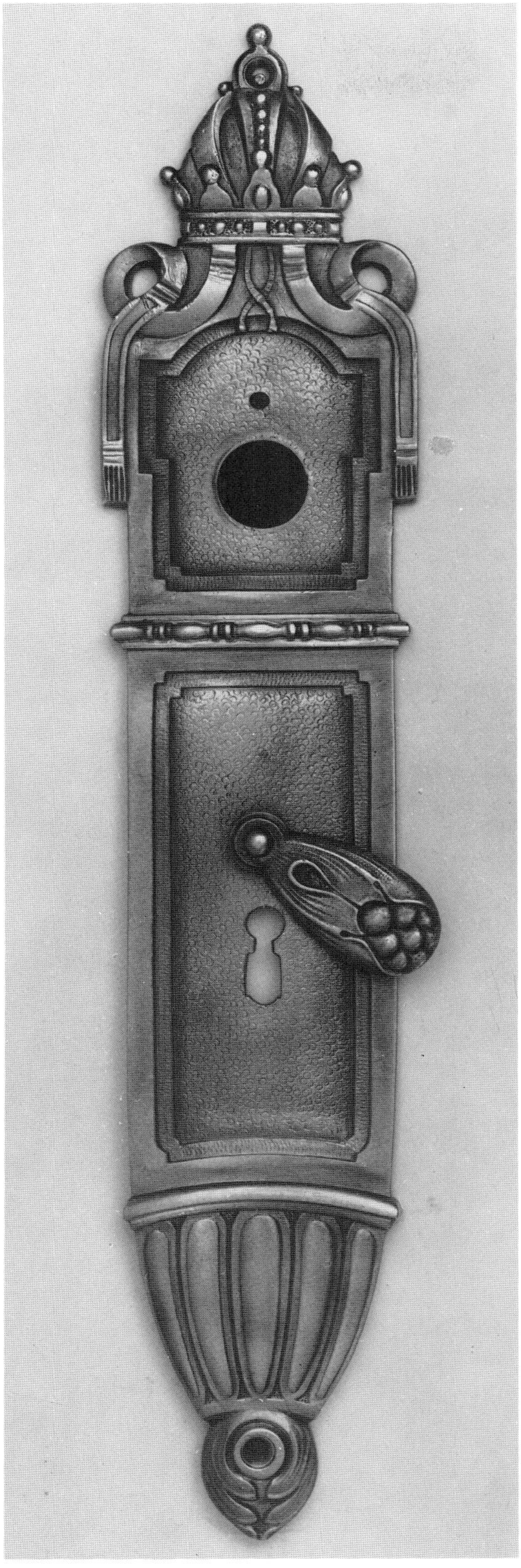

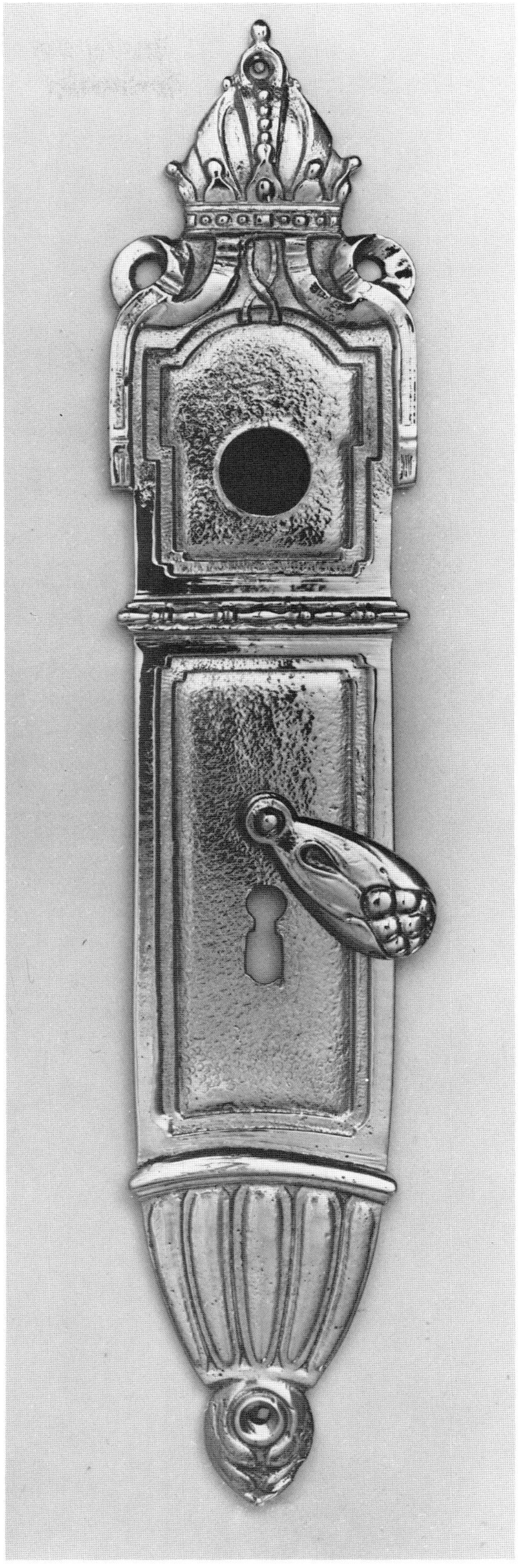

115, 116 Falsch verstandene *Rekonstruktion* einer Kirche. Mit der Umgestaltung zu Ende des 19. Jahrhunderts in »reinem« romanischen und gotischen Stil wurden die eindrucksvollen Merkmale einer jahrhundertelangen Entwicklung vernichtet, die bis dahin das *Gebäude* kennzeichneten.

QUALITÄT

In der *Wertanalyse* dasjenige Wertkriterium eines *Baukörpers*, mit dem dessen funktionelle, konstruktive und formale Eigenschaften unter der Annahme schadensfreien *Zustandes* erfaßt werden:

Die funktionelle Qualität kommt zum Ausdruck in

☐ Standort, Lage und Größe des *Gebäudes*

☐ Lage, Größe, Belichtung und Belüftung der Räume sowie deren Anordnung im Gebäude

☐ Schall-, Wärme-, Feuchtigkeits- und Einbruchschutz des Gebäudeinneren.

Zu berücksichtigen sind funktionelle Fehler in *Planung* oder *Ausführung* sowie *Veralterung.*

Konstruktive Qualitätsmerkmale sind vor allem

☐ Tragfähigkeit

☐ Widerstandsfähigkeit gegen *Schäden* verursachende Einflüsse.

Zu berücksichtigen sind konstruktive Fehler in Planung oder Ausführung.

Formales Qualitätskriterium ist die Wirkung des Baukörpers, die – unterstützt von anderen Sinneswahrnehmungen – vor allem der Augenschein (*Bestandanalyse*, Verfahren 5) vermittelt. (Siehe auch die Begriffe *Ausgestaltung* und *Scheinkonstruktion.*)

RATIONALISIERUNG

Vereinfachung und damit Verbilligung der Herstellung und Verarbeitung von *Gebäudeelementen* und *Gebäudeteilen* durch Vereinheitlichung und Industrialisierung, also Umstellung von handwerklicher Einzelfertigung auf mechanisierte und automatisierte Verfahren zur serienmäßigen Produktion.

Rationalisierung durch Vereinheitlichung und weitestmögliche Vorfertigung kann die Herstellung, *Erneuerung, Instandhaltung, Instandsetzung* und *Adaptierung* ↑ gebäudetechnischer Anlagen erleichtern und vervollkommnen. Dagegen schließt die dem Baubestand entsprechende Vielfältigkeit der Sanierungsaufgaben deren Vereinheitlichung und Industrialisierung weitgehend aus. Auch bedeutet Rationalisierung keine echte Ersparnis, wenn sie in rein materieller Ausrichtung auf Kosten des ideellen *Wertes* erfolgt. Das ist dort der Fall, wo durch Rationalisierung an die Stelle einer die Psyche des Menschen bereichernden Mannigfaltigkeit die Monotonie der Serienfertigung tritt, wo es also um die Erhaltung der naturbedingten Individualität des Menschen und seiner Umwelt geht. Nachträgliche Versuche, diese Individualität bei rationalisierten Sanierungsmaßnahmen allein mit der Einrichtung der Räume zu erreichen, sind aufwendig und nicht immer erfolgreich.

REKONSTRUKTION

Getreue *Nachbildung* eines nicht mehr erhaltenen, nur mehr teilweise erhaltenen, schadhaften oder aber im Laufe seiner Entwicklungsgeschichte durch falsche Maßnahmen abgewerteten *Baukörpers* unter Verwendung ursprünglicher *Baustoffe* und *Baumethoden.*

Gegen Ende des 19. und zu Anfang des 20. Jahrhunderts sind zahlreiche historische Gebäude – Kirchen, Burgen, Schlösser, Rat- und Bürgerhäuser – dadurch entwertet worden, daß man ihre einst vorhandene oder geplante romanische, gotische oder Renaissanceform zu rekonstruieren versuchte und dabei die Spuren auslöschte, die Jahrhunderte an ihnen hinterlassen hatten **(115, 116)**. Denn die Wirkung dieser Gebäude wäre eine ganz andere, wenn sie von der Romanik, der Gotik oder der Renaissance her ihre ursprüngliche *Form* unverändert bewahrt hätten und diese nicht erst Jahrhunderte später entstanden wäre.

Obwohl diese verfehlten Rekonstruktionsmaßnahmen bereits weit zurückliegen und ihr entwertender Einfluß im ideellen Bereich durch *Alterung* gemildert wurde, steht die damals in *Planung* und *Ausführung* der Rekonstruktion begründete Vermehrung des ideellen *Wertes* auch in heutiger Sicht in keinem Verhältnis zu dem Wertverlust durch Zerstörung historischer Substanz, die unwiederbringlich verloren ist und durch keine noch so gute Rekonstruktion ersetzt werden kann.

Anders liegen die Dinge, wenn die Rekonstruktion nicht die Zerstörung wertvoller Substanz, sondern die Wiederherstellung fehlender Teile eines größeren Ganzen bewirkt, so daß dieses zu einer funktionell-konstruktiv-formalen Einheit wird. Beispiele dafür sind die Beseitigung von Schäden nach Kriegseinwirkung **(117–120)** und von Substanzverlusten durch Modernisierung **(121, 122)**.

Grundlagen der Rekonstruktion werden gewonnen durch

- □ Auswerten vorhandener Pläne (*Bestandanalyse*, Verfahren 1)
- □ Auswerten bildlicher Darstellungen (*Bestandanalyse*, Verfahren 2)
- □ Heranziehen erhaltener Teile des Baukörpers **(117–120)**.

RESTAURIERUNG

Instandhaltung oder *Instandsetzung* eines besonders wertvollen *Baukörpers.*

RESTNUTZUNGSDAUER

Allgemein die zu einem bestimmten Zeitpunkt noch verbleibende restliche Bestandsdauer eines Anlagegegenstandes.

Die Restnutzungsdauer mag für eine Maschine anzugeben sein, nicht aber für einen *Baukörper.* Man muß dabei gar nicht an *Gebäude* wie das Aachener Münster denken, dessen Bestand schon mehr als ein Jahrtausend umfaßt. Selbst bei einem einfachen Wohnhaus aus dem 19. Jahrhundert ist die Restnutzungsdauer kaum anzugeben, weil sie nicht nur von der *Qualität* des Baukörpers abhängt. Sie wird von dessen Beanspruchung und von zerstörenden Einwirkungen ebenso beeinflußt wie von den erforderlichen und den ausgeführten Maßnahmen der *Instandhaltung, Instandsetzung, Rekonstruktion* und *Adaptierung.*

REVITALISIERUNG

Gebräuchliche Bezeichnung für das Bestreben, einem von *Veralterung* betroffenen *Gebäude* eine neue materielle *Funktion* zu geben.

RISS

Kennzeichen für die Überschreitung der Bruchfestigkeit von *Baukörpern.*

Für die Gefährlichkeit eines Risses maßgebend ist, ob er

- □ die *Grundkonstruktion* des *Gebäudes* betrifft
- □ zur Ruhe gekommen oder noch in Bewegung ist.

Von Rissen in Konstruktionselementen aus Stahl kann jedoch ein Sprödbruch ausgehen, der unvermittelt und verformungslos eintritt.

117 - 120 *Rekonstruktion* eines *Gebäudes.* Das Goethehaus in Frankfurt am Main **(117)**, in dem der Dichter seine Jugend verbrachte, wurde 1944 durch Bomben fast vollständig zerstört **(118)**. Geborgen werden konnten nur die schmiedeeisernen Fensterkörbe und Treppengeländer, Türen und Türbeschläge, Fensterflügel sowie Teile der Stuckornamente. Die Einrichtung war durch Verlagerung gerettet worden.

Auf Grund der zahlreich vorhandenen Bilddokumente erfolgte die Rekonstruktion **(119)**. Für sie mußte jener Zustand maßgebend sein, in dem sich das Gebäude zur Zeit Goethes - genauer gesagt um das Jahr 1775, als er das Elternhaus verließ - befand. Schon in der zweiten Hälfte des 19. Jahrhunderts war dieses Ziel verfolgt worden: Veränderungen an Gebäude und Einrichtung aus der Zeit nach Goethe wurden soweit als möglich rückgängig gemacht.

Durch die Rekonstruktion ist zunächst der materielle *Wert* wieder hergestellt, wahrscheinlich sogar vermehrt worden. Der ideelle Wert dagegen hat - vor allem in Hinblick auf die Person Goethes - infolge der Zerstörung eine schwere Einbuße erlitten, durch die getreue Wiederherstellung **(120)** unter Verwendung originaler *Gebäudeelemente* aber ein Ausmaß erreicht, das die Rekonstruktion rechtfertigt. ▷

117 △ 118 ▽

119 ▽ 120 ▷

121, 122 *Rekonstruktion* einer Fassade. Sie ist um 1930 zur *Modernisierung* abgeräumt **(121)** und in den letzten Jahren rekonstruiert worden **(122)**. ◁▷

Ursachen:

□ Überbeanspruchung von *Gebäudeelementen* und *Gebäudeteilen* infolge von *Fehlern* in *Planung* oder *Ausführung* **(186)** sowie durch eine den konstruktiven Verhältnissen nicht entsprechende *Funktion* oder eine ebensolche Funktionsänderung **(123)**. Auch der umgekehrte Fall, die Entlastung, kann zur Rißbildung führen **(124)**.

□ Erschütterungen, also dynamische Beanspruchungen, beispielsweise durch aufgestellte Maschinen oder durch den Verkehr.

□ Außergewöhnliche zerstörende Einflüsse wie Explosionen.

□ Längenänderungen von Gebäudeelementen durch Temperatureinwirkung.

□ Sprengwirkung des Rostes.

□ Schwinden als Volumenverringerung infolge Feuchtigkeitsabgabe **(125)**. Schwindrisse sind Zugrisse und entstehen insbesondere dann, wenn die Volumenverringerung nur an der Oberfläche stattfindet und die tiefer liegenden Bereiche des Baukörpers davon nicht erfaßt sind.

□ Quellen als Volumenvergrößerung infolge Feuchtigkeitsaufnahme. So kann es zu Rissen im Putz kommen, wenn darunter eingebautes Holz quillt. Quellfähige Bestandteile der Zuschlagstoffe können Risse im Beton herbeiführen.

□ Sprengwirkung des Frostes. Gefährdet sind feuchte, nicht frostbeständige Gebäudeelemente.

□ Wachstumsdruck von Pflanzen. Vor allem Wurzeln lebender Bäume, die am oder im Gebäude verlaufen, verursachen mitunter beträchtliche Schäden.

□ Ungleichmäßige Setzungen des Gebäudes im Baugrund (Setzungsrisse) oder ungleichmäßige Hebungen durch Bodenfrost oder quellende Bodenschichten (Hebungsrisse). Bei frostgefährdeten Böden und Gründung in nicht frostfreier Tiefe kann es zu Frosthebungen und damit zu Rissen im Gebäude kommen.

Wird aus einer oder mehreren der genannten Ursachen die Bruchfestigkeit des betroffenen Materials überschritten, treten Risse auf. Meist sind es Zug- und Schubrisse, die sich bei Überschreiten der Zug- und Scherfestigkeit bilden.
Das Zusammenwirken mehrerer Ursachen erschwert die Beurteilung von Rissen.

Erscheinungsbild

Risse werden mit den Verfahren 5 (Augenschein) und 12 (Messen von Formänderungen) der *Bestandanalyse* erfaßt. Vor allem durch Augenschein sind Risse in ihren vielfältigen Formen feststellbar. Aus dem Erscheinungsbild kann auf die Ursache des Risses geschlossen werden:

☐ Setzungen sind an schräg verlaufenden Schubrissen zu erkennen, die nach der Seite der Setzung hin ansteigen **(72)**.

☐ Schwindrisse erscheinen auf Beton-, Estrich-, Putz- und Anstrichflächen netzartig **(123)**; Holz spaltet in Faserrichtung auf (↑ Holzkonstruktionen).

Risse können die Bestandanalyse wesentlich erleichtern, wenn sie auf bestimmte Verhältnisse unter der Oberfläche des Baukörpers hindeuten:

☐ Ein Netz feiner geschwärzter Putzrisse läßt einen dahinterliegenden Schornstein vermuten.

☐ Die Ränder abgemauerter Wandöffnungen zeichnen sich oft durch Risse ab **(125)**, weil das nachträglich eingesetzte Mauerwerk schwindet. Solche Risse können erst geschlossen werden, wenn der Schwindvorgang beendet ist.

Reicht das Oberflächenbild zur Beurteilung eines Risses nicht aus, ist gegebenenfalls nach Anwendung der Verfahren 16 (Entfernen von Beschichtungen und Bekleidungen) und 17 (Freilegen der Grundkonstruktion) der *Bestandanalyse* ein neuerlicher Augenschein vorzunehmen.

Sanierung

Risse sind grundsätzlich von ihrer Ursache her zu sanieren. Eine »Heilung an den Symptomen« ist zwecklos, mitunter sogar schädlich. Ist es nicht möglich, die Ursache des Risses zu beseitigen, sollte versucht werden, den Riß in eine Bewegungsfuge umzuwandeln. Dabei muß die Fuge so ausgebildet werden, daß die auftretenden Bewegungen auch tatsächlich erfolgen können.

RUINE

Verfallszustand eines *Baukörpers* infolge fortgeschrittener *Alterung* oder außergewöhnlicher, weitgehend zerstörender Einflüsse.

Eine Ruine kann entweder nur vorübergehend gesichert oder dauernd als solche erhalten, also konserviert werden. Die *Sicherung* ist beispielsweise vor der Wiederherstellung nach einer Explosion

123 △

124 *Risse* infolge Entlastung der Grundkonstruktion. Der dargestellte Raum ist vom darüberliegenden Dachboden durch eine Holzbalkendecke getrennt, die als Fußboden ein Ziegelpflaster auf Beschüttung trug. Zur Sanierung des Deckentragwerks wurde der Fußboden abgehoben. Die durch diese Entlastung ausgelösten Formänderungen der Deckenbalken führten zur Ablösung der unter der Decke endenden Wand von der Decke und zu Rissen, deren Breite zu den Auflagern der Balken hin (links und rechts im Bild) auf Null abnimmt.

◁ **123** *Risse* durch Überbeanspruchung der Grundkonstruktion. Nach Anwendung des Verfahrens 16 der *Bestandanalyse* (Entfernen von Beschichtungen und Bekleidungen) durch Abnehmen einer Stoffbespannung **(72)** zeigte sich ein Putzriß, der - wie die folgende teilweise Anwendung von Verfahren 17 (Freilegen der Grundkonstruktion) bestätigte - dem treppenförmigen Verlauf offener Ziegelfugen der Mauer folgt und daher einen von links unten nach rechts oben verlaufenden Setzungsriß kennzeichnet. Die Setzung selbst erfolgte rechts nach Überbelastung der Decke, auf der die Mauer steht.
An zwei helleren Putzstreifen jüngeren Datums als der übrige Putz ist erkennbar, daß sich an der Stelle des Risses und darüber - etwa parellel dazu - offenbar schon früher Setzungsrisse zeigten, die durch Putzinstandsetzung oberflächlich beseitigt wurden.
Rechts des freigelegten Mauerwerks sind harmlose netzartige Schwindrisse des Putzes zu erkennen.

125 Schwindrisse am Rande einer Abmauerung. Die Putzrisse, vor allem links oben und rechts unten im Bild, lassen die Begrenzung einer abgemauerten Wandöffnung deutlich erkennen. Daneben zeigt sich, daß bei dem Verlegen der beiden Heizleitungen oben im Bild offenbar ein gewölbter Sturz über der ehemaligen Maueröffnung zerstört wurde. Die Elektroleitung oben rechts ist dagegen unter dem Sturz geführt. △

erforderlich. Eine *Konservierung* kommt bei den Überresten von Burgen und Schlössern in Frage, an deren Wiederherstellung nicht mehr gedacht ist. Gelegentlich werden Baukörper schon als Ruinen errichtet **(126)**.

SANIERUNG

Durchführung von Maßnahmen, die der Sicherung des Bestandes eines *Baukörpers* in funktioneller, konstruktiver und formaler Hinsicht dienen **(127, 128)**, das sind *Instandhaltung, Instandsetzung, Adaptierung, Rekonstruktion* und *Konservierung.*

126 Künstliche *Ruine.* Sie wurde Ende des 18. Jahrhunderts unter Verwendung von *Nachbildungen* der Fragmente antiker *Gebäudeteile* und *Gebäudeelemente* in einem Schloßpark errichtet. ▽

127, 128 *Sanierung* einer Reihe von Wohnhäusern. Die fotografische Aufnahme **(127)** entstand 1903. Durch die in den siebziger Jahren getroffenen aufwendigen Maßnahmen der *Restaurierung* **(128)** und inneren *Adaptierung* wurde der Bestand der vordem verwahrlosten *Gebäude* gesichert. Die Art der Behandlung der einzelnen *Gebäudeelemente* freilich hat manche Merkmale der Entstehungszeit der Häuser wie auch Spuren ihrer über die Jahrhunderte reichenden Entwicklung ausgelöscht und ruft sogar den Eindruck von *Nachbildungen* aus neuer Zeit hervor.

Vor allem die exakte Ebenflächigkeit und Scharfkantigkeit der Gebäudeelemente entspricht weder dem Stand der Handwerkstechnik zur Zeit der Errichtung der Gebäude, noch kommt darin das Wechselspiel zwischen der *Alterung* und den vielen seit damals erfolgten Maßnahmen der *Instandhaltung, Instandsetzung* und Adaptierung zum Ausdruck.

SCHADEN

Konstruktiver *Mißstand* eines Baukörpers.
Der Behebung geht die Feststellung von Art und Ursache oder Ursachen des Schadens durch *Bestandanalyse* voraus.

Akute Schäden entstehen durch außergewöhnliche Einflüsse mit wenig bis weitgehend zerstörender Wirkung:

- ☐ Überschwemmungen
- ☐ Lawinen
- ☐ Muren
- ☐ Steinschlag
- ☐ Bodenbewegungen, die nicht auf fehlerhafte Planung oder Ausführung zurückgehen
- ☐ Sturm
- ☐ Brand
- ☐ Explosion
- ☐ Kriegseinwirkung **(129)**
- ☐ Erdbeben
- ☐ Verkehrseinflüsse.

Durch solche Einflüsse kann der Baukörper schlagartig zur *Ruine* werden. Mittel der *Sanierung* sind *Instandsetzung* und *Rekonstruktion*, eventuell *Konservierung.*

Chronische Schäden (Zeitschäden), die auf *Alterung* infolge gewöhnlicher Einflüsse (Benützung, Witterung) zurückgehen, sind durch laufende *Instandhaltung* zu beseitigen. Fehlende Instandhaltung führt zum Verfall. Folgeschäden treten auf, bei denen eine Instandhaltung nicht mehr ausreicht, sondern die durch Maßnahmen der Instandsetzung zu beseitigen sind. Werden auch diese nicht getroffen, kommt es zu einem sprungartigen Verlust an materiellem *Wert* durch teilweises Versagen der *Grundkonstruktion* und schließlich zum beschleunigten materiellen Verfall. Der Baukörper wird zur Ruine.
Die Behebung eines Schadens erfolgt nach den Regeln der Technik, des Handwerks und der Kunst mit dem Ziel, den ursprünglichen schadensfreien *Zustand* wiederherzustellen.

SCHEINKONSTRUKTION

Baukörper, dessen *Erscheinung* eine andere *Konstruktion* als die tatsächlich vorhandene vortäuscht.
Die Scheinkonstruktion wird durch die ideelle Wertvermehrung begründet, die sie bewirkt. Ihre Bedeutung liegt allein in der ideellen *Funktion.* Diese wird nicht erfüllt, wenn es sich um eine leicht erkennbare Täuschung handelt. Die Scheinkonstruktion darf auch nicht dazu mißbraucht werden, *Schäden* oder *Mängel* eines Baukörpers nicht in Erscheinung treten zu lassen.

129 Schwere *Schäden* in einem Gebäude durch Kriegseinwirkung (Fliegerbomben). Trotz des Ausmaßes der Zerstörungen sind augenscheinlich verschiedene *Gebäudeelemente* in noch instandsetzungsfähigem *Zustand* und wiederverwendbar. Für eine beabsichtigte *Rekonstruktion* des Gebäudes müßten auch aus dem Schutt Teilstücke geborgen werden, die sich entweder nach *Restaurierung* direkt für die Wiederherstellung eignen oder als Unterlage für die Rekonstruktion des betreffenden Gebäudeelementes dienen können.

130–132 Säulen als *Scheinkonstruktion.* Im Zuge eines *Umbaues* wurde um 1820 in einem bestehenden Adelspalais eine Galerie geschaffen **(130)**, an deren Längsseiten Säulen angeordnet sind, die Architrave tragen. Eine direkte Ableitung der Säulenkräfte auf ein Fundament oder eine tragende Mauer ließ der vorhandene Baubestand nicht zu **(131)**. Unter den Säulen eine Stahl- oder Stahlbetonkonstruktion anzuordnen, war technisch noch nicht möglich. So wurden Säulen und Architrave als nichttragende Scheinkonstruktionen aus Mörtel gebildet, der auf Schilfrohr über einem Holzgerüst angebracht ist, wie die Aufnahme während der *Rekonstruktion* nach den Bombenschäden im Zweiten Weltkrieg erkennen läßt **(132)**.
Säulen und Architrave erfüllen die ideelle *Funktion*, die Dimensionen des Raumes durch *Gliederung* leichter erfaßbar zu machen und das Gefühl der Sicherheit über die tatsächlich vorhandenen konstruktiven Verhältnisse hinaus zu steigern.

131a Vorhandene *Form.* Ideelle *Funktion* (einheitliche und gediegene *Wirkung*) erfüllt

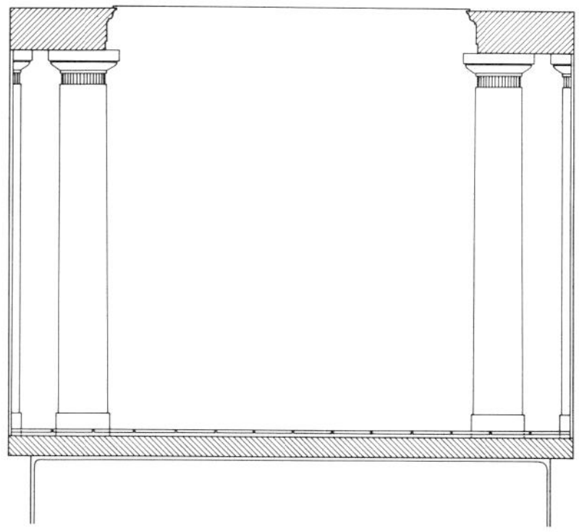

131b Zu **(131a)** gehörige *Konstruktion.* Materielle *Funktion* erfüllt, seinerzeit jedoch nicht ausführbar

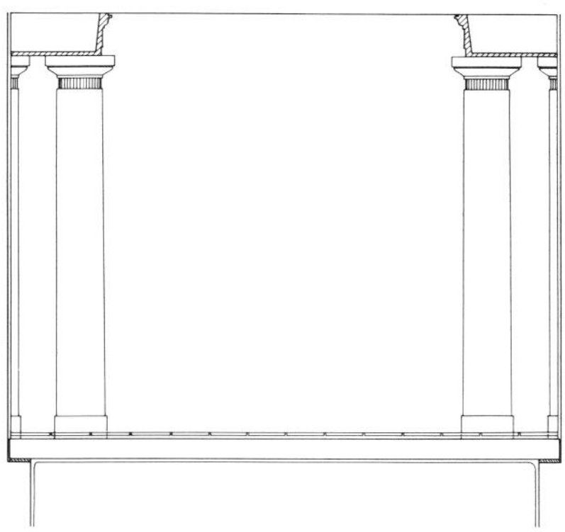

131c Vorhandene *Konstruktion.* Keine Übereinstimmung mit **(131a).** Materielle *Funktion* nicht erfüllt.

131d Zu **(131c)** gehörige *Form.* Ideelle *Funktion* nicht erfüllt.

133–135 Torbeschlag als *Scheinkonstruktion.* Die Innenansicht **(133)** des um 1900 adaptierten Tores einer niederösterreichischen Kirche zeigt, daß die beiden Flügel mit Längsbändern auf Stützkegeln angeschlagen sind. Die mit Silberfarbe beschichteten verzierten Lappen an der Außenseite des Tores **(134)** sind keine Beschlagausläufe der Torbänder, mit denen sie – erkennbar – nicht in Verbindung stehen.

Die Problemstellung ist an einem Türband mit eingestemmten Lappen und einem zusätzlich angebrachten Scheinlappen veranschaulicht **(135)**.

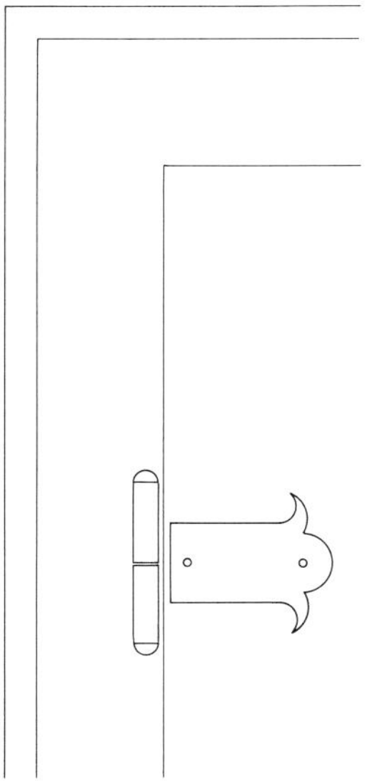

135a Vorhandene *Form.* Ideelle *Funktion* nicht erfüllt, weil **(135b)** erkennbar eine Fehlkonstruktion

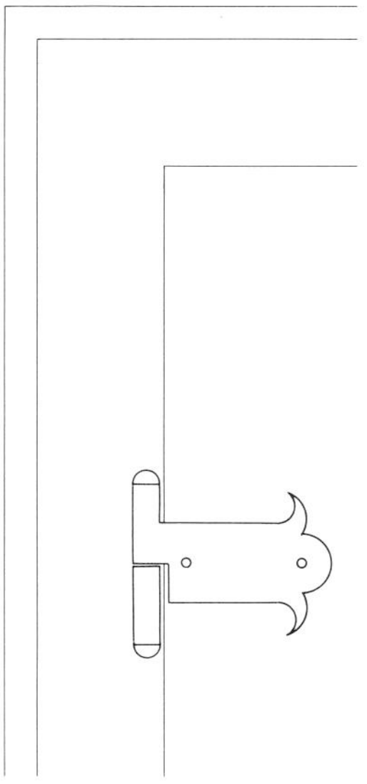

135b Zu **(135a)** gehörige *Konstruktion.* Eine Fehlkonstruktion

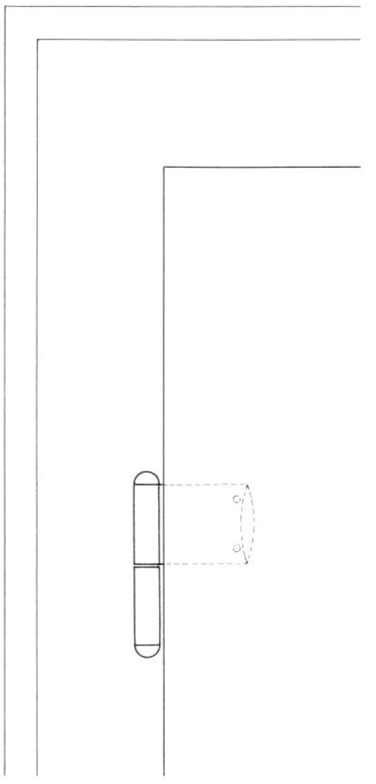

135c Vorhandene *Konstruktion.* Keine Übereinstimmung mit **(135a).** Materielle, nicht aber ideelle Funktion erfüllt.

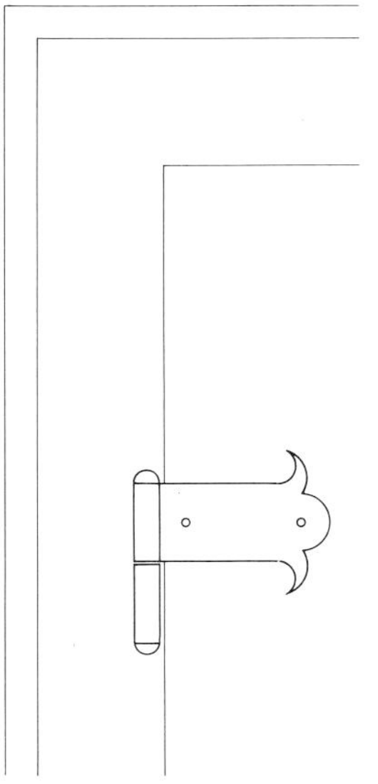

135d Zu **(135c)** gehörige, von **(135a)** abgeleitete *Form.* Materielle und ideelle *Funktion* erfüllt.

136, 137 Historische Fassade als *Scheinkonstruktion.* Nach Beschädigung durch Bomben während des Zweiten Weltkrieges wird eine Kirche **(136)** bis auf die Fassade abgetragen, hinter der ein Studentenheim entsteht **(137).** Es stellt sich die Frage: Ist die Kirche wertvoll, dann kann es nicht genügen, ihre Fassade zu erhalten, dann geht es um das ganze Bauwerk. Ist sie aber ohne Bedeutung, muß versucht werden, die markante Baulücke der neuen *Funktion* gemäß zu schließen. Die getroffene Lösung jedoch ist ein Unrecht gegenüber der Kirche, die zu einer Maske abgewertet wird, aber auch gegenüber dem Studentenheim, dem die Entfaltungsmöglichkeit hinter dieser ihm wesensfremden Maske genommen ist.

138 Scheinbare Fehlkonstruktion. Im Zuge einer *Adaptierung* wird ein Fenster in einer reich ausgestalteten Fassade breiter und niedriger gemacht. Am neuen helleren Putz darüber sind die Dimensionen der ursprünglichen Maueröffnung noch zu erkennen, die ein langer Putzquader überspannte.
Die Putzquader über dem neuen Fenstersturz sind nicht nur der Höhe nach geteilt. Mit zwei über der Wandöffnung angeordneten Querfugen wird der Eindruck einer einsturzgefährdeten Fehlkonstruktion erweckt, wenn man die *Ausgestaltung* der Fassade nicht als reinen Zierat ohne Beziehung zur Wandkonstruktion sieht. Dann allerdings müßte folgerichtig die Ausgestaltung ganz entfernt werden.

Die *Bekleidung* kann Scheinkonstruktion sein. Die *Beschichtung* kann den Baukörper zur Scheinkonstruktion machen.
Gründe für die Ausführung von Scheinkonstruktionen:

□ Die schöpferische Kraft des Menschen geht über seine technischen oder wirtschaftlichen Möglichkeiten hinaus. Die beabsichtigte *Wirkung* des Baukörpers kann mit einer der Konstruktion entsprechenden *Form* nicht erreicht werden **(130 bis 132)**.

□ Eine historische Form, deren Bedeutung nicht mehr erkannt wird, ist von Funktion und Konstruktion gelöst und zum Selbstzweck erniedrigt **(133 - 135)**. In diesem Fall ist die rein konservierende Behandlung nicht unbedingt am Platz. Vielmehr liegt gerade hier eine Möglichkeit der *Sanierung*, über die Erhaltung hinaus den funktionell-konstruktiv-formalen *Wert* des Baukörpers durch *Adaptierung* zu erhöhen.

□ Markante Reste eines Baukörpers sollen erhalten werden **(136, 137)**.

□ Beziehungslosigkeit des Menschen zu dem Zusammenwirken von Konstruktion und Form **(138)**.

139 ▽

140 △

141 △

SICHERUNG

Maßnahmen, die ergriffen werden müssen, wenn
- ☐ der Bestand eines *Baukörpers* gefährdet ist
- ☐ der Zustand eines Baukörpers für Personen und Sachen gefährdend ist.

Sicherungsmaßnahmen sind in folgenden Fällen erforderlich:

1. Einsturzgefahr eines Baukörpers durch
- ☐ akute *Schäden* infolge eines außergewöhnlichen zerstörenden Einflusses
- ☐ Folgeschäden bei fortgeschrittener *Alterung*
- ☐ *Fehler* in *Planung* oder *Ausführung*,

sofern die Gefahr nicht kurzfristig durch *Instandsetzung* beziehungsweise *Adaptierung* beseitigt werden kann.

Befindet sich der Baukörper in einem Zustand, der in naher oder in allernächster Zukunft das teilweise oder gänzliche Versagen der *Grundkonstruktion* erwarten läßt - wie bei drohendem Einsturz des Baukörpers - oder ist dieses Versagen bereits eingetreten, sind unter Beachtung aller einschlägigen Gesetze und Vorschriften Sicherungsmaßnahmen und sodann die *Sanierung* erforderlich:

☐ Schnelle Untersuchung von Art, Umfang und Gefährlichkeit der Schäden nach Verfahren der *Bestandanalyse*. Sie setzt große Fachkenntnis und Erfahrung voraus. Zu berücksichtigen ist, daß sich das bevorstehende Versagen eines Baukörpers nicht immer durch große Durchbiegungen, *Risse* und Stauchungen anzeigt. Es kann auch - wie bei Sprödbruch eines Stahlträgers oder bei Knicken einer Säule - ohne vorhergehende erkennbare Formänderungen schlagartig geschehen.

Mögliche Folgeschäden sind in die Untersuchung einzubeziehen.

139 - 142 *Sicherung* zum Schutz vor Witterungseinflüssen

139 Provisorischer Witterungsschutz eines bei einem Luftangriff im Zweiten Weltkrieg beschädigten Kirchenbaues durch eine Plane, die zunächst über die Reste des abgedeckten Dachtragwerkes gelegt wurde

140, 141 Die Pappendeckung **(140)** auf Schalung und Holzfachwerkträgern **(141)** über den Resten eines ebenfalls durch Bomben schwer beschädigten Gebäudes als Schutz vor und während der Sanierung

142 Schiebedachkonstruktion als Witterungsschutz des Inneren einer Kirche mit gewölbter Stuckdecke während der abschnittsweisen Sanierung des Dachtragwerkes

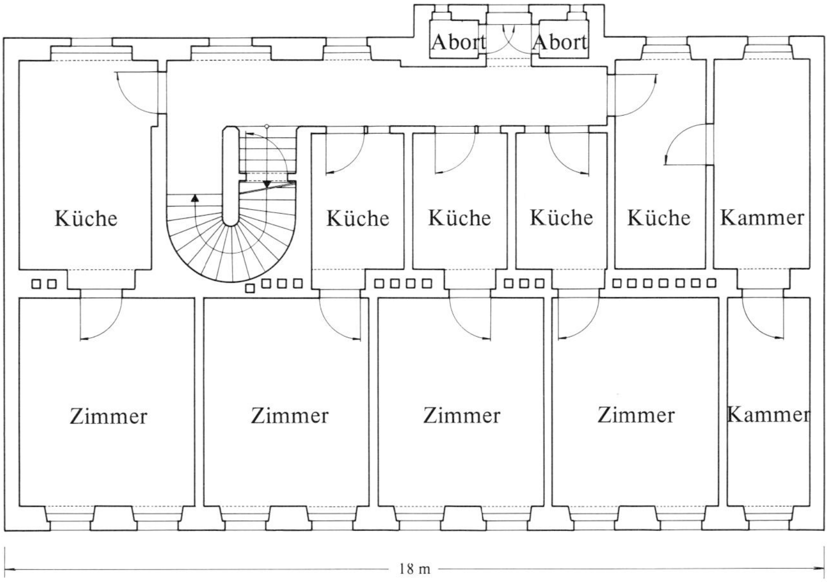

143, 144 *Umbau* eines Gebäudes. In den beiden Obergeschossen eines zweistöckigen, um 1880 errichteten städtischen Wohnhauses befanden sich je fünf Wohnungen **(143)**. Aborte und Wasserentnahme lagen am Hausflur. Zur Sanierung wurden die Wohnungen unter Einbeziehung des Flures zu einer Wohnung zusammengefaßt **(144)**.

☐ Räumung der Baukörper und der Grundflächen im Gefahrenbereich von Personen
☐ Absperren des Gefahrenbereiches
☐ Sicherung des Baukörpers, wobei die Ausführenden nicht gefährdet werden dürfen.
Zur Sicherung einsturzgefährdeter Baukörper dienen in erster Linie Abstützungen. Sie haben vorübergehend jene Lasten zu übernehmen, die der Baukörper zu tragen nicht fähig ist.
☐ Wiederherstellung eines schadensfreien Zustandes des Baukörpers, im besonderen seiner Grundkonstruktion, durch *Rekonstruktion* nach *Abbruch* der nicht mehr durch Instandsetzung zu sanierenden *Gebäudeteile* unter weitgehender Wiederverwendung der bei dem Abbruch gewonnenen selbständigen *Gebäudeelemente.* Haben Fehler in Planung oder Ausführung des Baukörpers zu den Schäden geführt oder sind solche zutage getreten, ist auch eine Adaptierung erforderlich. In Sonderfällen erfolgt die *Konservierung* der *Ruine.*

2. Fassadenschäden, die den Absturz von Putz- oder Steinteilen erwarten lassen.
Bis zur Sanierung werden Personen und Sachen geschützt durch
☐ Absperrungen
☐ überdeckte Laufstege zu den Eingängen des Gebäudes
☐ Schutzgerüste.

3. Offene ↑ Dachdeckung. Dabei besteht nicht nur die Gefahr des Herabfallens von Deckungselementen, sondern auch die des Eindringens von Niederschlägen in das Gebäudeinnere.
Wenn Öffnungen in der Dachdeckung, die
☐ als akute Schäden durch Sturm oder Brand sowie als Folgeschäden bei fortgeschrittener Alterung entstanden
☐ im Zuge von Sanierungsmaßnahmen erforderlich sind,
nicht sofort geschlossen werden können, muß das Gebäudeinnere vor Witterungseinflüssen geschützt werden. Diese Maßnahme ist vor allem dann erforderlich, wenn durch eindringende Niederschläge Schäden an feuchtigkeitsempfindlichen Gebäudeteilen – beispielsweise ↑ Deckentragwerken oder ↑ Fußböden aus Holz, reich ausgestalteten ↑ Unterdecken – zu befürchten sind.
Der Schutz erfolgt durch
☐ Planen. Mit ihnen kann bei geringen Schäden am ↑ Dachtragwerk – wenn beispielsweise nur ein Sparren erneuert werden muß – und bei solchen, die nur die Dachdeckung betreffen, das Auslangen gefunden werden. Das Abdecken mit Planen ist auch als Sofortmaßnahme bis zur Fertigstellung eines Schutzdaches anzuwenden **(139)**.
☐ Einfache Schutzdächer mit Trägern aus Rund- oder Kanthölzern, bei größeren Spannweiten mit Fachwerkträgern, die eine Pappenlage auf Schalung tragen **(140, 141)**.

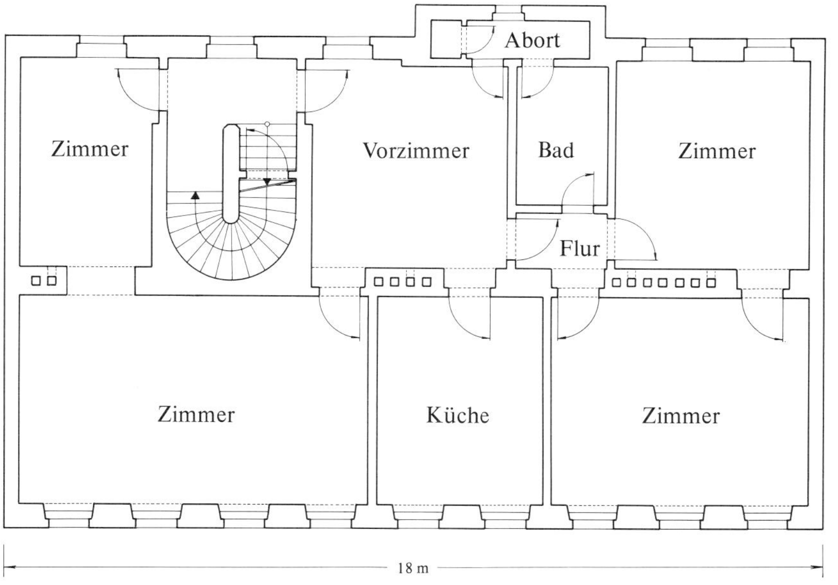

☐ Schutzdächer aus Stahlrohrkonstruktionen, überdeckt mit hochfesten, schwerentflammbaren, lichtdurchlässigen Planen. Bei abschnittsweiser Sanierung großer Dächer ist ein auf Schienen laufendes Schiebedach zweckmäßig, das für Materialtransporte mechanisch geöffnet und danach wieder geschlossen werden kann **(142)**.

4. Maßnahmen nach den Verfahren 17 (Freilegen der Grundkonstruktion), 18 (Öffnen der Grundkonstruktion) und 20 (Probenentnahme) der *Bestandanalyse.*

5. Sanierungsmaßnahmen, bei denen planmäßig ein gefährlicher oder gefährdender Zustand vorübergehend eintritt, wie bei Herstellen oder Vergrößern von Öffnungen in Wänden (↑ Fenster, Türen und Tore).

6. Gefahr von Brand, Brandstiftung und Einbruch im Verlauf von Sanierungen.
Während der Durchführung von Sanierungsmaßnahmen an einem Gebäude besteht für dieses meist auch erhöhte Brand-, Brandstiftungs- und Einbruchsgefahr. Zur Sicherung kann insbesondere bei großen Gebäuden eine ständige Bewachung zweckmäßig sein. Dem unbefugten Zutritt zu dem Gebäude über ein Gerüst wird außerdem durch nächtliche Anstrahlung des Gerüstes entgegengewirkt.
Auf der Baustelle ist das Rauchen sowie das Hantieren mit offenem Licht und Feuer im allgemeinen zu untersagen. Bei Arbeiten mit autogenen oder elektrischen Schweiß-, Schneid- und Lötgeräten, wie sie bei Sanierungsmaßnahmen an
☐ ↑ Eisen- und Stahlkonstruktionen
☐ ↑ gebäudetechnischen Anlagen
☐ Blech- und Pappendeckungen von Dächern
☐ Feuchtigkeitsabdichtungen,
sowie beim
☐ Abbrennen von Anstrichen
vorkommen, ist wegen besonderer Brandgefahr nach den geltenden Vorschriften Sicherung erforderlich, vor allem durch
☐ Schutz brennbarer Gegenstände in der Umgebung der Arbeitsstelle gegen Flammen, Funken und glühende Metallteilchen
☐ Einsatz erfahrener Arbeitskräfte sowie von Aufsichtspersonen
☐ Bereitstellen von Löschwasser und Handfeuerlöschern.

UMBAU
Adaptierung eines *Gebäudes* ohne dessen Erweiterung **(143, 144)**.

VERALTERUNG
Vorgang, bei dem im Laufe der Zeit eine Veränderung in der Beurteilung der ursprünglichen Eigenschaften des *Baukörpers* eintritt, so daß ein chroni-

145 △

146 ▽

147 △

145 - 147 *Versetzen* eines Gebäudes. Das von Vernichtung bedrohte Bauernhaus wurde am ursprünglichen Standort im österreichischen Burgenland abgetragen **(145)** und unter *Instandsetzung* oder *Erneuerung* schadhafter oder fehlender Elemente in einem Freilichtmuseum rekonstruiert **(146)**, wo es als regionales Beispiel volkstümlichen Bauens steht **(147)**.

scher *Mangel*, also ein funktioneller *Mißstand*, entsteht. Die Veralterung bewirkt eine Minderung des *Wertes*.

Veralterung liegt vor, wenn ein Baukörper konstruktiv den geltenden Regeln der Technik nicht mehr entspricht oder wenn er funktionell mit der heutigen Lebensweise nicht mehr in Einklang zu bringen ist. Dies trifft vor allem für ↑ gebäudetechnische Anlagen zu.

Für die Veralterung eines *Gebäudes* nicht unbedingt maßgebend ist der heutige Standard von Neubauten. So haben alte Gebäude häufig unebene Wand- und Deckenflächen sowie ungerade Kanten in diesen Flächen. Dabei handelt es sich nicht nur um Abnützungserscheinungen oder um die Folgen fraktioneller Erneuerung des Putzes und wiederholter *Beschichtung*, sondern um geringere Maßgenauigkeit bei der seinerzeitigen Herstellung als heute üblich und in den einschlägigen Vorschriften festgelegt. Das ist bei sonst einwandfreier Ausführung und Erhaltung kein *Mangel.* Es macht im Gegenteil mit den besonderen Reiz alter Gebäude aus und steht mit den in Handarbeit hergestellten Einrichtungsgegenständen früherer Zeit durchaus im Einklang. Bei modernen Einrichtungsgegenständen, die sich mit exakt ebenen Flächen und geraden Kanten an Wände und Decken schmiegen sollen, fehlt die Übereinstimmung. Hier schafft also erst das Außerachtlassen der Besonderheiten alter Gebäude den Mangel.

Auch wenn ein bestehendes Gebäude Eigenschaften besitzt, die über die Mindestanforderungen der geltenden Vorschriften hinausgehen, etwa in bezug auf Mauerdimensionen, Raumhöhen oder Türgrößen, ist es deswegen nicht veraltert.

VERSETZEN

Standortänderung eines *Baukörpers* durch Abtragen und *Rekonstruktion* **(145 - 147)** oder durch Verschieben **(148, 149)**.

148, 149 Verschieben eines Gebäudes an einen anderen Standort. Das *Versetzen* erfolgte, damit die aus dem 13. Jahrhundert stammende Kapelle **(148)** nicht Verkehrsrücksichten zum Opfer fällt. Abschnittsweise wurde sie mit einem Stahlbetonrost unterfangen, hydraulisch gehoben und ebenfalls hydraulisch mit auf Eisenbahnschienen laufenden Schiebevorrichtungen **(149)** bewegt.

Die Beziehung eines Baukörpers zu seiner Umgebung ist ein Teil seines ideellen *Wertes.* Mit der *Konstruktion* und der materiellen *Funktion* - dies schon hinsichtlich der klimatischen Verhältnisse - ist aber auch der materielle Wert standortabhängig. Das Versetzen an einen anderen Standort bedeutet daher an sich eine mehr oder weniger große Wertminderung und ist nur dann vertretbar, wenn der Baukörper am alten Standort dem Verfall oder der Zerstörung preisgegeben ist.

WERT

Der in der *Wertanalyse* aus den funktionellen, konstruktiven und formalen Eigenschaften abgeleitete Wert eines *Baukörpers.* Er hat eine materielle und eine immaterielle oder ideelle Komponente.

Die materielle Komponente entspricht zunächst dem Herstellungswert. Nach Vollendung des Baukörpers wird sie positiv bestimmt von Maßnahmen der *Instandhaltung, Instandsetzung, Adaptierung* und *Rekonstruktion*, negativ von *Alterung*, materiell-funktioneller *Veralterung* und von Substanzverlusten durch Zerstörungen. In der ideellen Wertkomponente gewinnen die Gefühlswerte, die der Baukörper vermittelt, ihren Ausdruck, wobei die Alterung hier auch positiv wirken kann. Im Gegensatz zum Antiquitätenhandel, dessen Gegenstände fast ausschließlich nach ihrem ideellen Wert beurteilt werden, steht jedoch bei Baukörpern der im allgemeinen mit dem ideellen verbundene materielle Wert im Vordergrund.

Der ideelle Wert geht von der Summe der ideellen Werte aus, die dem Baukörper bei Planung und Ausführung gegeben werden.

Künstlerische und handwerkliche Gestaltungsfähigkeit sind hier ebenso wertbestimmend wie bei späteren Adaptierungen. Weiter kann der ideelle Wert positiv beeinflußt werden von bedeutsamen Ereignissen, die das *Gebäude* betreffen, und von Persönlichkeiten, die mit ihm in Beziehung stehen **(117-120)**. Aber es bleibt von allem etwas spürbar, was Menschen in einem Gebäude erlebt, erstrebt, vollbracht und erlitten haben.

Eine Verminderung des ideellen Wertes kann bewirkt werden durch falsche Adaptierungsmaßnahmen, beispielsweise eine die Atmosphäre des Baukörpers beeinträchtigende *Modernisierung* **(112)**, *Rekonstruktion* **(116)** oder durch eine dem Baukörper wesensfremde Änderung seiner *Funktion.*

Für den Erfolg einer *Sanierung* ist nicht nur die Übereinstimmung des Neuen mit dem Bestehenden in *Funktion, Konstruktion* und *Form* maßgebend, sondern auch die Übereinstimmung der Werte im Sinne der Wertanalyse.

Vor jedem Eingriff in die materiell-ideelle Substanz eines Baukörpers ist mittels Wertanalyse der Einfluß auf den materiellen und immateriellen

Wert zu prüfen. Nur wenn dieser vermehrt wird oder zumindest erhalten bleibt, kann von einer echten Sanierung gesprochen werden.
Der materielle Aufwand ist für das Gelingen der Sanierung nicht allein maßgebend. Man kann ein altes Gebäude für einen bestimmten Betrag herrichten und mit dem Zehnfachen dieses Betrages hinrichten, indem man es durch ein Zuviel an Veränderungen jener Eigenschaften beraubt, die letztlich seinen Wert bestimmen. Die Gefahr liegt nicht allein im Verwahrlosenlassen, sondern auch im Zutodesanieren. Eine mit großem materiellen Aufwand erfolgte Sanierung kann sehr wohl den materiellen Wert eines Gebäudes heben, seinen in der historischen Entwicklung begründeten immateriellen Wert jedoch weitgehend mindern **(127, 128)**.
Abbruchmaßnahmen an bestehenden Gebäuden sind auf das unbedingt Notwendige zu beschränken, Veränderungen in möglichst einfacher Weise durchzuführen. Sie dürfen nicht einer bloßen Neuerungssucht oder Originalitäts- und Effekthascherei folgen. Das bedeutet nicht den Verzicht auf die der ideellen Funktion entsprechende *Ausgestaltung*.

WERTANALYSE
Methode der systematischen Ermittlung von *Qualität, Zustand*, Sanierungsaufwand und *Wert* eines *Baukörpers* auf Grund der *Bestandanalyse*.
Das in Tabelle **(150)** angegebene Schema eignet sich sowohl für die Bestandanalyse als auch für die Wertanalyse und ist damit die Grundlage einer gemeinsamen Bestand-Wert-Analyse. Beide Methoden sollten ja stets zusammen durchgeführt werden. Denn ebenso wie die Wertanalyse die Bestandanalyse zur Voraussetzung hat, gewinnen die Ergebnisse der Bestandanalyse erst in wertanalytischer Beurteilung ihre volle Bedeutung.
Zu einer Bestand-Wert-Analyse sind nur Baukörper gleicher Art zusammenzufassen. Für den Scheunenteil eines Bauernhofes beispielsweise wird eine eigene Untersuchung zweckmäßig sein, ebenso für die überdeckten, nicht allseitig umbauten Teile eines Gebäudes. Aber auch im Rahmen der einzelnen Untersuchung ist es oft notwendig, eine Trennung vorzunehmen. Weisen etwa die Decken erhebliche Unterschiede in Qualität und Zustand auf, sind sie dementsprechend zu unterteilen. Ob eine genauere Unterteilung zu einer Verbesserung des Ergebnisses führt und in Einklang mit dem Mehraufwand für die Untersuchung steht, lehrt vor allem die Erfahrung.
Die folgenden Ausführungen beziehen sich auf die Bestand-Wert-Analyse für ein *Gebäude*. Die Methode ist aber auch auf *Gebäudeteile* und *Gebäudeelemente* anwendbar.

Spalte 0. Liste der Elemente und Teile, aus denen das Gebäude besteht. Sie kann den jeweiligen Verhältnissen entsprechend erweitert oder vereinfacht werden.

Spalten 1 bis 20. Anzuwendende Verfahren der Bestandanalyse. Die Ergebnisse werden in eigenen Aufzeichnungen festgehalten und bilden die Grundlage für die Bestimmung von Qualität und Zustand der einzelnen Gebäudeelemente und -teile.

Spalte 21. Der Anteil a der Gebäudeelemente und -teile am gesamten Gebäude wird in Prozent angegeben und nach den Herstellungskosten bestimmt, wobei unabhängig von den tatsächlichen Verhältnissen einheitlich schadensfreier Zustand ($z = 3$ nach Tabelle **(152)**) anzunehmen ist. Besondere Genauigkeit ist nicht möglich, aber auch nicht erforderlich, weil kleinere Verschiebungen der Prozentanteile den Wert des gesamten Gebäudes nicht wesentlich beeinflussen. Es geht nur um die numerische Kennzeichnung der unterschiedlichen Bedeutung der Gebäudeelemente und -teile für das gesamte Gebäude.
Die Prozentanteile für die einzelnen Gebäudeelemente und -teile werden zunächst angenommen. Die in der Summe über oder unter 100 liegende Zahl wird in einem zweiten Arbeitsgang aufgeteilt, verbunden mit einer vergleichsweisen Überprüfung der ersten Annahmen. Eine weitere Kontrolle ist durch Vergleich der Teilsummen für die einzelnen Gebäudeteile möglich.

Spalte 22. Mit der *Qualität* q werden die funktionellen, konstruktiven und formalen Eigenschaften – die materiellen ebenso wie die immateriellen – unter der Annahme schadensfreien Zustandes ($z = 3$) erfaßt. Zu berücksichtigen sind funktionelle und konstruktive *Fehler* in *Planung* oder *Ausführung, Veralterung* sowie im Werdegang des Gebäudes begründete immaterielle Eigenschaften, die sich aus der Bestandanalyse (Verfahren 1 bis 4) ergeben.

Baukörper:

Rauminhalt:

Zeit der Bestandanalyse:

Zeit der Wertanalyse:

Gebäudeteil Gebäudeelement
0
Wände Fundamente Kellerwände Wände über Keller Fenster Türen und Tore
Decken Tragwerke Fußböden Unterdecken
Treppen
Dach Tragwerk Deckung Entwässerung (Rinnen, Abfallrohre) Dachfenster
Schornsteine
Gebäudetechnische Anlagen Heizung Lüftung Wasserversorgung Abwasserbeseitigung Starkstrom Schwachstrom Aufzüge

BESTANDANALYSE																				WERTANALYSE							
																						Wertkriterien		Bewertungszahlen		Sanierung	
Auswerten vorhandener Pläne	Auswerten bildlicher Darstellungen	Auswerten schriftlicher Quellen	Auswerten mündlicher Überlieferungen	Augenschein	Befühlen	Abklopfen	Abhorchen	Ermitteln der Oberflächenhärte	Feuchtigkeitsmessung	Aufsuchen von Metallen	Messen von Formänderungen	Planliche Aufnahmen	Fotografische Aufnahmen	Statische und andere Berechnungen	Entfernen von Beschichtungen und Bekleidungen	Freilegen der Grundkonstruktion	Öffnen der Grundkonstruktion	Endoskopie	Probenentnahme	Anteil am Gesamten		Qualität	Zustand			Kostenfaktor	Aufwand
																				a		q	z	w_Z	w_O	k	s
																				%							%
1	2	3	4	5	6	7	8	9	10	11	12	13	14	15	16	17	18	19	20	21		22	23	24	25	26	27
																				100	100						

151 Stufen der *Qualität* q eines *Baukörpers*

Qualität	q
minder	0
gut	1
sehr gut	2
außerordentlich gut	3

Es werden nach Tabelle **(151)** vier Qualitätsstufen unterschieden. Der Durchschnittswert für die Qualität des gesamten Gebäudes folgt aus

$$Q = \frac{\Sigma a \cdot q}{100} .$$

Spalte 23. Der *Zustand* z gibt an, welche Veränderung die ursprünglichen konstruktiven Eigenschaften der Gebäudeelemente und -teile infolge aufgetretener *Schäden* zum Zeitpunkt der Bewertung erreicht haben.
Der Zustand wird nach Tabelle **(152)** ebenfalls in vier Stufen angegeben. Der Durchschnittswert für den Zustand des gesamten Gebäudes folgt aus

$$Z = \frac{\Sigma a \cdot z}{100} .$$

Spalte 24. Die Bewertungszahl w_z wird durch zeilenweise Multiplikation der Zahlen in den Spalten 21, 22 und 23 gewonnen:

$$w_z = a \cdot q \cdot z.$$

Die Bewertungszahl für das gesamte Gebäude

$$W_z = \frac{\Sigma w_z}{100}$$

ist eine für den Zeitpunkt der Bewertung geltende spezifische Zahl, die zwischen 0 und 9 liegt. Sie ist von der Größe des Gebäudes unabhängig und kann als auf dessen Einheit bezogen aufgefaßt werden. Als Einheit eignet sich am besten die Raumeinheit, weil sie die Ausmaße eines Baukörpers weit besser kennzeichnet als die grundrißliche Flächeneinheit, welche die sogar oft innerhalb eines Stockwerkes stark unterschiedlichen Raumhöhen ebensowenig berücksichtigt wie große Dach- und Kellerräume.

Spalte 25. Die Bewertungszahl w_o für schadensfreien Zustand (z = 3) folgt aus

$$w_o = 3 \cdot a \cdot q.$$

Für das ganze Gebäude gilt

$$W_o = \frac{\Sigma w_o}{100} ,$$

wobei $W_o \geqq W_z$. Ebenso wie W_z kann W_o zwischen 0 und 9 liegen.

152 Stufen des *Zustandes* z eines *Baukörpers* und der zugehörige Kostenfaktor k für den Sanierungsaufwand

Zustand	z	k
erneuerungsbedürftig	0	1,4
instandsetzungsbedürftig	1	0,6
instandhaltungsbedürftig	2	0,2
schadensfrei	3	0

Spalte 26. Der Kostenfaktor k nach Tabelle **(152)** dient zur Ermittlung des Sanierungsaufwandes. Bei Erneuerungsbedürftigkeit ist der Faktor k = 1,4 anzuwenden. Er berücksichtigt mit einem Zuschlag von 40% die durch den vorerst notwendigen Abbau des vorhandenen und den erschwerten Einbau des neuen Gebäudeelementes oder -teiles bedingten höheren Kosten der teilweisen Erneuerung gegenüber der gänzlichen Neuherstellung. Für die Instandsetzung werden 60% (k = 0,6), für die Instandhaltung 20% (k = 0,2) der Neuherstellungskosten angenommen. Der Zusammenhang zwischen Zustand z und Kostenfaktor k geht aus Diagramm **(153)** hervor, dem auch Zwischenwerte entnommen werden können.

Spalte 27. Der Sanierungsaufwand s wird in Prozent der Neuherstellungskosten des betreffenden Gebäudeelementes oder -teiles angegeben. Zu seiner Ermittlung wird der Anteil a der einzelnen Gebäudeelemente oder -teile am gesamten Baukörper (Spalte 21) zeilenweise mit dem der Zustandsstufe z (Spalte 23) entsprechenden Kostenfaktor k (Spalte 26) multipliziert:

$$s = a \cdot k.$$

Der Aufwand für die gänzliche konstruktive Sanierung (z = 3) des Gebäudes ohne bauliche Veränderungen in Prozent des Aufwandes für seine Neuherstellung (ohne Abbruchaufwand) ergibt sich aus

$$S = \Sigma a \cdot k.$$

Die vorliegende Methode ist objektbezogen, leitet also den Wert eines Baukörpers von Qualität und Zustand seiner konstruktiven Elemente und Teile – von seiner Substanz – ab **(154–162)**. Sie ist unabhängig von den zeitlich und individuell veränderlichen Wünschen und Vorstellungen der Besitzer oder Benützer. Es kann ja kein Wertkriterium für den Kölner Dom sein, daß er sich nur schwer in eine Schwimmhalle umbauen läßt. Dieses sicher absurde Beispiel soll drastisch die Problematik aufzeigen: Vielfach verleiten die heutigen techni-

153 Zusammenhang zwischen dem *Zustand* z eines *Baukörpers* und dem Kostenfaktor k für den Sanierungsaufwand

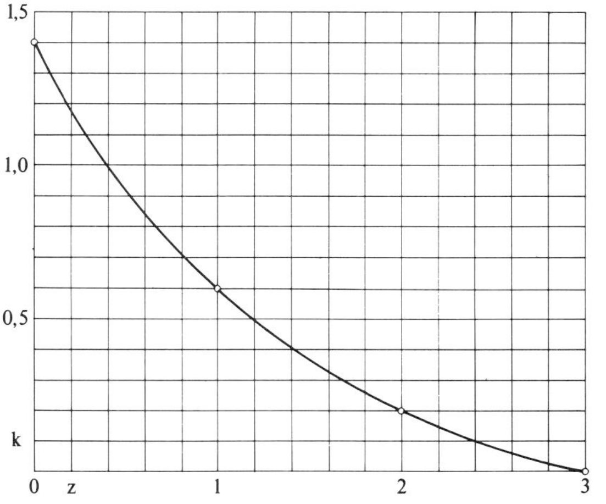

154 - 162 Bestand-Wert-Analyse für ein Bauernhaus

154 Die anzuwendenden bestandanalytischen Verfahren sind in den Spalten 1 - 20 der Tabelle verzeichnet. Wie die auf Grund der Bestandanalyse erstellte Wertanalyse (Spalten 21 - 27) zeigt, würde der zum Erreichen eines schadensfreien Zustandes erforderliche Aufwand einer gänzlichen konstruktiven Sanierung (ohne bauliche Veränderungen) etwas mehr als die Hälfte des Aufwandes der Neuherstellung des gesamten Gebäudes (ohne Abbruchaufwand) betragen:

$$S = 56\%.$$

Ob eine so weitgehende Sanierung auch notwendig ist, muß noch näher untersucht werden:
Die Qualitätsverhältnisse sind - abgesehen von dem baufälligen Schuppen **(156, 157)**, der abgerissen werden muß - einigermaßen ausgewogen und als eher »sehr gut« denn »gut« zu bezeichnen:

$$Q = \frac{\Sigma\, a \cdot q}{100} = 1{,}7.$$

Bei den direkt auf der Erde liegenden Bretterböden **(158 - 162)** sollte die Qualität durch einen entsprechenden Unterbau erhöht werden.

Der durchschnittliche Zustand des Gebäudes

$$Z = \frac{\Sigma\, a \cdot z}{100} = 1{,}3$$

entspricht eher Instandsetzungs- als Instandhaltungsbedürftigkeit. Mit Rücksicht auf die Erhaltung des Gebäudes ist der Zustand bei den Fußböden, vor allem aber bei der Dachdeckung **(156, 157)**, durch Erneuerung dringend zu verbessern, denn in beiden Fällen ist nicht nur der Bestand der betreffenden Elemente, sondern der des gesamten Gebäudes gefährdet. Die baldige Instandsetzung des Dachtragwerkes, des Schornsteins **(156, 157, 161)**, des Putzes **(156 - 162)** sowie der Eingangstüre **(157, 162)** und der Fenster **(156 - 159)** wäre notwendig. Die Instandhaltung ist besonders hinsichtlich Beschichtung der verputzten Wand- und Deckenflächen mit Rücksicht auf die Raumnutzung wünschenswert.

Die Bewertungszahl für den ursprünglichen, schadensfreien Zustand ergibt mit $W_o = 5{,}0$ einen verhältnismäßig hohen Wert, was auf die gediegene handwerkliche Ausführung zurückzuführen ist. Im derzeitigen Zustand ist das Gebäude mit $W_z = 2{,}6$ als geringwertig anzusprechen. Die im Laufe der Zeit eingetretene Wertminderung

$$\Delta W = \frac{W_o - W_z}{W_o} \cdot 100 = \frac{5{,}0 - 2{,}6}{5{,}0} \cdot 100 = 48\%.$$

Über *Instandhaltung* und *Instandsetzung* des vorhandenen Baubestandes hinaus werden adaptive Sanierungsmaßnahmen erforderlich sein, deren Art und Umfang von den Bedürfnissen der zukünftigen Benützer des Gebäudes abhängen. Hinsichtlich der erfolgten Veränderung der Fenster **(157)**, Abmauerung einer Türe und Herstellung zweier Türöffnungen - diese *Adaptierungen* wurden seinerzeit entsprechend besonderen Benützungsbedürfnissen durchgeführt - ist die Zweckmäßigkeit der Wiederherstellung des ursprünglichen Zustandes durch *Rekonstruktion* zu erwägen. Die Einrichtung ↑ gebäudetechnischer Anlagen wird notwendig sein:
Heizung. Der vorhandene Schornstein kann für eine Zentralheizung adaptiert werden. Der Art des Gebäudes entspricht jedoch eher die Beheizung des Wohnzimmers mit einem Kachelofen und der Küche mit einem Kochherd, wobei die übrigen, kleinen Räume, deren Heiz- und Kochstellen in ungeeigneter Weise an den Schornstein angeschlossen waren, mit transportablen Elektroheizgeräten versorgt werden könnten.
Wasserversorgung. Die bestehende, abseits des Hauses liegende Entnahmestelle einer Quellwasserleitung ist in das Haus zu verlegen. Verteilungsleitungen sind unter dem Fußboden oder frei an der Wand - nicht in der Wand (Mauerwerk aus Findlingssteinen und Blockwände!) - zu führen.
Abwasserbeseitigung. Die Abwasserleitungen von der Küche und den neu einzurichtenden Sanitäranlagen sind ebenfalls im Fußboden oder auf der Wand zu verlegen und einer neu herzustellenden Kläranlage zuzuführen.
Starkstrom. Anstelle der vorhandenen Reste einer unsachgemäß ausgeführten alten Anlage ist eine neue erforderlich. Auch sie ist im Fußboden zu verlegen oder an der Wand anzubringen.
Diese adaptiven Maßnahmen hinsichtlich der gebäudetechnischen Anlagen sowie allenfalls erforderlich erscheinende Adaptierungen anderer Art sollten im Stadium der Planung und vor ihrer Ausführung auf Zweckmäßigkeit und von ihnen bewirkte Wertänderung durch eine diese Maßnahmen einschließende neue Bestand-Wert-Analyse erfaßt werden.

Baukörper: *Bauernhaus in M.*

Rauminhalt: *520 m³*

Zeit der Bestandanalyse: *Juni 1982*

Zeit der Wertanalyse: *September 1982*

Gebäudeteil Gebäudeelement
0
Wände *Fundamente: Streifenfundamente aus Findlingsmauerwerk* *Kellerwände: Findlingsmauerwerk, unverputzt* *Wände über Keller: Findlingsmauerwerk, verputzt* *Blockwände* *Fenster: 13 meist einflügelige Holzfenster mit schmiedeeisernen Gittern* *Türen: 12 Holztüren*
Decken: *Tragwerke: Holzdecken mit freier Untersicht* *mit verputzter Untersicht* *Fußböden: Bretterböden* *Unterdecken: Deckenputz auf Putzträger*
Treppen *2 eingeschobene hölzerne Leitertreppen*
Dach *Tragwerk: Kehlbalkendach* *Deckung: Bretter* *Entwässerung: Holzrinnen* *Dachfenster: 2 stehende Gaupen*
Schornstein
Schuppen; darin offener Trockenabort

BESTANDANALYSE																				WERTANALYSE								
Auswerten vorhandener Pläne	Auswerten bildlicher Darstellungen	Auswerten schriftlicher Quellen	Auswerten mündlicher Überlieferungen	Augenschein	Befühlen	Abklopfen	Abhorchen	Ermitteln der Oberflächenhärte	Feuchtigkeitsmessung	Aufsuchen von Metallen	Messen von Formänderungen	Planliche Aufnahmen	Fotografische Aufnahmen	Statische und andere Berechnungen	Entfernen von Beschichtungen und Bekleidungen	Freilegen der Grundkonstruktion	Öffnen der Grundkonstruktion	Endoskopie	Probenentnahme	Anteil am Gesamten		Wertkriterien: Qualität	Wertkriterien: Zustand	Bewertungszahlen		Sanierung: Kostenfaktor	Sanierung: Aufwand
																				a		q	z	w_Z	w_O	k	s
																				%							%
1	2	3	4	5	6	7	8	9	10	11	12	13	14	15	16	17	18	19	20	21		22	23	24	25	26	27
				▼○	▼○				▼○							○				5		2	2	20	30	0,2	1,0
				○	○				○			○								2		2	2	8	12	0,2	0,4
	○			○	○	○			○			○	○		○	○				23		2	1	46	138	0,6	13,8
				○	○	○			○			○	○							6		2	2	24	36	0,2	1,2
	○		○	○	○	○						○	○		○					4		2	1	8	24	0,6	2,4
	○		○	○	○	○						○	○		○					3		2	2	12	18	0,2	0,6
																					43						
		○		○	○							○	○							10		3	3	90	90	0,0	0,0
			○	○	○							○				○				8		1	2	16	24	0,2	1,6
				○	○	○			○				○		○	↕	○			4		1	0	0	12	1,4	5,6
			○	○	○	○							○		○	○				4		1	1	4	12	0,6	2,4
																					26						
				○	○							○	○							2		1	1	2	6	0,6	1,2
																					2						
				○	○	○						○				○	○			13		1	1	13	39	0,6	7,8
	○		○	○	○								○							6		1	0	0	18	1,4	8,4
	○		○	○	○								○							1		2	1	2	6	0,6	0,6
				○	○								○							1		2	2	4	6	0,2	0,2
																					21						
			○	○	○	○						○	○							3		2	1	6	18	0,6	1,8
																					3						
			○	○	○	○							○							5		1	0	0	15	1,4	7,0
																					5						
																				100	100			255	504		56,0

155 Eingangsbereich. Fotografie um 1930

156 Ansicht von Osten

157 Ansicht von Südwesten. Das dreiteilige Fenster links der Eingangstüre ist an Stelle des ursprünglichen **(155)** in einer vergrößerten Maueröffnung versetzt worden. An der Giebelseite wurde im Zuge dieser Adaptierung ein Fenster ausgelöst und die Wandöffnung mit Ziegeln ausgemauert. ▽

158 Wohnzimmer gegen die Stube

159 Wohnzimmer gegen den Flur

160 Stube gegen das Wohnzimmer △

161 Kamin in der Küche ▷

162 Flur mit Bodenstiege gegen die Eingangstüre ▽

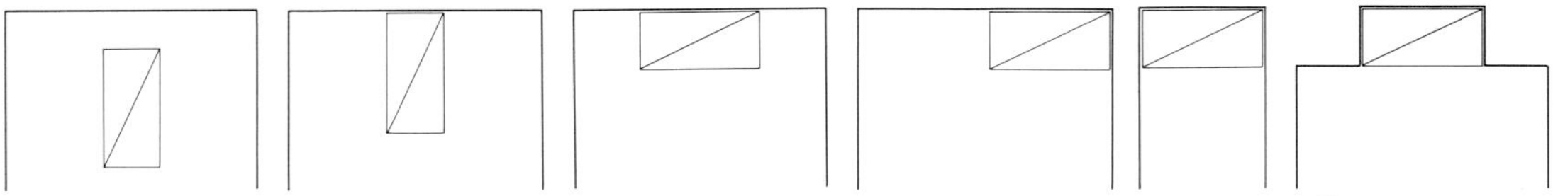

163 164 165 166 167 168

163-168 Abhängigkeit der individuellen Bewertung eines Schlafraumes von der Möglichkeit einer bestimmten Aufstellung des Bettes. Ein selbstsicherer Mensch bevorzugt eine möglichst freie Aufstellung im Schlafraum **(163), (164).** Für einen die Geborgenheit suchenden Menschen ist dagegen die Aufstellung des Bettes entlang der Wand **(165),** in der Raumecke **(166),** am Raumende **(167)** oder sogar in einer Wandnische **(168)** wünschenswerter.

schen Möglichkeiten der Adaptierung dazu, einen Baukörper Zwecken zuzuführen, für die er an sich gänzlich ungeeignet ist. Hier erlaubt die Bestand-Wert-Analyse im Vergleich festzustellen, inwieweit durch solche Maßnahmen der Wert des Baukörpers verändert wird.
Subjektive Wünsche und Vorstellungen sind getrennt zu bewerten, weil sie nur die Beziehung bestimmter Personen oder Personengruppen zu dem Baukörper betreffen. So kann die Nähe einer Schule den Wert einer Wohnung für eine kinderreiche Familie entscheidend erhöhen, für kinderlose Personen aber bedeutungslos sein. Eine Dreizimmerwohnung mag für eine Einzelperson zu groß, für eine vielköpfige Familie dagegen zu klein sein. Die Nähe eines Betriebes zur Wohnung kann dort Beschäftigten wünschenswert erscheinen, von anderen aber störend empfunden werden. Selbst die individuelle Bewertung eines Raumes ändert sich mit der Möglichkeit einer bestimmten Einrichtung **(163-168)**.

Anwendungsmöglichkeiten der Bestand-Wert-Analyse:

□ Detaillierte Ermittlung von Qualität und Zustand eines Gebäudes.

□ Ermittlung der Neubaukosten aus Gebäudegröße und Bewertungszahl W_0. Zwischen W_0 und den Herstellungskosten je m^3 Rauminhalt besteht ein direkter Zusammenhang, der hier in Hinblick auf die auch für die gleiche Herstellung örtlich und zeitlich veränderlichen Kosten nicht angegeben ist.

□ Bestimmung des Verkehrswertes aus der Gebäudegröße und der Bewertungszahl W_z unter Berücksichtigung der außerhalb des Gebäudes liegenden wertbeeinflussenden Umstände, wie wirtschaftliche Lage, Modeströmungen, allgemeine funktionelle Wünsche und Umweltverhältnisse.

□ Feststellung, wo wünschenswerte Qualitätssteigerungen und wo notwendige Zustandsverbesserungen vorzunehmen sind und welchen Aufwand diese Sanierungsmaßnahmen erfordern.

□ Erkennen der von einer bestimmten Sanierungsmaßnahme zu erwartenden oder bewirkten Wertänderung. Dazu werden von dem Baukörper eine Bestand-Wert-Analyse für die Verhältnisse vor der Sanierung und eine Wertanalyse für die Verhältnisse nach der Sanierung erstellt und einander gegenübergestellt.

□ Vergleich mehrerer möglicher Lösungen einer Sanierungsaufgabe. Alternative Sanierungsmaßnahmen sind zunächst nach der mit ihnen verbundenen Wertänderung zu beurteilen. Dabei ergibt sich unabhängig von den Kosten meist schon eine bestimmte Auswahl, weil durch die Schematisierung des Verfahrens die Auswirkungen der beabsichtigten Maßnahmen auf Qualität und Zustand der einzelnen Gebäudeelemente und -teile sowie des gesamten Gebäudes gut überschaubar sind. Erst dann soll, falls überhaupt noch mehr als eine Lösungsmöglichkeit des Sanierungsproblemes in Erwägung zu ziehen ist, getrennt von der Wertanalyse die Kostenermittlung - auch diese alternativ - durchgeführt werden.

WIRKUNG

Eine ideelle *Funktion* des *Baukörpers*, beruhend auf dessen *Erscheinung*. Einheitliche, klare Wirkung wird durch entsprechende Verknüpfung von *Konstruktion*, materieller Funktion und *Form* erreicht.
Damit von einem Baukörper eine einheitliche, klare Wirkung ausgeht, müssen verschiedene Voraussetzungen erfüllt sein, die auf den körperlichen und seelischen Eigenschaften des Menschen beruhen:

169 - 173 Bedeutung der Begrenzung für die *Wirkung* von Flächen. Bei Holzdecken über gemauerten Wänden **(169)** sorgt schon der Unterschied im Material für eine formale Trennung, die auch konstruktiv bedingt ist: Die auf Biegung beanspruchten Deckenbalken leiten ihre Kräfte als Druck auf die Wände über. Ist eine solche Decke verputzt und mit Hohlkehlen versehen, die ein Spiegelgewölbe vortäuschen **(170)**, kann zur Begrenzung gegenüber der Wand ein Kranzgesimse angeordnet werden. An Stelle plastischer Trennung ist auch ein entsprechender farblicher Abschluß der Wände nach oben möglich. Wird nun zur »Modernisierung« das Kranzgesimse abgeschlagen **(171)** oder im zweiten Fall der gleiche Farbton für Wände und Decke gewählt, ist die Grenze zwischen diesen Flächen verwischt und damit die klare Auffassung des Raumes erschwert. Dies gilt auch für flach gewölbte Decken, die auf hohen Wänden ruhen **(172)**. Bei einem steilen, bis nahe an den Fußboden heranreichenden Gewölbe **(173)** dagegen ist die formale Trennung von Wand und Decke kaum notwendig, weil ja auch kräftemäßig ein stetiger Übergang vom Gewölbe zur Wand erfolgt.

☐ ***Einheitliche Grundform.*** Ihrer bedarf es, damit der Fußboden als horizontale Ebene, der Saal als einheitlich begrenzter Innenraum und das *Gebäude* von außen als klar erfaßbarer Baukörper wirkt. Die *Ausgestaltung* des Fußbodens und der Wand sowie der den Saal und das Gebäude bildenden Flächen hat sich dieser Gesamtwirkung unterzuordnen.

☐ ***Farblicher Grundton.*** Selbst bedeutende Farbunterschiede bleiben auf den ersten Blick unbeachtet und verschwimmen gleichsam zu einem Gesamtton, der einheitlich aufgefaßt wird, wenn die einzelnen Farben nicht in zu großer Ausdehnung nebeneinander stehen und wenn sie sich einem Grundton unterordnen, den sie beleben, ohne sich im einzelnen in den Vordergrund zu drängen und die Farbharmonie zu stören.

☐ ***Begrenzte Flächen.*** Zur einheitlichen Auffassung der einen Raum bildenden Flächen und damit des Raumes selbst bedarf es der Begrenzung dieser Flächen **(169 - 173)**. Auch die einheitliche Auffassung der einen Körper bildenden Flächen und damit des Körpers selbst setzt die Begrenzung dieser Flächen voraus **(174 - 176)**.

☐ ***Einheitlich erfaßbarer Umriß von Flächen.*** Flächen, deren Umriß nicht ungehindert mit einer einheitlichen Bewegung des Auges zu folgen ist, erscheinen nicht als Einheit **(177, 178)**.

169 ▷

170 ▷

171 ▷

172 ▷

173 ▷

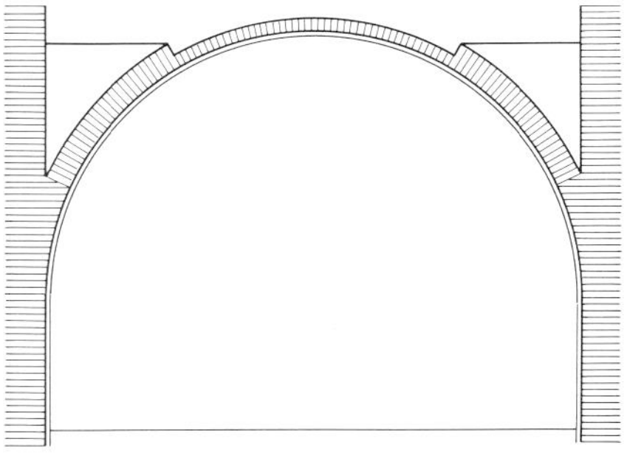

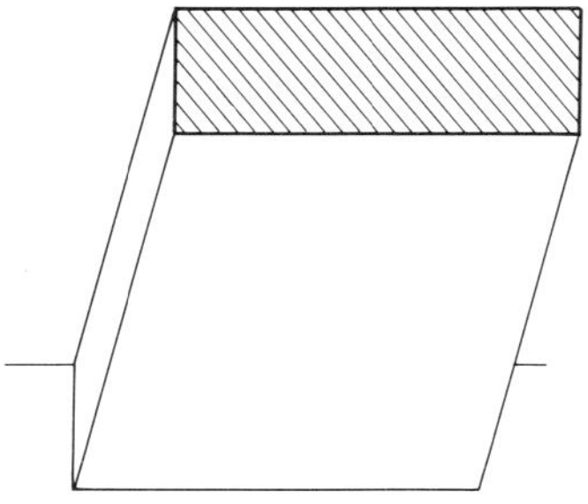

174

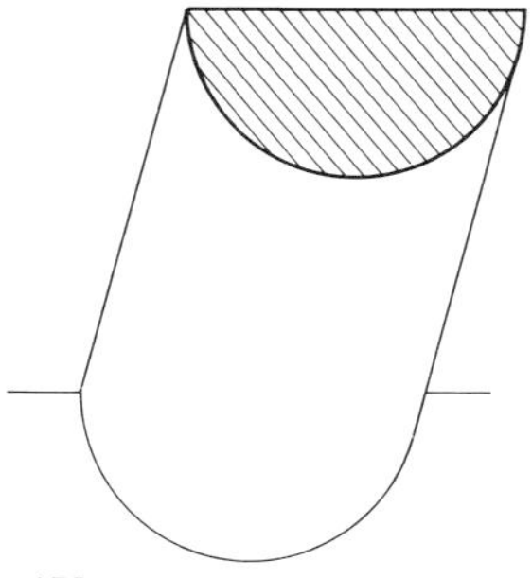

175

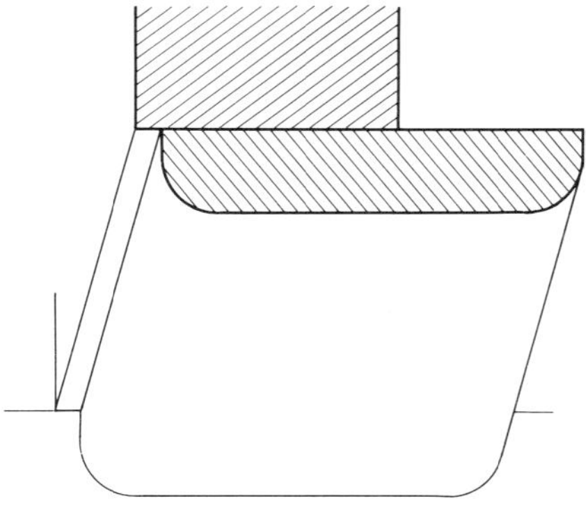

176

174 - 176 Bedeutung der Flächenbegrenzung für die *Wirkung* von *Baukörpern.* Der Stab mit Rechteckquerschnitt **(174)** ist durch seine von Kanten klar begrenzten Seitenflächen ebenso einheitlich erfaßbar wie der Stab halbkreisförmigen Querschnittes **(175)** durch seine kreiszylindrische Grundform. Breite und Dicke der Zierverkleidung einer Türe **(176)** sind dagegen infolge der Abrundungen nicht gleichzeitig aufzufassen, sondern nur aus größerer Entfernung und jeweils besonderer Blickrichtung - frontal beziehungsweise seitlich.

177, 178 Bedeutung des Umrisses für die *Wirkung* einer Fläche. Die nach Zerstörung im Zweiten Weltkrieg entstandene *Nachbildung* eines Gebäudes **(178)** weist im Giebel gegenüber dem Original **(177)** eine Verminderung der Anzahl der Stufen bei gleichzeitiger Vergrößerung derselben auf, die nun nicht mehr hinter der Dreiecksform des Giebels zurücktreten. Die ehemals einheitliche Erfaßbarkeit des Giebelumrisses ging verloren, weil die Abweichungen von der dreieckigen Grundform zu groß sind. Wegen dieser und zahlreicher anderer vor allem die Größe und Anordnung der Maueröffnungen betreffenden Unterschiede gegenüber dem Vorbild kann die Nachbildung nicht als *Rekonstruktion* angesprochen werden. Dabei sind nur die aus den beiden Bildern feststellbaren Umstände fehlender Übereinstimmung in Betracht gezogen.

177 ▽

178 ▽

□ ***Geschlossen wirkende Flächen.*** Die Flächen des Baukörpers sollen geschlossen wirken **(179, 180)**. Zu große Unterbrechungen machen die Flächen als solche unkenntlich und zerstören ihre Wirkung.

□ ***Keine zu großen Ausladungen von Flächen.*** Zu große Ausladungen machen die Flächen eines Baukörpers als solche unkenntlich. Ausladungen sollen daher, wenn sie überhaupt wahrnehmbar sind, nicht regellos mehr oder weniger vorspringen, sondern in ihrer Gesamtwirkung eine einheitliche Vorderfläche ergeben **(181, 182)**. Zwischen dieser und der dazu parallelen Rückfläche entsteht dann gewissermaßen ein Raum, wobei die Wahrnehmung von der Vorderfläche ausgeht, die demgemäß wirkungsvoller auszugestalten ist. Die Rückfläche muß als Vertiefung in der Vorderfläche wirken, nicht aber die Ausladung als bloß auf der Rückfläche aufgesetzt.

□ ***Einheitlich erfaßbare Gesamtform.*** Trotz einheitlich erfaßbarer Flächen und von diesen gebildeter einheitlich erfaßbarer Einzelräume oder -körper kann es zu einer uneinheitlichen Gesamtwirkung kommen, wenn die Gesamtform nicht einheitlich erfaßbar ist. Überragt beispielsweise ein Gebäudeteil eine glatte Wand oder die wahrnehmbare Vorderfläche einer plastisch ausgestalteten

179, 180 Geschlossen wirkende Flächen. Die Außenmauer des burgenländischen Bauernhauses wird trotz zahlreicher Durchbrechungen von außen **(179)** und innen **(180)** als Fläche aufgefaßt, die den dahinter liegenden Laubengang begrenzt.

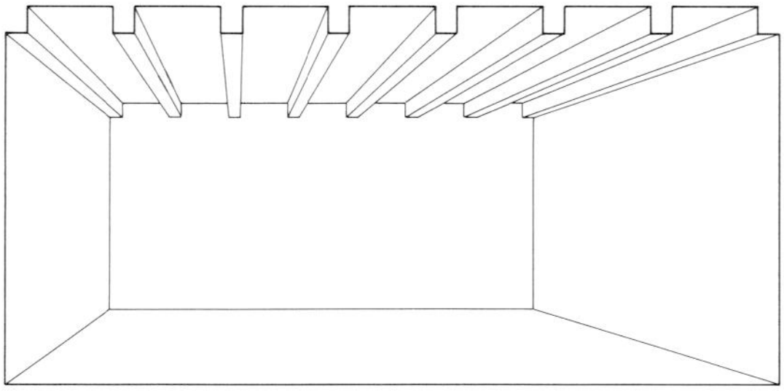

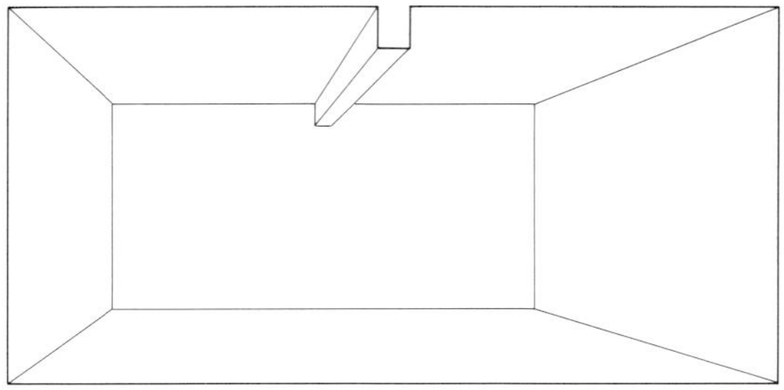

181, 182 *Wirkung* der Ausladungen von Flächen. Bei der Holzbalkendecke **(181)** wird durch die Deckenbalken eine Vorderfläche gebildet, durch die Schalung dazwischen eine Rückfläche. Der einzelne Balken **(182)** ergibt dagegen keine Vorderfläche. Diese Wirkung entspricht auch seiner Funktion, weil er als Unterzug konstruktiv eigentlich nicht zur Decke gehört, sondern eine Wand ersetzt, auf die sich die Decke stützt. Funktion, Konstruktion und Form bilden auch hier eine Einheit.

183 Bedeutung der einheitlich erfaßbaren Gesamtform. Die steilen Dächer und die Konsolen der Erker verbinden mit ihrer materiellen die ideelle Funktion eines harmonischen Überganges zur Wandfläche.

Wand, dann ist zur einheitlichen Erfaßbarkeit des gesamten Baukörpers ein kontinuierlicher Übergang zwischen dem Gebäudeteil und der Wandfläche erforderlich **(183)**.

Den beschriebenen Voraussetzungen für die einheitliche, klare Wirkung eines Baukörpers wurde durch die Zeiten entsprochen. Erst seit dem Ende des 19. Jahrhunderts geht man mehr und mehr andere Wege, deren Verfolgung bei Sanierungen zu Unstimmigkeiten führen kann.
Neben der einheitlichen, klaren Wirkung sind verschiedene andere Wirkungen des Baukörpers von Bedeutung. Bei der Sanierung sind alle dem Baukörper eigenen Wirkungen zu berücksichtigen. Besonders ist darauf Bedacht zu nehmen, daß die mit den Sanierungsmaßnahmen verbundene nicht im Gegensatz zu jener Wirkung steht, die der Baukörper von früher her ausstrahlt, etwa die der Geborgenheit in der Wohnstube eines alten Bauernhauses.

ZUBAU

Adaptierung eines *Gebäudes* durch grundrißliche Erweiterung.

ZUSTAND

Wertkriterium, das bei der *Wertanalyse* angibt, welche Veränderung die ursprünglichen konstruktiven Eigenschaften des *Baukörpers* infolge aufgetretener *Schäden* zu dem Zeitpunkt erreicht haben, für den die Wertanalyse erstellt wird.

Praxis der Sanierungstechnik

	Verfahren der Bestandanalyse	Baukörper	Anwendung der Bestandanalyse
1	Auswerten vorhandener Pläne	Alle Arten Wände	Erkunden von konstruktivem Aufbau und Tragfähigkeit sowie ob, wann und welche Veränderungen an der ursprünglichen Wand vorgenommen wurden
2	Auswerten bildlicher Darstellungen		
3	Auswerten schriftlicher Quellen		
4	Auswerten mündlicher Überlieferungen		
5	Augenschein (bei Feuchtigkeitsproblemen zusammen mit den Verfahren 6 und 10)	Alle Arten Wände	Allgemeine Feststellungen – ausgehend von der Oberfläche – über Qualität und Zustand
		Wände aus porösen Materialien	Feststellen von aufsteigender Feuchtigkeit. Eine trocken erscheinende Oberfläche ist jedoch kein Kriterium für eine trockene Wand, weil oft die Verdunstung schneller vor sich geht als der kapillare Nachschub der Feuchtigkeit aus dem Inneren der Wand
		Wände aus Holz	Feststellen von Insektenbefall an Fluglöchern und Bohrmehl (↑ Holzkonstruktionen)
		Putz	Feststellen von Verschmutzungen, Verfärbungen, Rissen, Zerstörungen des Gefüges, Feuchtigkeitsschäden
6	Befühlen	Wände aus Holz und Mauerwerk, verputzt oder unverputzt	Grobe Feststellung der oberflächlichen Festigkeit und Feuchtigkeit
7	Abklopfen	Alle Arten Wände	Beurteilung bestimmter Qualitäts- und Zustandsmerkmale im Oberflächenbereich
		Stahlkonstruktionen	Überprüfen des festen Sitzens von Nieten
8	Abhorchen	Wände aus Holz	Feststellen von Insektenbefall
9	Ermitteln der Oberflächenhärte	Wände aus Beton oder Stahlbeton	Bestimmung der Druckfestigkeit des Betons
		Putz	Festigkeitsbestimmung
10	Feuchtigkeitsmessung	Wände aus porösen Materialien	Bestimmung des Feuchtigkeitsgehaltes
11	Aufsuchen von Metallen	Wände aus Holz und Mauerwerk	Feststellen von Mauerankern und anderen metallischen Gebäudeelementen
		Wände aus Stahlbeton	Feststellen der Bewehrung

	Verfahren der Bestandanalyse	Baukörper	Anwendung der Bestandanalyse
12	Messen von Formänderungen	Alle Arten Wände	Beobachten von *Rissen*
13	Planliche Aufnahmen (zur Ergänzung oder an Stelle von Verfahren 1)	Alle Arten Wände	Bei unübersichtlichen Verhältnissen, insbesondere zur Beurteilung der räumlichen Zusammenhänge in vertikaler Richtung
14	Fotografische Aufnahmen	Alle Arten Wände	Dokumentation wichtiger, auf andere Weise nicht oder nur schwer erfaßbarer Phasen der Sanierung
15	Statische und andere Berechnungen	Alle Arten Wände	Feststellen der Belastbarkeit, Beanspruchung und der Formänderungen sowie des Wärme- und Schalldämmvermögens
16	Entfernen von Beschichtungen und Bekleidungen	Alle Arten Wände	Feststellen der Oberflächenbeschaffenheit einer beschichteten oder bekleideten Wand, vor allem von Schäden und Mängeln
17	Freilegen der Grundkonstruktion	Alle Arten Wände	Voraussetzung für Feststellungen am Tragwerk gemäß den Verfahren 5 bis 15 Die Ursache von *Rissen* im Putz ist oft erst nach dessen Abschlagen erkennbar
18	Öffnen der Grundkonstruktion	Wände aus Holz	Feststellen von holzzerstörenden Pilzen und Insekten
19	Endoskopie	Alle Arten Wände	Untersuchung von und in Hohlräumen Untersuchung im Inneren einer Wand. Insbesondere bei großen Konstruktionsstärken werden an den Wänden von Bohrlöchern Qualität und Zustand der durchbohrten Materialien beobachtet
20	Probenentnahme	Wände aus Holz	Materialprüfung des Holzes und Bestimmung seiner Schädlinge
		Wände aus Mauerwerk	Materialprüfung von Steinen, Mörtel und Mauerwerk Chemische Untersuchung von Ausblühungen
		Wände aus Beton und Stahlbeton	Materialprüfung Chemische Untersuchung von Ausblühungen
		Stahlkonstruktionen	Materialprüfung

WÄNDE

Die tragenden Wandkonstruktionen, die zur
- □ seitlichen Begrenzung von geschlossenen oder freien Räumen
- □ direkten oder indirekten Ableitung der Gebäudelasten auf den Baugrund
- □ seitlichen Abstützung von Erdkörpern

aus vielen Jahrhunderten auf uns kamen, sind:

1. Vollwände aus
- □ Holz **(297, 298)**
- □ Mauerwerk aus natürlichen Steinen **(299, 301)**
- □ Mauerwerk aus luftgetrockneten Lehmsteinen
- □ Mauerwerk aus Ziegeln
- □ Mauerwerk aus mit Kalk, Zement oder Gips gebundenen Steinen
- □ Schütt- und Stampfmassen;

2. Gerippewände aus
- □ Holz **(297–304)**
- □ Eisen und Stahl **(1)**
- □ Stahlbeton.

Der Beurteilung von *Qualität* und *Zustand* einer Wand sowie dem Erkennen von *Schäden* und *Mängeln* dient die *Bestandanalyse* **(184)**. Die im folgenden an einer Reihe häufig vorkommender Fälle der Praxis dargelegten Maßnahmen zur Behebung von Schäden und Mängeln hängen außer von den konstruktiven Gegebenheiten von Art und Umfang dieser *Mißstände* ab:

Schäden und Mängel an der Grundkonstruktion der Wand

Schäden an Wandkonstruktionen sind grundsätzlich durch *Rekonstruktion* zu beheben, das heißt, Ziegel ist durch Ziegel zu ersetzen, Werkstein durch Werkstein, Holzbalken durch Holzbalken, ein *Gebäudeelement* aus Eisen oder Stahl durch ein solches gleichen Materials. Ist Ersatz für erneuerungsbedürftige Gebäudeelemente nicht mehr im Handel erhältlich, muß versucht werden, ihn von Abbrüchen zu beschaffen oder dem gleichen Gebäude im Zuge einer *Instandsetzung* oder *Adaptierung* zu entnehmen, bevor an die Verwendung ähnlicher neuer Materialien gedacht wird.

Wenn schadhafte Gebäudeelemente oder -teile aus konstruktiven Gründen nicht ausgebaut werden können, kommt ihre Verfestigung oder Ergänzung auf Zement- oder Kunstharzbasis in Betracht.

Mängeln einer Wand **(7, 75, 98, 185)** ist adaptiv zu begegnen.

Die besonderen Probleme von Wandkonstruktionen aus Holz, Eisen und Stahl sind in den Abschnitten ↑Holzkonstruktionen sowie ↑Eisen- und Stahlkonstruktionen des Anhanges behandelt.

Standunsicherheit von Wänden

Durch Verformungen infolge einer Explosion oder aus anderen Ursachen kann eine Wand standunsicher werden. Folgende Verformungen sind möglich:

Grundrißliche Ausbauchung. Sie beeinträchtigt die Standsicherheit der Wand selbst nicht, kann aber zum Einsturz von Decken führen, die durch die Formänderung der Wand ihr Auflager verlieren.

Aufrißliche Ausbauchung. Eine solcherart zwischen zwei Geschoßdecken verformte Wand innerhalb eines an sich standfesten *Gebäudes* ist standunsicher und nicht belastbar. Bei Belastung verformt sie sich weiter bis zum Zusammenbruch, der plötzlich eintritt.

185 Unterfangen einer Mauer. Bei einer Leitungsverlegung im Innenhof eines Gebäudes stellte sich heraus, daß eine der den Hof begrenzenden Wände in geringer Tiefe auf nicht tragfähigem Boden stand. Die ohne Putz 45 cm dicke Ziegelmauer wurde durch einen Gewölbebogen unterfangen, der sich gegen Wände ausreichender Tragfähigkeit stützt. Über dem Bogen sind noch die Öffnungen für die Träger zu sehen, mit denen die Mauer während der Sanierung gesichert wurde.

***Schiefstellung* (187).** Zur Standsicherheit der Wand müssen Zugkräfte von den Decken aufgenommen werden können, welche daher zugfest sein und zugfest mit der Wand verbunden sein müssen. Die Feststellung des Vorhandenseins von Mauerankern im Deckenbereich (↑ Deckenkonstruktionen) ist jedoch allein ungenügend. Es muß auch untersucht werden, ob die Anker nicht - beispielsweise durch die plötzliche Kraftwirkung einer Explosion – gerissen und daher funktionsunfähig sind. Erforderlichenfalls sind neue Anker einzuziehen.

Die Standsicherheit schiefer Wände ist abhängig von

- □ der Konstruktion der Wand
- □ dem Winkel, den die Wand mit der Lotrechten bildet
- □ der Belastung der Wand.

Bei Schiefstellung von Wänden **(187)**, welche die Auflager von Gewölben bilden **(186)**, ist große Vorsicht geboten, weil Auflagerverschiebungen den Einsturz eines Gewölbes herbeiführen können.

186, 187 Schiefstellen von Wänden. Beide an der Gebäudeecke **(187)** zusammenlaufenden Mauern sind nach außen geneigt, so daß die Eckkante von der Lotrechten um rund 20 cm abweicht. Besonders ausgeprägt ist die Schiefstellung der Außenmauern im Widerlagerbereich der das Erdgeschoß überspannenden Tonnengewölbe, die von tragenden Wänden schwer belastet und nicht durch Ankereisen verschlossen sind. Nach Freilegen der Gewölberücken zeigten sich dort die entsprechenden *Risse* **(186)**. Die Sanierung muß vor allem eine Entlastung und Verschließung der Gewölbe zum Ziele haben.

Zur Sanierung werden in Kämpferhöhe des Gewölbes Anker eingezogen und mit einem Spannschloß oder mit Schraubenmuttern entsprechend ihrer rechnungsmäßigen Belastung vorgespannt.

Zur vorübergehenden Entlastung standunsicherer Wände dienen Abstützungen mit Konstruktionen aus Rund- oder Kantholz, Formstahl und Stahlrohr. Ihre konstruktive Ausbildung hängt außer von der Größe vor allem von der Richtung der aufzunehmenden Kräfte ab wie

- ☐ vertikale Lasten aus Wand- und Deckengewichten, Deckennutzlasten
- ☐ horizontale Lasten durch Winddruck und -sog, Erddruck, horizontale Kraftkomponenten bei aufrißlicher Ausbauchung und Schiefstellung einer Wand.

Durch Windbelastung sind vor allem freistehende oder ungenügend ausgesteifte Wände von *Ruinen* gefährdet.

Absprengungen an Rohziegelfassaden

Solche *Schäden* entstehen durch

- ☐ wiederholte Frosteinwirkung, die bei durchfeuchteten Außenwänden infolge des Kristallisationsdruckes des Wassers zum Absprengen von Ziegelteilen führen kann
- ☐ Kalkeinschlüsse in Ziegeln, die kraterförmige Absprengungen verursachen.

Die *Instandsetzung* erfolgt durch *Erneuerung* fehlender oder schadhafter Ziegel.

Abblätterungen an Natursteinfassaden

Ursachen können sein:

- ☐ Werkstücke aus Schichtgesteinen sind nicht lagerhaft versetzt, sondern »auf den Spalt gestellt«
- ☐ Krustenbildung infolge Verschmutzung und nachfolgendes Abblättern
- ☐ wiederholte Frosteinwirkung bei durchfeuchteten Außenwänden, wobei der Kristallisationsdruck des Wassers dazu führen kann, daß nicht frostbeständiger Naturstein abblättert oder allmählich zermürbt wird
- ☐ Brandeinwirkung **(5)**.

Zur *Instandsetzung* werden die schadhaften Steine teilweise oder gänzlich erneuert.

Verschmutzungen an Rohziegel- oder Natursteinfassaden

Die *Instandhaltung* durch Reinigung mit Wasser, erforderlichenfalls unter Druck, ist meist ausreichend. Dabei wird das Eindringen von Feuchtigkeit in das Gebäudeinnere durch Verschließen aller offenen Fugen der Wand und sorgfältiges Abdichten der Wandöffnungen verhindert. Einzelne besonders hartnäckige Verschmutzungen können vom erfahrenen Fachmann – Steinmetz oder Bildhauer – durch sorgfältiges Feinsandstrahlen entfernt werden. Bei der Anwendung chemischer Mittel ist große Vorsicht geboten.

Zur Einschränkung der Saugfähigkeit kann die Oberfläche nach Abtrocknung des Mauerwerks mit Silikon hydrophobiert werden.

Mit Schutt gefüllte Hohlräume in Wänden

In früheren Zeiten sind sehr dicke Wände oft zweischalig hergestellt worden. Den Zwischenraum füllte man mit Schutt oder minderwertigem Mauerwerk. Solches Füllmaterial kann ohne Beeinträchtigung der Tragfähigkeit der Wand nicht entfernt werden.

Zusammenfassen zweier Räume durch Entfernen einer ½-Stein dicken Ziegelmauer

Zunächst sind alle auf und in der Wand verlaufenden Leitungen ↑ gebäudetechnischer Anlagen durch *Bestandanalyse* zu erfassen und erforderlichenfalls außer Betrieb zu setzen. Weiter ist bestandanalytisch der konstruktive Aufbau der Decke oberhalb der Räume festzustellen.

Der zur Unterfangung des darüberliegenden Mauerwerks gemäß statischer Berechnung erforderliche Stahlträger wird neben die abzubrechende Mauer gelegt und danach beiderseits dieser die Decke nach den Erfordernissen einer *Sicherung* unterstellt **(188)**. Im darüberliegenden Geschoß werden in der Mauer eventuell vorhandene Türöffnungen waagrecht mit Pfosten ausgesteift und unmittelbar über dem Fußboden in rund 50 cm Abstand Löcher in die Mauer gestemmt. Durch diese werden senkrecht zur Mauer Kanthölzer **(189)** oder Träger aus Formstahl geschoben, deren Enden über die darunter befindliche Unterstellung reichen. Sodann kann man – von oben beginnend – die Mauer bis unter den Fußboden abtragen und die beiden Auflager für den Stahlträger vorbereiten. Als Auflager dienen nach statischem Erfordernis Stahlplatten, Stahlbeton, Beton oder Mauerwerk in Zementmörtel. Nach dem Versetzen des Stahlträgers **(190)** wird der Raum über diesem gut ausgemauert und die Unterdecke geschlossen **(191)**. Die gebäudetechnischen Anlagen sind den

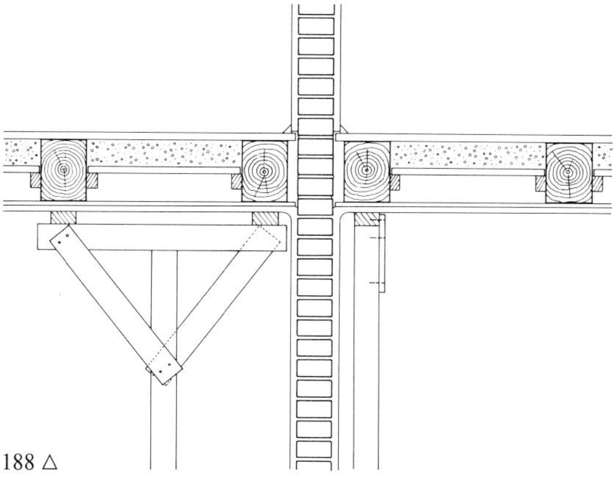

188 △

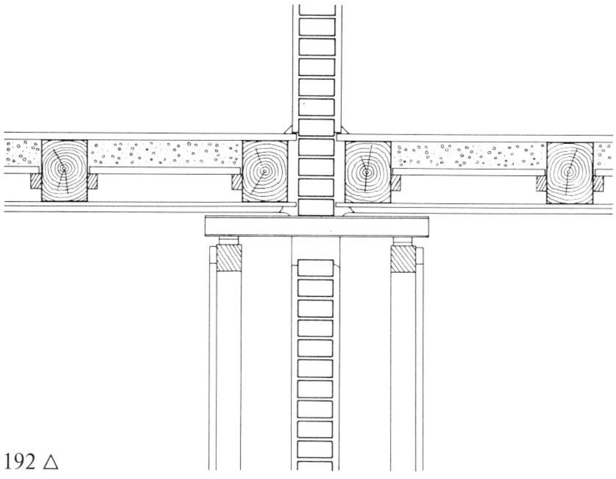

192 △

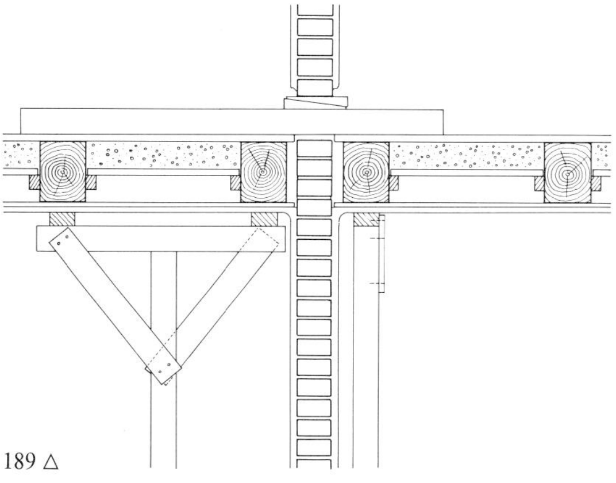

189 △

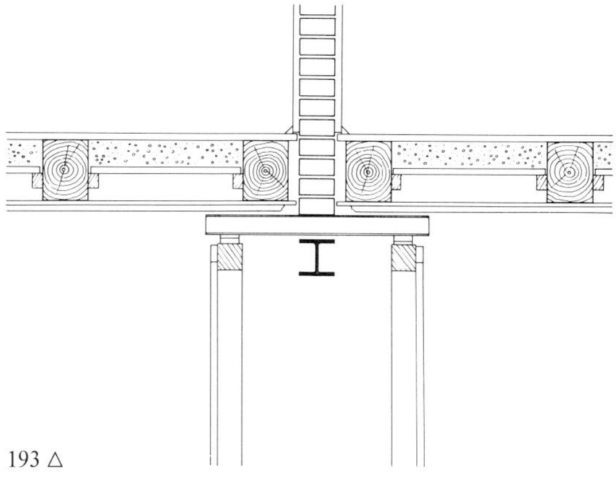

193 △

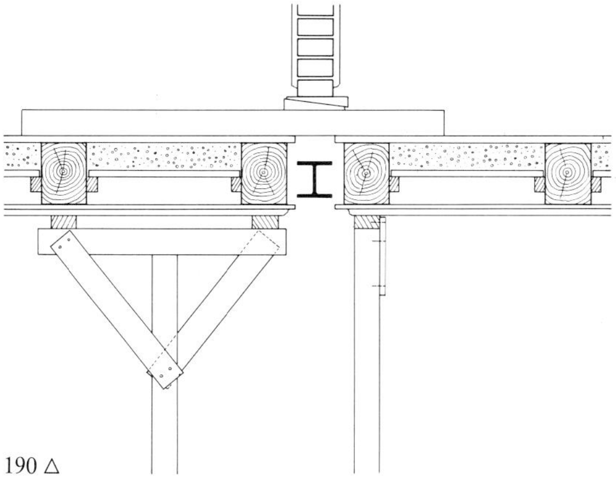

190 △

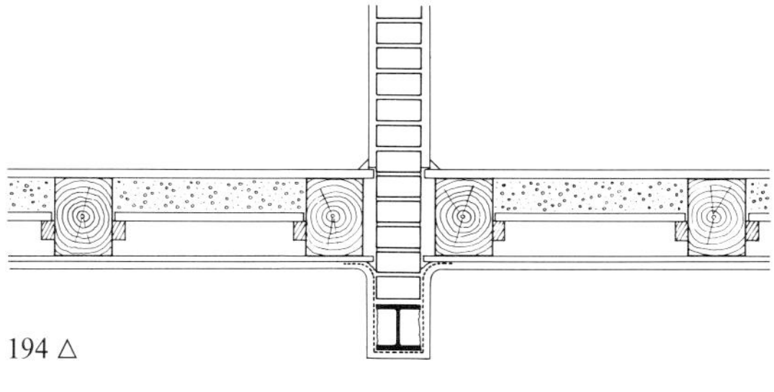

194 △

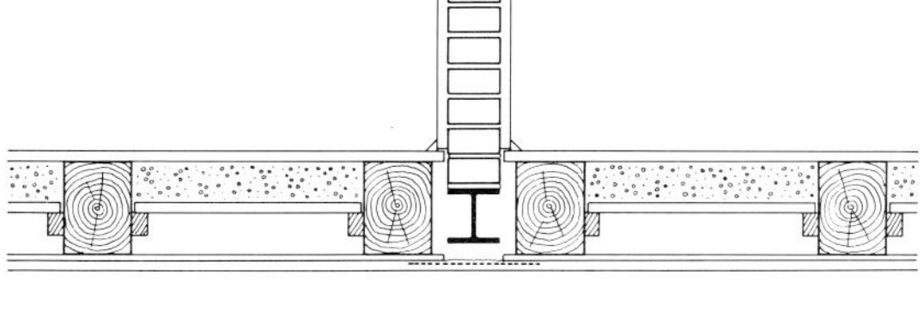

191 ▽

188 - 194 Abtragen einer ½-Stein dicken Ziegelmauer, die in das höherliegende Geschoß reicht, wenn dort Bauarbeiten durchgeführt werden dürfen **(188 - 191)** oder nicht möglich sind **(192 - 194)**.

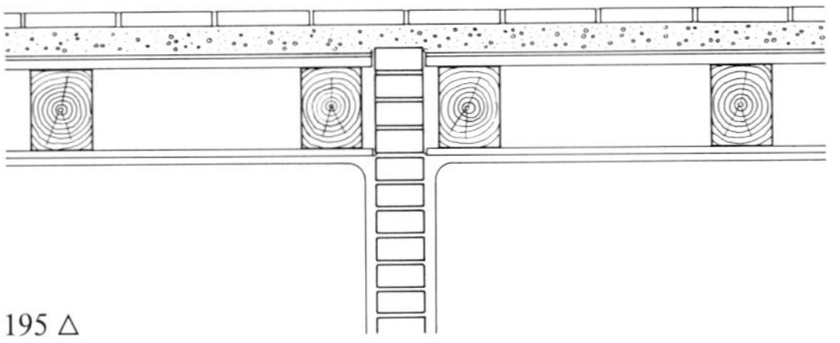

195 △

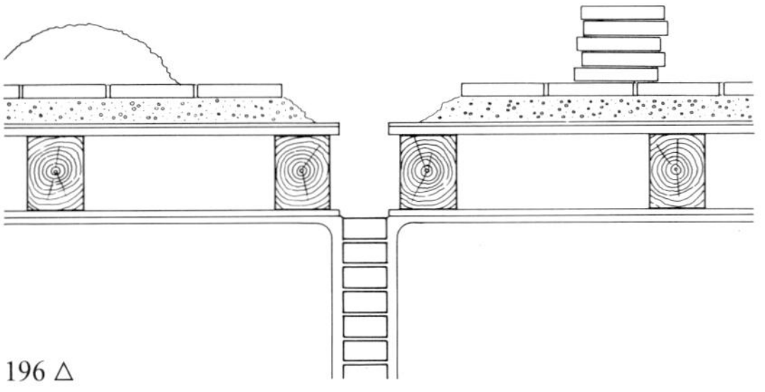

196 △

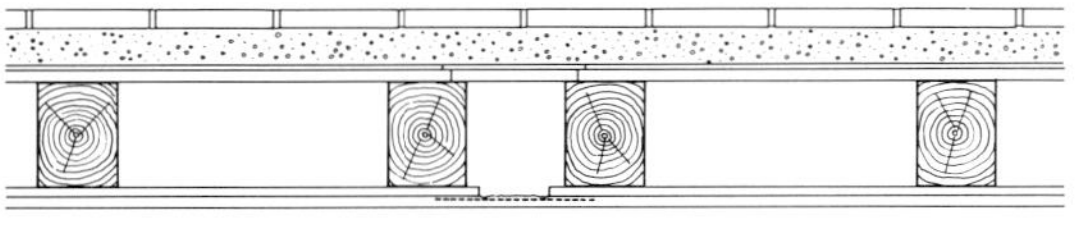

197 △

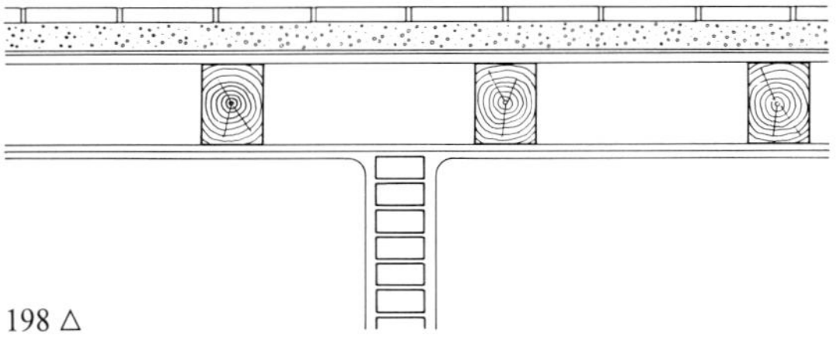

198 △

195 - 198 Entfernen einer ½-Stein dicken Ziegelmauer, die in dem Geschoß endet, in dem sie abgetragen werden soll. Ist die Wand zwischen zwei Deckenbalken bis zum Fußboden des nächsthöheren Geschosses geführt **(195)**, wird dort im Bereich der Wand der Fußboden abgehoben und damit das obere Ende der Wand freigelegt. Das Fußbodenmaterial wird seitlich gelagert. Sodann werden die obersten Ziegelscharen der Wand bis etwa eine Schar unter der Decke abgehoben **(196)**. Die weitere Abtragung erfolgt von unten. Schließlich wird der Schlitz in der Decke geschlossen, der Fußboden wieder aufgebracht und die Unterdecke mit Putz auf Putzträger ergänzt **(197)**. Läuft die Decke über der Wand durch **(198)**, wird von einem Gerüst aus die Wand Ziegel um Ziegel - von oben beginnend - mit Hammer und Meißel abgetragen.

geänderten funktionellen und konstruktiven Verhältnissen entsprechend zu adaptieren.

Wenn das darüberliegende Geschoß von den Bauarbeiten nicht berührt werden soll, werden Löcher in rund 50 cm Abstand unmittelbar unter der Decke in die Mauer gestemmt, durch diese Öffnungen senkrecht zur abzutragenden Mauer Holzbalken oder der geringeren Höhe wegen besser Träger aus Formstahl geschoben **(192)** und diese beiderseits der Mauer unterstellt. Sodann kann die Mauer abgetragen und der Unterfangungsträger versetzt werden **(193)**, der allerdings unter den eingeschobenen Querbalken oder Querträgern liegt, so daß eine ebene Untersicht nicht zu erreichen ist **(194)**.

Endet die Mauer in dem Geschoß, in dem sie abgetragen werden soll, ist nach **(195 - 198)** zu verfahren.

Unterteilung eines Raumes durch eine Trennwand

Es ist zunächst anzustreben, die neue Wand in *Baustoff* und *Bauweise* dem vorhandenen konstruktiven System des *Gebäudes* anzupassen. Damit sind fachgerechte Anschlüsse an die bestehenden Wände und Decken möglich. Auch die *Qualität* und damit die Bestandsdauer der neuen Wand steht mit der des Gebäudes in Einklang.

Besonders eignen sich Konstruktionen, deren Ausführung wenig Baufeuchtigkeit schafft, das sind:

☐ Steinwände. Für Trennwände, an denen Waschbecken, Warmwasserbereiter und andere Teile ↑ gebäudetechnischer Anlagen befestigt sowie in die Leitungen gestemmt werden sollen, eignen sich ½-Stein dicke, beiderseits verputzte Mauern aus Vollziegeln gut, besonders für Bäder und andere Naßräume sowie für Küchen. Sie bewirken auch eine Queraussteifung des Gebäudes. Zur Raumtrennung im Sanitärbereich sind Fliesentrennwände zweckmäßig.

☐ Plattenwände. Bei Wänden aus Gipsdielen ist Verputzen nicht erforderlich. Nur die Fugen werden überspachtelt. Nuten für Leitungen werden eingefräst.

☐ Gerippewände aus Holz oder Stahl, verglast **(1)** oder beiderseits versehen mit
Verbretterung
Verputz auf Holzwolle-Leichtbauplatten
Verputz auf Sparschalung und Putzträger
Gipskarton-Bauplatten.

Ist die Tragfähigkeit der Decke unter der Wand unbekannt, schwer zu ermitteln oder nicht ausreichend, sind freitragende leichte Trennwände einer Verstärkung der Decke vorzuziehen.
Erfordernisse für freitragende Stein- und Plattenwände sind
☐ ausreichende Auflagerung in den angrenzenden Wänden
☐ waagrechte und lotrechte Bewehrung, wobei Türöffnungen besonders zu berücksichtigen sind.
Konstruktionsarten freitragender Gerippewände:
☐ Sprengwerk oder Rahmentragwerk **(1)**
☐ durchgehende Schwelle aus Holz, Stahl oder Stahlbeton, die das Gewicht der Trennwand auf die Auflager übertragen kann, ohne die Decke zu belasten.

Ungenügende Schlagregendichtheit einer Außenwand

Ist eine Wand, insbesondere ihre Oberfläche, nicht schlagregendicht, wird Regenwasser unter der Einwirkung des Windes in ihre Poren gepreßt, wobei die Feuchtigkeit auch dicke Wände durchdringen kann.
Dem *Mangel* wird entgegengewirkt durch
☐ *Beschichtung* mit Fassadenfarben:
Kalkfarben
Weißzementfarben
Silikatfarben
Dispersionsfarben
Öl- oder Lackfarben
Silikon.
Die Wahl des Materials hängt vor allem von dem zu beschichtenden Untergrund ab.

☐ *Bekleidung.* Sie ist vorteilhaft hinterlüftet. In Mörtelbett verlegt oder auf den Untergrund geklebt vermindert sie die – vor allem im Bereich aufsteigender Mauerfeuchtigkeit wichtige – Wasserdampfdiffusionsfähigkeit der Wand.
Als Materialien für hinterlüftete Bekleidungen von Außenwandflächen kommen in Betracht:
Holz
Asbestzement
Beton-Fertigteile
Leichtmetall
Kunststoff.
Verbretterungen sind gegen Holzschädlinge zu imprägnieren und können unbehandelt belassen oder in verschiedenen Farbtönen gebeizt sowie deckend oder nichtdeckend beschichtet werden. Ihre Bauweise muß gute Hinterlüftung und rasches Abfließen von Niederschlagswasser ermöglichen.
Die Hauptaufgabe einer Außenwandbekleidung besteht darin, von der bekleideten Wand Nässe und Wind abzuhalten, die gemeinsam als Schlagregen vor allem auf die Wetterseite eines Gebäudes einwirken und dort den Putz stark beanspruchen. Es muß jedoch bedacht werden, daß Bekleidungen nicht alle Funktionen übernehmen können, die dem Putz zukommen. Besonders für die Tragfähigkeit und das Wärmedämmvermögen des Wandmauerwerks ist der Putz als Fugenverschluß notwendig. Ein Mauerwerk, dessen Putz abgefallen ist und dessen Fugenmörtel teilweise fehlt, kann durch Bekleidung allein nicht mehr saniert werden. Auch pflanzliche und tierische Schädlinge können an Holztragwerken hinter einer Bekleidung ihre zerstörende Tätigkeit fortsetzen. Vor Aufbringen einer Bekleidung sind daher Schäden an der Wand zu beseitigen. Ein Putz muß zumindest als Grobputz hergestellt werden.

Verschmutzungen, Verfärbungen und Farbunterschiede in der Putzfläche

Ursachen sind
☐ fehlerhafte Herstellung und Verarbeitung des Putzmörtels
☐ stellenweise Erneuerung des Putzes **(72)**
☐ fehlerhafte Ableitung des Niederschlagswassers
☐ unterschiedlicher Putzgrund, insbesondere Mischmauerwerk aus Materialien verschiedener physikalischer Eigenschaften, vor allem verschiedener Saugfähigkeit.
Die Beseitigung des formalen *Mißstandes* durch Anstrich mit Fassadenfarbe ist meist nur vorübergehend und nur bei gutem Zustand des Putzes möglich. Konstruktive Fehler sind durch Neuherstellung oder *Adaptierung* vorhandener Einrichtungen zur sicheren Ableitung des Niederschlagswassers – vor allem Verblechungen – zu beseitigen. Bei unterschiedlichem Putzgrund ist die Sanierung nur durch Abschlagen und Erneuern des Putzes nach Aufbringen eines Putzträgers möglich. Unter Umständen genügt statt des Putzträgers ein Spritzbewurf.

Einzelne Risse im Putz

Ursachen solcher *Risse* können sein:
☐ fehlerhafte Konstruktionen als Putzgrund
☐ Formänderungen im Putzgrund **(123, 124)**

□ Schwinden des Putzgrundes **(125, 330–332)**.
Zur Sanierung sind *Fehler* und *Mängel* des Putzgrundes – das ist im allgemeinen die *Grundkonstruktion* der Wand – adaptiv zu beseitigen, bevor der schadhafte Putz soweit erforderlich erneuert wird.
Bei Mischmauerwerk sowie bei Holz-, Beton- und Stahlteilen im Mauerwerk treten Risse auf, wenn die Übergänge von einem zum anderen Material oder von bestehendem zu neuhergestelltem Mauerwerk **(125)** nicht mit einem Putzträger überspannt werden. Ähnliches gilt für ungedeckte Stöße von Holzwolle-Leichtbauplatten. Ungeeigneter Putzgrund wie Holz- und Metallflächen ist zur Gänze mit einem Putzträger zu überziehen.

Netzartige Risse im Putz
Ursache sind *Fehler* bei der Herstellung und Verarbeitung des Putzmörtels **(123)**.
Die Abhilfe erfolgt erforderlichenfalls durch Erneuerung des Putzes. Wenn dessen Festigkeit und Haftung auf dem Putzgrund ausreichend sind, genügt bei Putzflächen von Innenräumen Überziehen mit Glasvlies.

Lösen des Putzes vom Putzgrund
Ursachen solcher *Schäden* sind
□ fehlerhafte Ausführung des Putzes
□ Abdrücken der Putzschale durch Frosteinwirkung.
Die Sanierung ist nur durch vollkommene *Erneuerung* des Putzes möglich.

Zerstörtes Gefüge des Putzes
Abblättern und Absanden des Putzes sowie Blasenbildung treten auf bei
□ fehlerhafter Herstellung und Verarbeitung des Putzmörtels
□ längerdauernder oder ständiger Durchfeuchtung des Putzes **(35)**
□ Frosteinwirkung auf durchfeuchteten Putz
□ Brandeinwirkung
□ Vorhandensein hygroskopischer Salze, erkennbar an Ausblühungen **(38)**.
Solcher Putz ist vollkommen zu erneuern. Wenn der Putz durch aufsteigende Mauerfeuchtigkeit oder durch Spritzwasser im Sockelbereich der Durchfeuchtung ausgesetzt ist, muß er dort durch feuchtigkeits- und frostunempfindlichen Putz ersetzt werden, der aber die Dampfdiffusionsfähigkeit der Wand nicht beeinträchtigt.
Bei ausblühenden Salzen ist deren Herkunft bestandanalytisch zu ermitteln und sodann nach Möglichkeit die Ursache der Ausblühungen zu beseitigen. Gelingt das nicht, ist ein Putzträger mit Abstand von der Wand anzuordnen, so daß die schädigenden Salze nicht in den Putz gelangen können. Der Einfluß der Salze auf die Wand selbst bleibt dabei jedoch bestehen.

Unbefriedigende Wirkung einer Fassadenfläche, deren Ausgestaltung zur Modernisierung abgeschlagen wurde
Die bis Anfang dieses Jahrhunderts übliche *Ausgestaltung* der Außenwände erfüllt mit Gesimsen, Supraporten und Fensterbekrönungen die materielle *Funktion* der Ableitung des Niederschlagswassers. Sie hat daneben die immaterielle Funktion, die Erfaßbarkeit der Wandfläche zu erleichtern und ihr den Eindruck der Leere zu nehmen. Im besonderen eine reiche plastische Ausgestaltung mit Sockeln, Lisenen, Pilastern, Gesimsen, Fenster- und Türumrahmungen zur *Gliederung* sowie mit Balustern, Medaillons, Gehängen und Reliefs zur *Füllung* kann die *Wirkung* einer Vorderfläche entstehen lassen, auf die sich das Auge einstellt. Zwischen dieser und der eigentlichen Wandfläche als Rückfläche wird dann ein Raum wahrgenommen und dadurch die Wirkung der Ausgestaltung verstärkt. Entfernt man die plastische Ausgestaltung, so wird die frühere Rückfläche zur Vorderfläche. Auf sie stellt sich jetzt das Auge ein, und auch noch so gut gestaltete Fenster- und Türöffnungen können, wenn sie nicht in, sondern hinter dieser Fläche liegen, den unerfreulichen Eindruck einer durchlöcherten Fläche kaum mildern.
Der *Mangel* **(112)** kann durch *Rekonstruktion* **(121, 122)** der alten oder durch eine andere Ausgestaltung behoben werden. Da man hierfür wie für die meisten Sanierungsmaßnahmen an Fassaden ein Gerüst benötigt, sollte dieses dazu benützt werden, auch andere erforderliche Maßnahmen der *Instandhaltung, Instandsetzung* und *Adaptierung* an der Fassade in einem durchzuführen.

Nässeschäden am Putz von Außenwänden
Die Ursachen und die Möglichkeiten ihrer Beseitigung sind:
□ Fehlerhafte Ableitung des Niederschlagswassers an der Fassade bewirkt Schäden unter Dach- und Fassadenvorsprüngen. Abhilfe erfolgt durch Schaffung neuer oder *Adaptierung* bestehender

Einrichtungen zur sicheren Ableitung des Wassers. Die Niederschlagsfeuchtigkeit muß an Wassernasen und ausreichend dimensionierten Überständen von Blechabdeckungen abtropfen können und darf nicht an der Wand ablaufen.

☐ Schadstellen am Putz und an Blechabdeckungen, durch die das Niederschlagswasser dringt. Solche *Herde* sind baldigst durch *Instandsetzung* zu beseitigen.

☐ Unzureichende Wärmedämmung der Fenster und hohe Raumfeuchtigkeit führen zur Bildung von Kondenswasser im Gebäudeinneren im Bereich der Fenster.

Dieser Schadensursache wird durch ausreichende Belüftung, adaptiv durch Herstellen der erforderlichen Wärmedämmung begegnet.

Aufsteigende Bodenfeuchtigkeit in Wänden aus porösen, unverrottbaren Materialien

Bei fehlender, mangel- oder schadhafter Abdichtung wird die Bodenfeuchtigkeit von der Wand angesaugt, steigt durch Kapillarwirkung auf und verdunstet schließlich an der freien Oberfläche der Wand.

Die obere Grenze des feuchten Bereiches der Wand verändert sich, wenn keine anderen Ursachen - zum Beispiel Zunahme der Bodenfeuchtigkeit - vorhanden sind, in Abhängigkeit von der Luftfeuchtigkeit innerhalb des sogenannten Feuchtigkeitssaumes (rechts in **(112)** zwischen den Fenstern des Erdgeschosses). Dort kommt es zu einem oftmaligen Wechsel zwischen Austrocknen und Durchfeuchten, und die Zerstörungen durch die sprengende Wirkung beim Auskristallisieren der im Wasser gelösten Salze sind am größten.

Die Erneuerung einer nicht mehr funktionsfähigen oder die Neuherstellung einer Abdichtung gegen aufsteigende Feuchtigkeit unterscheiden sich kaum:

☐ Einziehen einer Dichtungsschicht

☐ Injektionen

☐ Installation elektroosmotischer Anlagen.

Solche Maßnahmen sind technisch schwierig auszuführen, kostenaufwendig und führen nicht immer zum Ziel. Einfacher und im allgemeinen ausreichend zur Erhaltung des Baubestandes und zur Erzielung eines angenehmen Raumklimas sind:

☐ Beheizung der von der Wandfeuchtigkeit betroffenen Räume

☐ ausreichende Belüftung der Räume, vor allem in der kalten Jahreszeit

☐ Verhinderung des seitlichen Feuchtigkeitszutrittes durch Dränage und Luftschächte

☐ Verhinderung des Feuchtigkeitszutrittes durch den ↑ Fußboden

☐ Entfernen von feuchtigkeitsdichtem Putz (Sperrputz) oder ebensolchen Beschichtungen oder Bekleidungen der Wände und Aufbringen eines feuchtigkeitsunempfindlichen und dampfdiffusionsfähigen Putzes, womit die Obergrenze der feuchten Wandzone gesenkt wird

☐ Abrücken der Einrichtungsgegenstände von der Wand.

Dunkel gefärbte Stellen an Putzflächen von Innenräumen

Ursache solcher *Schäden* sind erhöhte Staubhaftung oder Pilzbefall (Schimmelbildung) an längerdauernd oder ständig feuchten Wandoberflächen durch

☐ Baufeuchtigkeit in neuerrichteten Wänden, die infolge sofortigen Verputzens oder aus anderen Gründen nur langsam austrocknen können

☐ aufsteigende Bodenfeuchtigkeit

☐ Kondensfeuchtigkeit bei ungenügender Wärmedämmung von ganzen Außenwänden oder Teilen davon, beispielsweise Stahlbeton-Fensterstürzen ohne Wärmedämmung, die Kältebrücken bilden

☐ Kondensfeuchtigkeit an unter Putz verlegten Kaltwasserleitungen mit ungenügender Wärmedämmung **(37)**.

Begünstigt wird die Entwicklung der Schäden durch dauernd hohe Raumfeuchtigkeit, wie sie in ungenügend belüfteten Bädern, Küchen und Schlafräumen vorhanden ist.

Den Schäden wird begegnet durch

☐ ausreichende Belüftung und Beheizung

☐ Anbringen der erforderlichen Wärmedämmung.

Von hoher Raumfeuchtigkeit belastete Außenwände

Wenn die beispielsweise in Bädern, Küchen und Schlafräumen entstehende hohe Feuchtigkeit von der Luft nicht mehr in dampfförmigem Zustand aufgenommen werden kann, schlägt sie sich an der Oberfläche dichter Materialien wie Glas, Fliesen, Metallbeschlägen und an dichten *Beschichtungen* als Kondenswasser nieder, vorzugsweise an den kältesten Flächen des Raumes. Von kalkgebunde-

nem Putz, unbeschichtetem Holz und anderen saugfähigen Materialien wird das Kondenswasser in Grenzen ohne Tropfenbildung aufgenommen, gespeichert und wieder abgegeben. Ist letzteres nicht oder nur unzulänglich möglich, kommt es zu Schäden.
Abhilfe schafft ausreichende natürliche Lüftung, erforderlichenfalls mechanische durch Lüftungs- oder Klimaanlagen.

Feuchte Flecken an Wänden aus porösen Materialien
Ursachen können *Schäden* sein von
☐ Nutzwasser führenden Leitungen **(35)**
☐ Einrichtungen zur Aufnahme und Ableitung von Gebrauchswasser in Naßräumen
☐ Einrichtungen zur Aufnahme und Ableitung des Niederschlagswassers wie Dachdeckung, Dachrinne, Dachabflußleitung, Verblechungen von Gesimsen, Fensterbänken und Mauervorsprüngen
☐ Kanalisation, unter Umständen im Zusammenhang mit der Tätigkeit von Ratten
☐ wasser- oder dampfführenden Rohrsystemen von Zentralheizungsanlagen
☐ Schornsteinen, insbesondere nicht abgedeckten und unbenützten.
Zur Sanierung ist zunächst der *Herd* des Schadens zu beseitigen. Sodann kann es genügen, nach Austrocknen der Wand deren *Beschichtung* zu erneuern. Hat der Putz bereits Schaden genommen, ist auch dieser zu sanieren.
Feuchte Flecken, deren Größe je nach Witterung schwankt, werden von hygroskopischen Salzen hervorgerufen. Das Vorhandensein solcher Salze kann auf folgende Ursachen zurückgehen:
☐ Oberfläche der einst feuchten Wand (Baufeuchtigkeit, Bodenfeuchtigkeit) wurde bei der Verdunstung mit hygroskopischen Salzen angereichert, die im Wasser gelöst waren.
☐ Mauerwerk ist infolge undichter Fäkalabflußeinrichtungen (Aborte, Stallungen) von Nitraten durchsetzt **(38)**.

Schäden und Mängel der Beschichtung oder Bekleidung einer raumseitigen Wandfläche
Schadhafte *Beschichtungen* an verputzten Wandflächen sind soweit erforderlich zu entfernen. Im Zuge umfangreicherer *Instandsetzungen* und *Adaptierungen* geschieht dies zweckmäßigerweise am Ende der Abbruch- und vor Beginn der Aufbauarbeiten. So kann die Behebung von Putzschäden, die sich bei Entfernen der Beschichtung zeigen, in die Instandsetzung einbezogen werden.
Beschichtete Wandstukkaturen **(70, 71)** – insbesondere solche mit reicher plastischer oder farblicher Ausgestaltung – sind in ähnlicher Weise zu behandeln wie Stukkaturen von ↑ Unterdecken.
Als *Bekleidungen* aus Holz kommen in Betracht:
☐ Verbretterungen mit Brettern verschiedener Profilierung, auf Latten offen geschraubt oder verdeckt genagelt;
☐ Bekleidungen aus Rahmen mit Füllungen, die auch Schnitzwerk oder Malerei tragen können.
Insbesondere auf feuchten Wänden ist die Holzbekleidung gegen Schädlinge zu imprägnieren und gut hinterlüftet anzubringen. Ihre Oberfläche kann unbehandelt belassen oder in verschiedenen Farbtönen gebeizt sowie deckend oder nichtdeckend beschichtet werden.
Fliesenbekleidungen werden je nach Untergrund verlegt im
☐ Mörtelbett
☐ Dünnbett mit Kleber.
Schäden und Mängel an den Bekleidungen werden durch *Instandhaltung* und Instandsetzung beziehungsweise Adaptierung nach den Regeln des Handwerks behoben.

FENSTER, TÜREN UND TORE
Die Wandöffnungen haben als Fenster, Türen und Tore nicht nur die materielle *Funktion* der Licht- und Luftzufuhr in das Innere des Gebäudes sowie der Verbindung seiner Räume untereinander und nach außen. Ihre Anordnung, Größe und *Ausgestaltung* ist auch von entscheidender Bedeutung für die *Wirkung* der Räume und des Gebäudes von außen.
Der Beurteilung von *Qualität* und *Zustand* eines Fensters, einer Türe oder eines Tores sowie dem Erkennen von *Schäden* und *Mängeln* dient die *Bestandanalyse* **(199)**. Die im folgenden an einer Reihe häufig vorkommender Fälle der Praxis dargelegten Maßnahmen zur Behebung von Schäden und Mängeln hängen außer von der *Konstruktion* von Art und Umfang der *Mißstände* ab:

Schäden an Fenstern, Türen oder Toren
Die *Instandhaltung* durch *Erneuerung* des Anstriches oder einer anderen *Beschichtung* erfolgt nach Überprüfung, ob eine *Instandsetzung* von Holz- oder Metallteilen – vor allem der zur Bewegung,

199 Beurteilung von *Qualität* und *Zustand* eines Fensters, einer Türe oder eines Tores sowie Erkennen von *Schäden* und *Mängeln* durch *Bestandanalyse*

	Verfahren der Bestandanalyse	Baukörper	Anwendung der Bestandanalyse
1	Auswerten vorhandener Pläne	Alle Arten Fenster, Türen und Tore	Erkunden ob, wann und welche Veränderungen an den ursprünglich vorhandenen Fenstern, Türen und Toren vorgenommen wurden
2	Auswerten bildlicher Darstellungen		
3	Auswerten schriftlicher Quellen		
4	Auswerten mündlicher Überlieferungen		
5	Augenschein (bei Feuchtigkeitsproblemen zusammen mit Verfahren 6 und 10)	Alle Arten Fenster, Türen und Tore	Allgemeine Feststellungen – ausgehend von der Oberfläche – über Qualität und Zustand
		Fenster, Türen und Tore aus Holz	Feststellen von Insektenbefall an Fluglöchern und Bohrmehl (↑ Holzkonstruktionen)
6	Befühlen	Fenster, Türen und Tore aus Holz	Grobe Feststellung von oberflächlicher Festigkeit und Feuchtigkeit
7	Abklopfen	Fenster, Türen und Tore aus Holz und Eisen	Beurteilung des Materialzustandes
10	Feuchtigkeitsmessung	Fenster, Türen und Tore aus Holz	Bestimmung des Feuchtigkeitsgehaltes, insbesondere bei Fenstern, Türen und Toren in feuchten Wänden oder solchen von Naßräumen
16	Entfernen von Beschichtungen und Bekleidungen	Fenster, Türen und Tore aus Holz und Eisen	Anstriche werden entfernt, wenn darunter Schäden an Holz oder Eisen zu vermuten sind
20	Probenentnahme	Fenster, Türen und Tore aus Holz	Bei Verdacht auf Vorhandensein gefährlicher tierischer oder pflanzlicher Schädlinge

zum Festhalten und dem Verschluß der Fenster-, Tür- und Torflügel dienenden Beschläge – erforderlich ist.

Eisenteile sind im Zuge der Erneuerung des Anstriches wenn nötig zu entrosten und jedenfalls rostschützend zu beschichten (↑ Eisen- und Stahlkonstruktionen). Bei der Erneuerung des Anstriches von Füllungstüren **(200–218)** ist auf deren Konstruktionsprinzip Rücksicht zu nehmen, das die Eigenschaften des Holzes weitestmöglich berücksichtigt **(219)**.

Die Instandsetzung erfolgt grundsätzlich durch *Rekonstruktion* des schadhaften Teiles des *Gebäudeelementes*: Stock, Rahmen, Zarge, Verkleidung, Futter, Flügel, Laden. Meist ist dabei auch eine teilweise Erneuerung der Verglasung sowie eine teilweise oder gänzliche Erneuerung der Beschichtung erforderlich.

Die Instandsetzung einer schadhaften Verglasung gestaltet sich einfach, wenn die zu erneuernde Glasart noch im Handel ist und ohne besondere Bearbeitung eingesetzt werden kann, verursacht aber Schwierigkeiten und mitunter hohe Kosten bei

- ☐ in Blei gefaßten Butzen- und Rautenscheiben
- ☐ mundgeblasenem Flachglas
- ☐ bestimmten Ornamentgläsern
- ☐ ornamental gestaltetem Mattglas
- ☐ bestimmten Farbgläsern
- ☐ nicht rechteckig begrenztem Fassonglas
- ☐ Facettengläsern mit schräg geschliffenen Rändern.

200 – 218 Beispiele für Füllungstüren, deren Entwicklung zum Teil bis in die Antike zurückreicht und die sich für *Adaptierungen* und *Rekonstruktionen* eignen

200 Einfüllungstüre

201 Zweifüllungstüre mit gleich großen Füllungen

202 Ländliche Zweifüllungstüre mit gleich großen Füllungen und anschließender Vertäfelung

203 Zweifüllungstüre mit quadratischer unterer Füllung

204 Zweifüllungstüre mit geschwungenem oberen Querrahmen

205 Zweifüllungstüre mit anschließender Vertäfelung

206 Zweifüllungstüre mit besonders geformtem mittleren Querrahmen

207 Dreifüllungstüre mit gleich großen Füllungen

208 Dreifüllungstüre mit quadratischer oberer und unterer sowie schmaler mittlerer Füllung

Der Ersatz einzelner solcher Gläser durch gängige Handelsware **(110)** kann nicht als Instandsetzung, sondern nur als *Sicherung* aufgefaßt werden und sollte sobald als möglich durch Einsetzen der früheren Glasart behoben werden.

Schlecht schließende Fenster, Türen oder Tore

Die der Bewegung, dem Festhalten und dem Verschluß dienenden Beschläge sind in angemessenen Zeitabständen einer *Instandhaltung* durch Wartung zu unterziehen, insbesondere zu ölen. Wenn Stöcke, Rahmen, Zargen, Verkleidungen und Flügel nicht winkelrecht oder verwunden sind, ist *Instandsetzung* durch Einrichten erforderlich, damit das Fenster, die Türe oder das Tor wieder gut schließt. Hermetisch dichtes Schließen ist bei handwerklicher *Ausführung* kaum zu erreichen, aber auch nicht anzustreben. Eine ständige geringfügige Lufterneuerung durch die Fugen des Fensters oder – besonders bei fensterlosen Räumen – der Türe ist im allgemeinen kein *Mangel*, sondern notwendig, vor allem bei Heizungen mit Schornsteinanschluß.

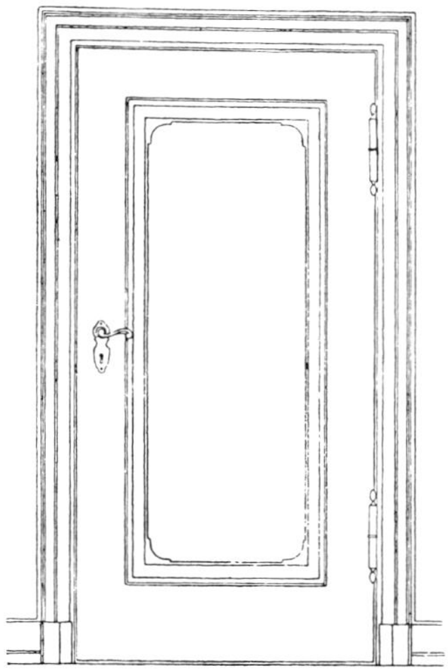

200

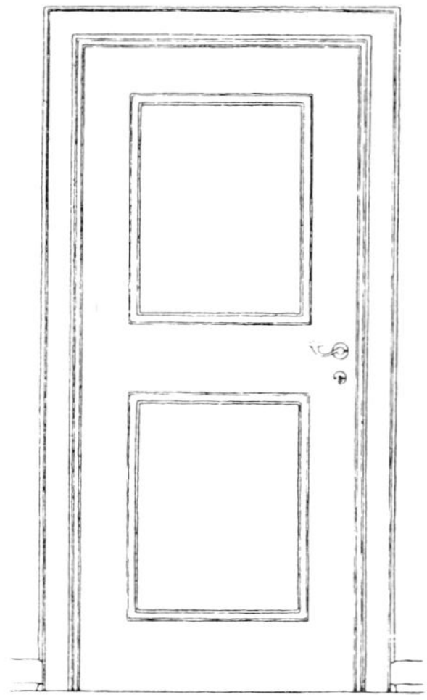

201

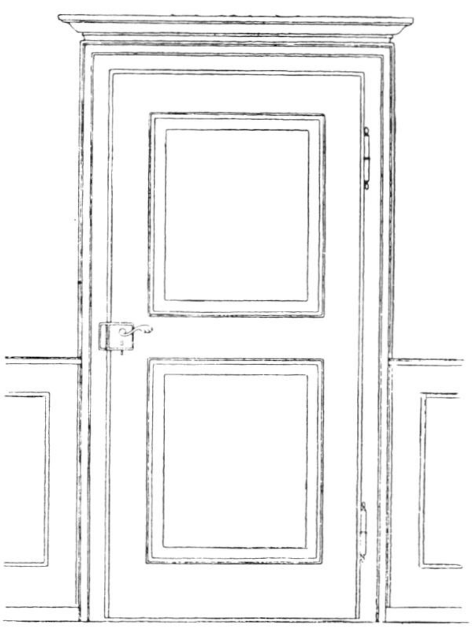

202

203

206

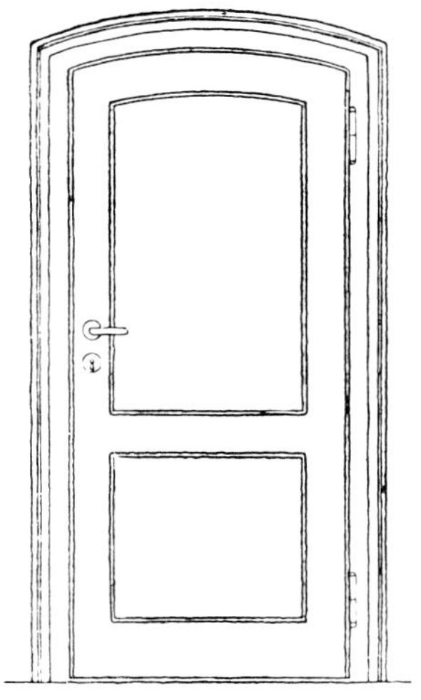
204

207

205

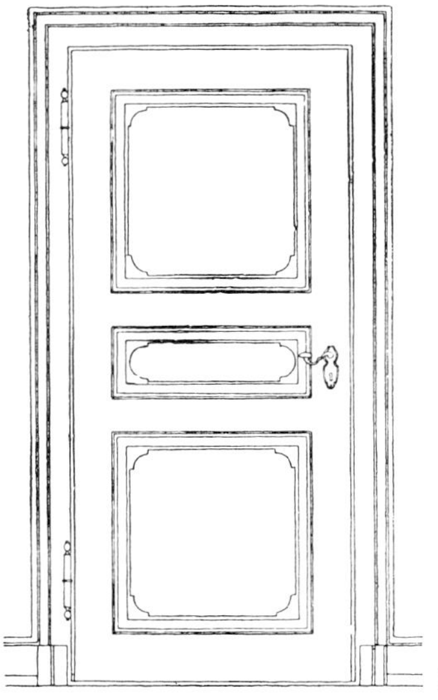
208

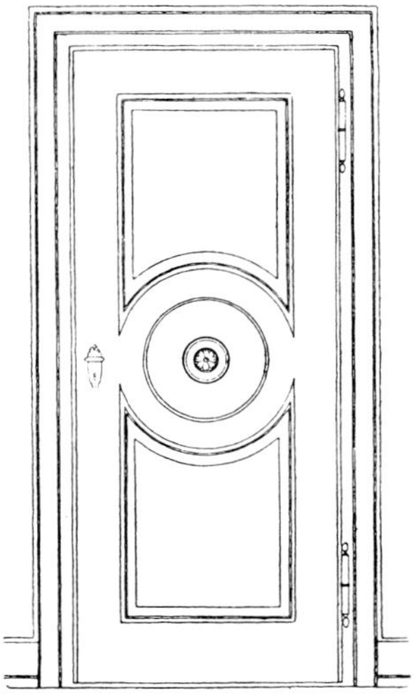

209

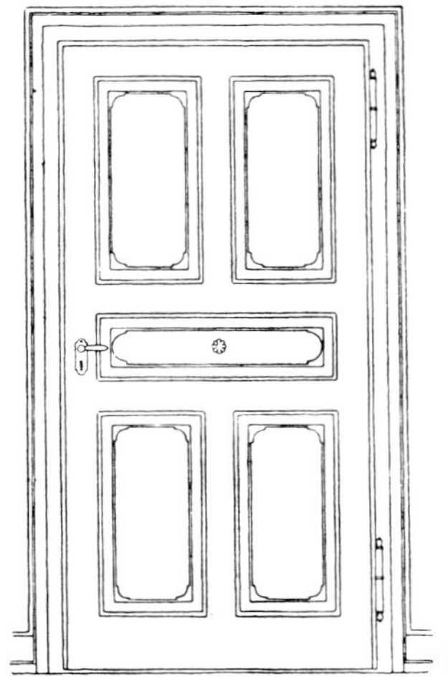

212

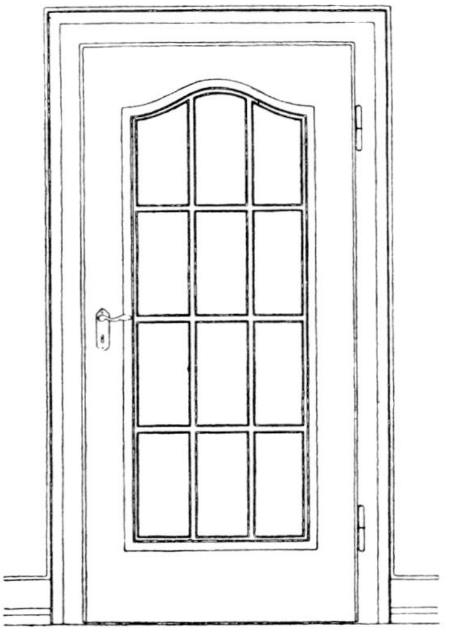

210

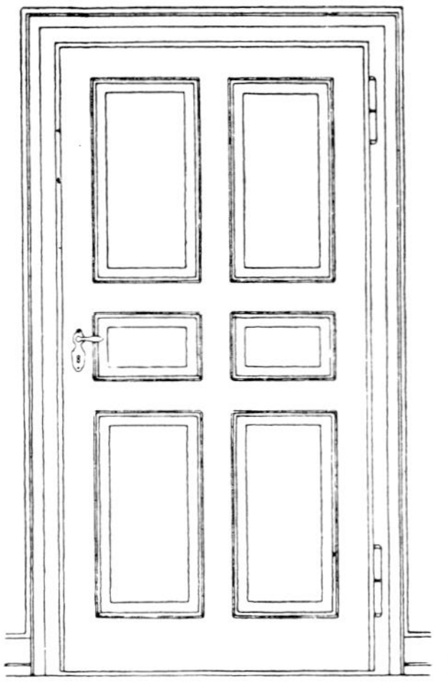

213

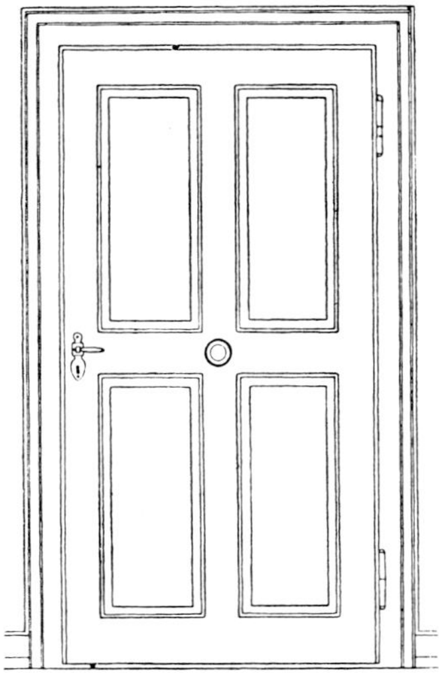

211

214

215

218

216

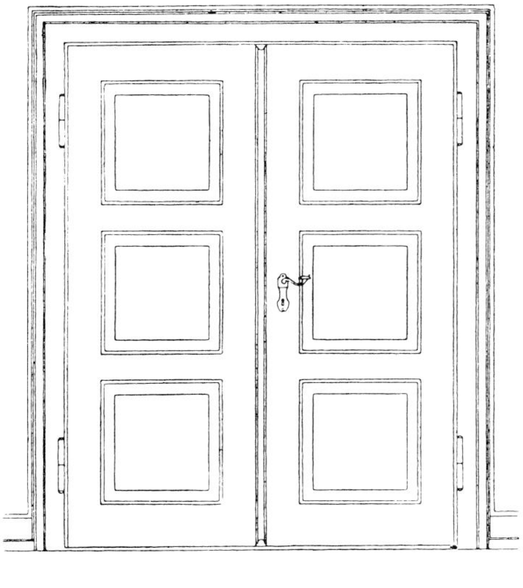

217

209 Dreifüllungstüre mit runder Mittelfüllung

210 Glastüre mit zwölf Feldern und geschwungenem oberen Querrahmen

211 Vierfüllungstüre (Kreuztüre)

212 Fünffüllungstüre

213 Sechsfüllungstüre

214 Zweiflügelige Zweifüllungstüre mit gleich großen Füllungen

215 Zweiflügelige Zweifüllungstüre mit anschließender Vertäfelung

216 Zweiflügelige Glastüre mit zwei Sprossenkreuzen und einer unteren Füllung

217 Zweiflügelige Dreifüllungstüre mit quadratischen Füllungen

218 Zweiflügelige Dreifüllungstüre mit gleich großer oberer und unterer sowie schmaler mittlerer Füllung

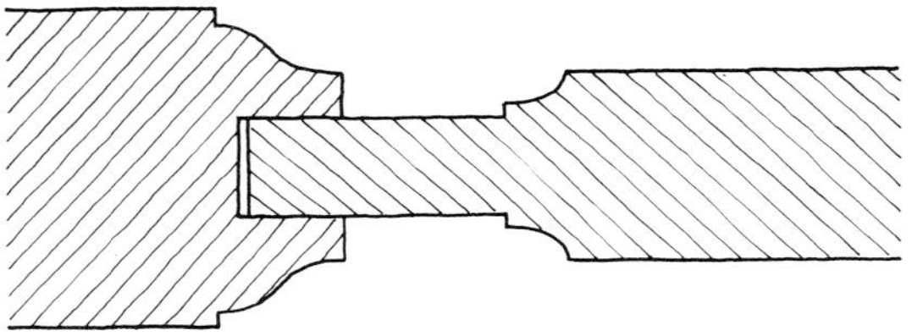

219 Zum Konstruktionsprinzip der Füllungstüre: Innerhalb des Rahmens sind die Füllungen beweglich angeordnet, so daß besonders die Füllungen die entsprechend ihrer Ausdehnung oft beträchtlichen Quell- und Schwingbewegungen senkrecht zur Faserrichtung ausführen können. Diese Bewegungen folgen den Veränderungen des Raum- oder Außenklimas um die Türe und kommen daher nie zur Ruhe. Die Fuge zwischen Rahmen und Füllung ist also eine notwendige Bewegungsfuge. Wenn man beim Anstreichen versucht, diese Fuge durch Ausbildung einer Hohlkehle aus Kitt möglichst dicht zu schließen, wird die Bewegung trotzdem stattfinden, nur tritt an die Stelle einer geradlinigen Bewegungsfuge ein ungleichmäßiger Riß, falls die Füllung nicht in der Fläche reißt.

Erneuerungsbedürftige Fenster, Türen oder Tore

Die *Erneuerung* erfolgt nach vorsichtigem Auslösen des alten *Gebäudeelementes*

☐ durch *Rekonstruktion*

☐ mit Gebäudeelementen von einem Abbruch, aus dem Altwarenhandel oder aus einem Depot **(109)**

☐ in neuer *Konstruktion* und *Form*, wobei die *Qualität* wesentlich von der funktionellen, konstruktiven und formalen Übereinstimmung mit dem Baubestand abhängt.

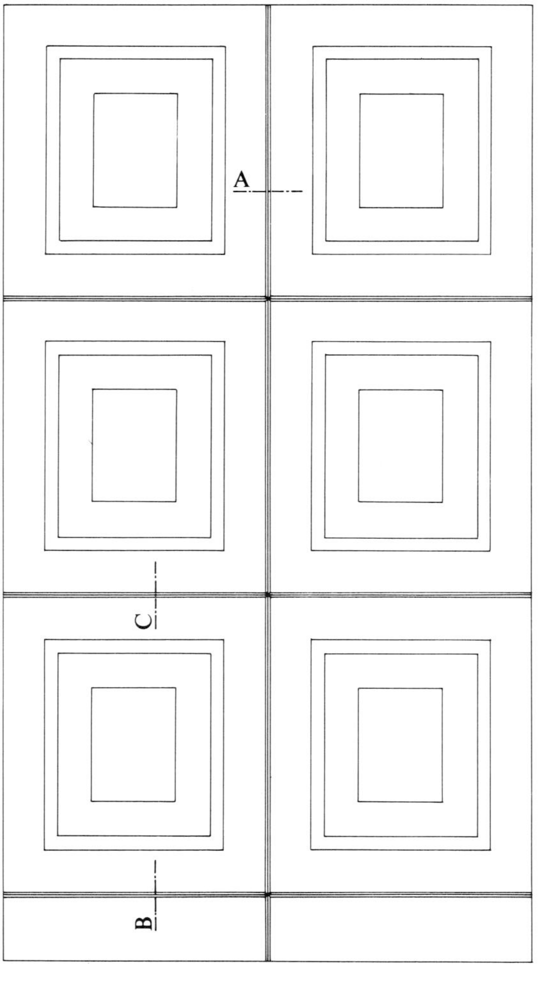

220 - 223 *Fehler* bei der *Planung* eines Tores. Das Tor **(220)** ist durch Rillen gleicher Form, aber ganz verschiedener Funktion gegliedert. Die mittlere vertikale Rille **(221)** kennzeichnet eine Konstruktionsfuge und entsteht durch die Fasen an den Torflügeln. Die Fasen haben hier die materielle Funktion des Schutzes der Kanten und - weil eine äußere Schlagleiste fehlt - die ideelle Funktion, geringfügige Abweichungen von der Ebenflächigkeit durch Verformung des Holzes oder infolge Herstellungsungenauigkeiten nicht erkennbar werden zu lassen.
Der horizontalen Rille im unteren Fries **(222)** ist ebenfalls eine konstruktive Aufgabe zugedacht, nämlich die Aufnahme des oberen Endes der Verblechung. Sie ist für diese Funktion aber ungeeignet, weil das am Tor abfließende Wasser hinter die Verblechung rinnen kann. Die horizontalen Rillen in den zwischen den Füllungen angeordneten Querfriesen **(223)** sind konstruktiv überflüssig, ja wegen der Schwächung des Holzes sogar unrichtig. Ideelle Funktion kommt ihnen ebenfalls nicht zu, weil sie eine aus facettierten Rahmen kassettenartig zusammengesetzte Fehlkonstruktion vortäuschen. Diese *Scheinkonstruktion* ist überdies als solche erkennbar, denn die sichtbare Maserung des Holzes läuft über die Rillen durch.

◁ 220

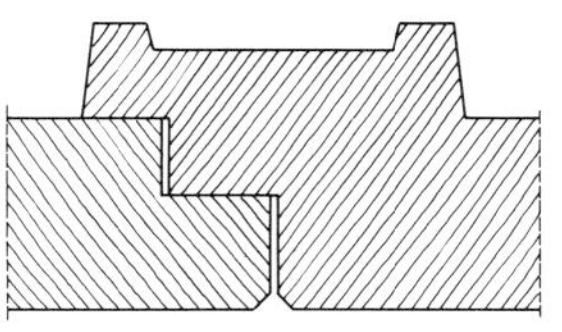

221 Schnitt A

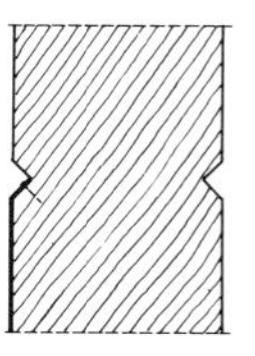

222 Schnitt B

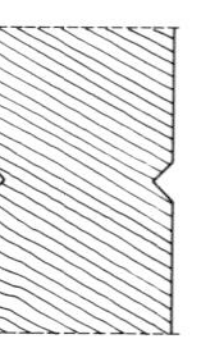

223 Schnitt C

Fenster, Türen und Tore sind in bestimmten Ausführungsarten und Abmessungen in Holz, Stahl, Leichtmetall und Kunststoff im Handel, oder sie werden für den besonderen Fall angefertigt.
Stets ist für den Einbau eines Fensters, einer Türe oder eines Tores wichtig:
□ Feste Verankerung in der umgebenden Wand
□ Dichtheit der Fuge zur Wand.

Fehlerhafte Fenster, Türen oder Tore
Fehler in *Planung* oder *Ausführung* wie unzulängliche Dichtung von Stock oder Rahmen gegen das Mauerwerk oder fehlender Wetterschenkel sind ehestens durch *Adaptierung* zu beseitigen.
Fehler, die den Bestand und die Benützung des Gebäudes nicht wesentlich beeinträchtigen **(133 bis 135, 220–223)**, können bei Gelegenheit einer *Instandsetzung* oder *Erneuerung* behoben werden.

Herstellen oder Vergrößern einer Maueröffnung für ein Fenster oder eine Türe
Vorerst ist bestandanalytisch zu untersuchen, ob nicht abgemauerte alte Wandöffnungen vorhanden sind, die sich für den vorgegebenen Zweck eignen **(73, 74, 106, 107)**.
Bei ½-Stein dicken Mauern werden unmittelbar oberhalb der herzustellenden oder zu vergrößernden Öffnung in rund 50 cm Abstand Löcher gestemmt und durch diese senkrecht zur Mauer Holzbalken oder Träger aus Formstahl geschoben, die beiderseits der Mauer durch eine Unterstellung gestützt werden. Sodann wird in Sturzhöhe ein horizontaler Schlitz ausgebrochen und in diesem die Überlage aus Stahl oder Stahlbeton versetzt. Der Raum darüber ist gut auszumauern und auszukeilen. Nach Erhärten des Mörtels kann die Öffnung ausgebrochen und die Unterstellung entfernt werden.
Ist die Mauer 1-Stein dick, werden zuerst für die Auflager der Überlagen Löcher gestemmt. Danach wird der Schlitz für die Überlage, die an der einen Seite der Mauer liegt, ausgebrochen, die Überlage versetzt und gegen das Mauerwerk darüber ausgemauert und ausgekeilt. In gleicher Weise wird die Überlage auf der anderen Mauerseite versetzt und dann die Öffnung ausgebrochen.
Bei sehr dicken Mauern versetzt man ebenfalls zuerst zwei Randüberlagen wie eben beschrieben und steckt dann in gestemmte Löcher von rund 50 cm Abstand senkrecht durch die Mauer Träger aus Formstahl, die man auf den Randüberlagen kraftschlüssig auflegt. Nach Erhärtung des Mörtels kann man die gesamte Maueröffnung unterhalb der Randüberlagen ausbrechen. Sodann werden zwischen diesen die noch erforderlichen Überlagen versetzt.
In allen drei beschriebenen Fällen ist auch die Ausführung eines Gewölbesturzes möglich **(224 bis 229)**. Wird dabei das Mauerwerk über dem Sturz abgefangen **(185)**, kann der Gewölbebogen in einem Zuge ausgeführt werden.
In der ausgebrochenen Öffnung wird schließlich das Fenster oder die Türe versetzt. Das Mauerwerk der Leibungsflächen ist zu ergänzen.
Bei der Vergrößerung von Maueröffnungen ist auf die vorhandene Konstruktion des Sturzes – Gewölbe oder Überlage aus Holz, Stahl oder Stahlbeton – Bedacht zu nehmen und dieser erforderlichenfalls zu unterstellen.

Verkleinern einer Wandöffnung für ein Fenster oder eine Türe
Bei dieser *Adaptierung* werden nach Auslösen des vorhandenen *Gebäudeelementes* Überlagen versetzt und die erforderlichen Ausmauerungen vorgenommen. Das neue Fenster oder die neue Türe wird sodann versetzt. Dabei kann es sich um ein Gebäudeelement handeln, das
□ die *Nachbildung* von im *Gebäude* vorhandenen Gebäudeelementen ist
□ von einem Abbruch, aus dem Altwarenhandel oder aus einem Depot stammt **(109)**
□ in *Konstruktion* und *Form* neu ist, wobei die *Qualität* auch von der funktionellen, konstruktiven und formalen Übereinstimmung des Neuen mit dem Bestehenden abhängt **(138)**.

Schließen einer Wandöffnung
Ein Fenster oder eine Türe ist zunächst auszubauen. Haben diese *Gebäudeelemente* gute *Qualität* und keine oder nur geringfügige *Schäden*, sind sie sorgfältig auszulösen und für eine spätere Verwendung zu lagern.
Die Wandöffnung ist grundsätzlich mit dem gleichen Material fachgemäß zu schließen, aus dem die Wand besteht. Einen gewölbten Sturz oder Überlagen aus Stahl oder Stahlbeton löst man im allgemeinen nicht aus, weil sie die Möglichkeit einer späteren Wiederverwendung der Wandöffnung bieten **(73, 74, 106)**.
Wandöffnungen in sehr dicken Mauern mit intaktem Sturz werden nicht voll ausgemauert, sondern

224 △

225 △

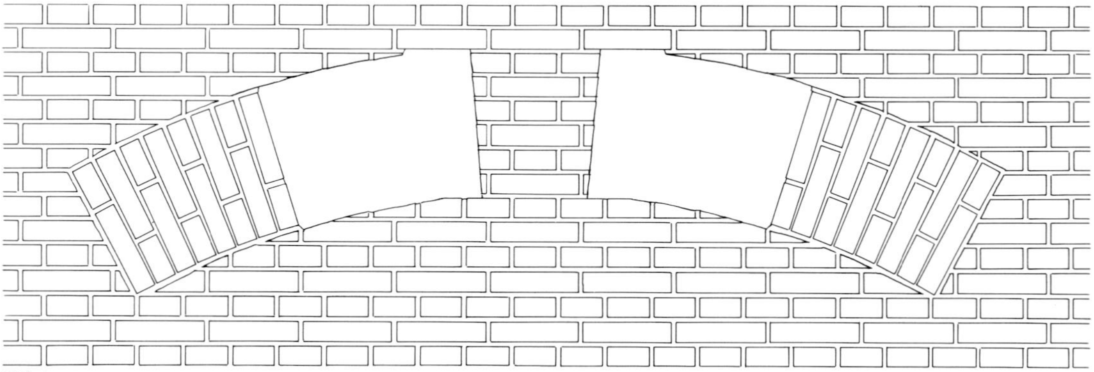

226 △

224–229 Herstellen eines Gewölbesturzes in einer bestehenden Mauer. Von den Widerlagern weg zum Gewölbescheitel werden rund 50 cm breite Öffnungen gestemmt **(224)** und als Abschnitte des Gewölbes ausgemauert **(225)**. Es folgen das Herstellen **(226)** und Ausmauern **(227)** zweier anschließender Öffnungen. Die Öffnung im Scheitel wird höher ausgeführt **(228)**, damit das Gewölbe gut geschlossen werden kann. Nach Erhärten des Mörtels wird die Maueröffnung ausgebrochen **(229)**.

227 △

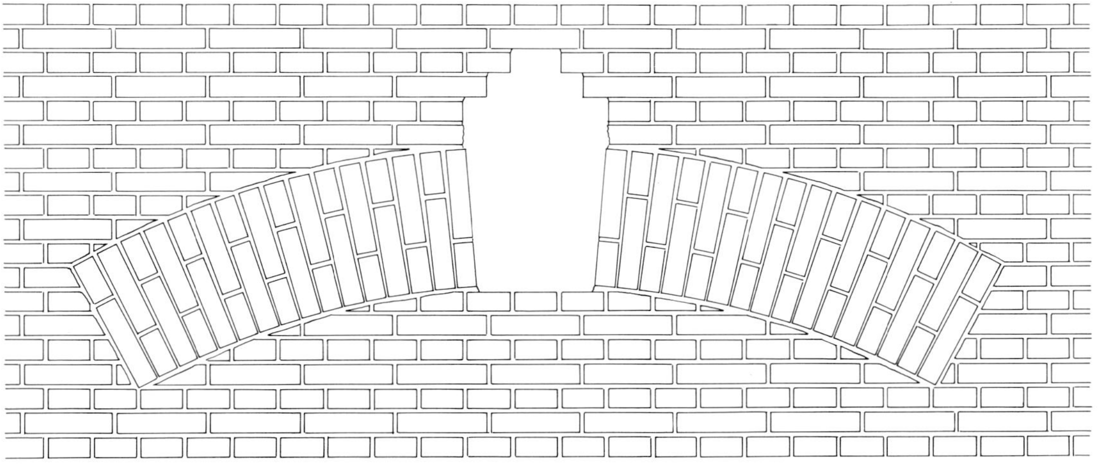

228 △

229 ▽

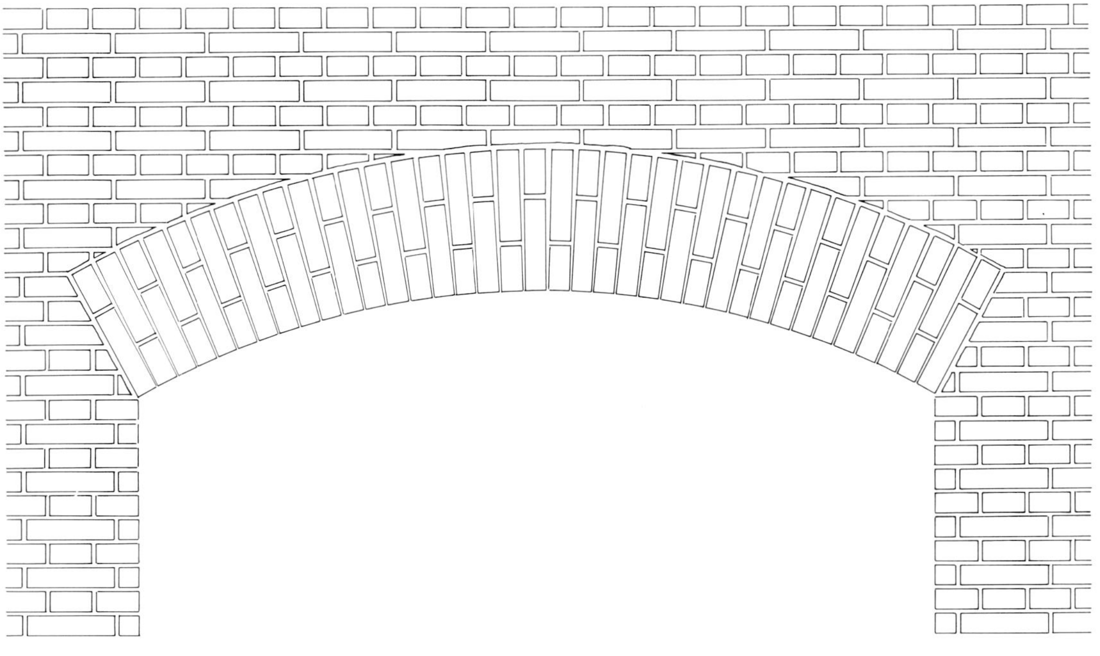

an beiden Wandseiten abgemauert oder nur einseitig, wobei auf der anderen Seite eine Nische entsteht.

Zur Vermeidung von Schwindrissen im Putz ist mit dem Verputzen von Abmauerungen zuzuwarten, bis die im Zuge des Erhärtungs- und Austrocknungsvorganges eintretende Volumensverringerung der Abmauerung **(125)** abgeschlossen ist, oder die Grenzen zwischen Abmauerung und bestehendem Mauerwerk sind mit einem Putzträger zu überspannen.

Für den vorübergehenden Abschluß einer Türöffnung eignen sich Gipskarton-Bauplatten, die auf einem Rahmen aus Kantholz befestigt werden. Die Fuge zwischen Gipskarton-Bauplatte und bestehender Wand ist mit Spachtelmasse zu schließen und zu bandagieren. Auch Gipsdielen sind zweckmäßig.

Ungenügender Wärme- und Schallschutz eines einfachen Fensters mit einfacher Verglasung

Der *Mangel* wird durch *Adaptierung* behoben:

□ Fugendichtung

□ Einsetzen einer Isolierverglasung in den alten Kittfalz, erforderlichenfalls mit Holz- oder Metallprofilen

□ Anbringen von Vorsatzflügeln an der Innen- oder Außenseite der alten Flügel

□ Umbau zum Doppelfenster durch Vorsatzfenster mit eigenem Rahmen und eventuell mit Futter, innerhalb oder außerhalb des alten Fensters angeordnet.

Ungenügender Wärme- und Schallschutz einer Holztüre

Die *Adaptierung* kann erfolgen durch

□ Fugendichtung

□ Aufdoppelung des Flügels

□ Umbau zur Doppeltüre.

Nur wenn diese adaptiven Maßnahmen nicht möglich sind oder nicht ausreichen, sollte eine *Erneuerung* in anderer *Konstruktion* erfolgen.

Ungenügende Feuerwiderstandsfähigkeit von Fenstern, Türen oder Toren

In Brandwänden erforderliche Türen sind feuerhemmend oder feuerbeständig und selbstschließend auszuführen. Für solche Feuerschutzabschlüsse kommen in Betracht:

□ genormte doppelwandige Stahlblechtüren mit Steinwollfüllung

□ dicht schließende Türen aus dickem, massiven Eichenholz

□ Metalltüren mit einer entsprechenden *Bekleidung* aus Holz

□ vorhandene, durch *Adaptierung* feuerwiderstandsfähig gemachte Türen.

Einfache Blechtüren, wie sie früher am Eingang zu Dachräumen verwendet wurden, sind als Feuerschutzabschlüsse unzureichend.

Feuerwiderstandsfähige Verglasungen von Türen und Fenstern werden mit Drahtglas und mit bestimmten Spezialgläsern hergestellt.

Nicht einfach genug zu reinigende und instandzuhaltende oder als unmodern empfundene Fenster

Die Maßnahmen zur Beseitigung solcher tatsächlichen oder vermeintlichen *Mängel* reichen von der *Adaptierung* durch Entfernen einzelner Sprossen bis zur vollkommenen *Erneuerung* des Fensters. Diese konstruktiv-formalen Änderungen haben ideell-funktionelle Folgen, die sich bei Betrachtung von außen wie von innen zeigen.

Vor der Adaptierung oder Erneuerung eines schadhaften ebenso wie vor der Erneuerung eines nur instandhaltungs- oder instandsetzungsbedürftigen Fensters in anderer Form ist zu bedenken, daß der *Wert* – materiell und immateriell – eines mehrteiligen Sprossenfensters in gediegener handwerklicher Ausführung im allgemeinen wesentlich höher als der eines ungeteilten industriell gefertigten Fensters ist, verglichen in schadensfreiem *Zustand.* Dabei soll die Bedeutung preiswerter Serienfenster sehr guter *Qualität* für solche Sanierungsaufgaben nicht verkannt werden, bei denen damit keine Wertminderung im immateriellen Bereich verbunden ist.

Bei der Adaptierung von Fenstern ist zu berücksichtigen, daß die Fensterfläche ohne *Ausgestaltung* leer wirkt. Bei sehr schmalen oder sehr breiten Fenstern kommt dazu, daß deren Seitenverhältnis nicht ohne weiteres zu erfassen ist.

In alter Zeit erfolgte eine *Gliederung* der Fensterfläche durch Elemente aus Naturstein oder Holz. Als *Füllung* erhielten die so gebildeten Felder in Blei gefaßte Butzen- oder Rautenscheiben, die – zusammengelötet und mit Windeisen verstärkt – in hölzerne Fenster- oder Flügelrahmen eingefügt waren **(230)**. Diese Ausgestaltung hatte, abgesehen von ihrer immateriellen *Funktion*, konstruktive Gründe: Ein lichtdurchlässiger, wetterbeständiger Verschluß der Fensteröffnungen war nur mit

230 △

231 ▽

233 ▷

230 – 233 Zur Entwicklung des Fensters

230 Fenster eines historischen Bauernhauses aus Oberbayern. Der Fensterstock ist durch einen Mittelpfosten geteilt. Die kleinen Fensterflügel sind mit Butzenscheiben verglast und diese durch Windeisen versteift.

231 Klein geteilte Fenster eines historischen Bauernhauses aus Hannover

232 Fenster zweier um die letzte Jahrhundertwende entstandenen städtischen Wohnhäuser. Die dreiflügeligen Holzfenster am rechten Haus, die denen des linken Hauses glichen, wurden durch ungeteilte einflügelige Konstruktionen ersetzt.

233 Holzfenster einer um 1930 entstandenen städtischen Wohnhausanlage. Bei dem obersten Fenster wurden die Sprossen entfernt.

232 ▽

kleinen Glasscheiben möglich, die ihrerseits nur zu freien Flächen geringer Größe zusammengesetzt werden konnten.

Als durch die Einführung neuer Erzeugungsverfahren im 17. Jahrhundert das Flachglas in größeren Abmessungen und verhältnismäßig billiger zur Verfügung stand, entfiel die ornamentale Füllung. Die von Holzsprossen gebildeten Felder **(231)** waren aber mit Rücksicht auf die verfügbaren Glasabmessungen immer noch so klein, daß sie nicht leer wirkten. Außerdem trug das Glas durch Blasen, Schlieren, Unebenheiten, Einschlüsse fester Stoffe und Trübungen zur Kennzeichnung der Teilflächen bei.

Seit der zweiten Hälfte des 19. Jahrhunderts war mit der industriellen Herstellung von Glas in großen Flächen die Teilung nicht mehr an die Abmessungen der von ihr gebildeten Einzelflächen gebunden. Es wurden neue Fensterteilungen entwickelt. Unter anderen entstand das weitverbreitete, damals vielfach auch an Stelle älterer, meist kleinerer Fenster eingebaute dreiflügelige Doppelfenster **(232)**, dessen Teilung aus den konstruktiven und materiell-funktionellen Gegebenheiten heraus zu verstehen ist: Die Flügel unterhalb des Kämpfers gehen als Drehflügel nach innen auf. Der obere Teil des Fensters ist dagegen mit nach außen aufgehenden äußeren Klappflügeln **(121)** und inneren Kippflügeln versehen, wodurch er unter Verwendung von Scherenbändern für Lüftungszwecke dienen kann und außerdem die Anordnung von Jalousien ermöglicht. Formal ist die Gliederung des Fensters unbefriedigend, weil sie nicht klärend wirkt. Die *Grundform* des Fensters wird in Teile zerlegt, deren Proportionen schwieriger zu erfassen sind als die der Grundform selbst.

In den letzten Jahrzehnten wurden bei sprossengeteilten Fenstern insbesondere zur einfacheren Reinigung die Sprossen entfernt **(233)**. Das Ergebnis ist eine schlechte Teilung, weil für das Seitenverhältnis der von den Flügeln gebildeten schmalen Rechtecke die Anhaltspunkte fehlen. Dagegen waren die von den Sprossen gebildeten Flächen gemäß ihrer Form und Größe sogleich erfaßbar und daraus Form und Größe des gesamten Fensters ablesbar.

Wird schließlich durch den Einbau einflügeliger Fensterkonstruktionen **(232)** die Teilung ganz beseitigt, wirkt die Fläche – besonders wenn das Glas gut geputzt ist – infolge mangelnder Kennzeichnung leer. Diese *Wirkung* tritt bei Maßnahmen an bestehenden Gebäuden vor allem dann auf, wenn sich die Fenster nicht in einer glatten Wand befinden, sondern in einer reich ausgestalteten Fassade. Andererseits können Fenster mit guter Teilung sehr dazu beitragen, eine sonst ungegliederte Wandfläche für das Auge leichter erfaßbar zu machen.

Nicht einfach genug zu reinigende und instandzuhaltende oder als unmodern empfundene Holztüren oder Holztore

Die Maßnahmen zur Beseitigung solcher tatsächlichen oder vermeintlichen *Mängel* reichen von der *Adaptierung* durch Änderung der Anstrichfarbe oder Aufpressen von Kunstharzplatten bis zur vollkommenen *Erneuerung* der Türe oder des Tores. Dabei ist die damit verbundene materielle und immaterielle Wertänderung zu bedenken. Eine profilierte Füllungstüre **(200–218)** in gediegener handwerklicher Ausführung hat bei höheren Kosten im allgemeinen auch höheren *Wert* als eine glatte, industriell gefertigte Türe, verglichen in schadensfreiem *Zustand.*

DECKENTRAGWERKE

In diesem Abschnitt wird die Tragkonstruktion der Decke behandelt, die meist nach unten durch eine ↑ Unterdecke, nach oben durch den ↑ Fußboden begrenzt wird. Manchmal hat auch das Deckentragwerk die Funktionen von Unterdecke und Fußboden teilweise oder ganz zu übernehmen.

Die aus alter Zeit auf uns gekommenen Deckentragwerke sind

- □ Holzdecken
- □ Gewölbe.

Seit dem 19. Jahrhundert kamen dazu

- □ Stahlträgerdecken
- □ Stahlbetondecken.

Der Beurteilung von *Qualität* und *Zustand* eines Deckentragwerkes sowie dem Erkennen von *Schäden* und *Mängeln* dient die *Bestandanalyse* **(234)**. Die im folgenden an häufig vorkommenden Fällen der Praxis dargelegten Maßnahmen zur Behebung von Schäden und Mängeln hängen außer von den konstruktiven Gegebenheiten von Art und Umfang der *Mißstände* ab. Für die *Sanierung* von Deckentragwerken aus Holz und Stahl sind auch die Abschnitte ↑ Holzkonstruktionen und ↑ Eisen- und Stahlkonstruktionen maßgebend.

234 Beurteilung von *Qualität* und *Zustand* eines Deckentragwerkes sowie Erkennen von *Schäden* und *Mängeln* durch *Bestandanalyse*

	Verfahren der Bestandanalyse	Baukörper	Anwendung der Bestandanalyse
1	Auswerten vorhandener Pläne	Alle Arten Deckentragwerke	Erkunden von konstruktivem Aufbau und Tragfähigkeit sowie ob, wann und welche Veränderungen an dem ursprünglichen Deckentragwerk vorgenommen wurden
2	Auswerten bildlicher Darstellungen		
3	Auswerten schriftlicher Quellen		
4	Auswerten mündlicher Überlieferungen		
5	Augenschein (erforderlichenfalls zuerst Verfahren 17)	Alle Arten Deckentragwerke	Allgemeine Feststellungen – ausgehend von der Oberfläche – über Qualität und Zustand
		Holzdecken	Feststellen von Insektenbefall an Fluglöchern und Bohrmehl (↑ Holzkonstruktionen)
6	Befühlen (erforderlichenfalls zuerst Verfahren 17)	Decken aus Holz und Mauerwerk (Gewölbe)	Grobe Feststellung der oberflächlichen Festigkeit und Feuchtigkeit
7	Abklopfen (erforderlichenfalls zuerst Verfahren 17)	Alle Arten Deckentragwerke	Beurteilung bestimmter Qualitäts- und Zustandsmerkmale im Oberflächenbereich
		Stahlkonstruktionen	Überprüfung des festen Sitzens von Nieten
8	Abhorchen (erforderlichenfalls zuerst Verfahren 17)	Holzdecken	Feststellen von Insektenbefall
9	Ermittlung der Oberflächenhärte (erforderlichenfalls zuerst Verfahren 17)	Betondecken	Bestimmung der Druckfestigkeit des Betons
10	Feuchtigkeitsmessung (erforderlichenfalls zuerst Verfahren 17)	Holzdecken	Bestimmung des Feuchtigkeitsgehaltes, vor allem im Bereich von Wasserauslässen, von wasserführenden Leitungen, von Schornsteinen und in Traufennähe
11	Aufsuchen von Metallen (erforderlichenfalls zuerst Verfahren 17)	Decken aus Holz und Mauerwerk (Gewölbe)	Feststellen von Mauerankern und anderen metallischen Gebäudeelementen
		Stahlbetondecken	Feststellen der Bewehrung
12	Messen von Formänderungen	Alle Arten Deckentragwerke	Beobachten von *Rissen* Grundlage für den Tragfähigkeitsnachweis nach Verfahren 15
13	Planliche Aufnahmen (zur Ergänzung oder an Stelle von Verfahren 1; erforderlichenfalls zuerst Verfahren 17)	Alle Arten Deckentragwerke	Aufnahme der Abmessungen wie Spannweite, Auflagertiefe, Deckenhöhe

	Verfahren der Bestandanalyse	Baukörper	Anwendung der Bestandanalyse
14	Fotografische Aufnahmen	Alle Arten Deckentragwerke	Bildliches Festhalten des freiliegenden oder freigelegten Deckentragwerkes vor, während der Sanierungsmaßnahmen und nach diesen
15	Statische und andere Berechnungen (erforderlichenfalls in Verbindung mit den Verfahren 17 bis 20)	Alle Arten Deckentragwerke	Feststellen der Belastbarkeit, Beanspruchung und der Formänderungen sowie des Wärme- und Schalldämmvermögens
17	Freilegen der Grundkonstruktion	Alle Arten Deckentragwerke	Als Voraussetzung für die Verfahren 5, 6, 7, 8, 9,10, 11, 13, 14 und 15 werden erforderlichenfalls Fußboden und Unterdecke teilweise oder ganz entfernt
18	Öffnen der Grundkonstruktion	Holzdecken	Feststellen von holzzerstörenden Pilzen und Insekten
		Gewölbe	Sondierungsbohrungen zur Feststellung von Aufbau und Stärke
		Stahlbetondecken	Überprüfung der Bewehrung
19	Endoskopie	Alle Arten Deckentragwerke	Einsichtnahme in Deckenhohlräume
		Gewölbe	Bei großen Konstruktionsstärken werden an den Wänden von Bohrlöchern Qualität und Zustand der durchbohrten Materialien beobachtet
20	Probenentnahme	Holzdecken	Materialprüfung des Holzes und Bestimmung seiner Schädlinge
		Gewölbe	Materialprüfung von Steinen und Mörtel
		Stahlbetondecken	Materialprüfung von Beton und Stahl
		Stahlkonstruktionen	Materialprüfung

Feuchtigkeitseinfluß auf Holzdecken

Gerät eine Holzdecke unter einmaligen Nässeeinfluß, beispielsweise durch Löschwasser bei einem Brand oder durch eine schlecht angeschlossene Waschmaschine, muß durch Luftzutritt für rasches Austrocknen des Holzes gesorgt werden. Durchfeuchtete Beschüttung ist nach Abheben des Fußbodens zu entfernen und erst dann durch trockenes Material zu ersetzen, wenn die Decke vollkommen ausgetrocknet ist.

Wirkt die Feuchtigkeit längerdauernd oder ständig auf die Decke ein, beispielsweise aus undichten wasser- oder dampfführenden Leitungen **(32)**, bei mangel- oder schadhafter Abdichtung unter Naßräumen oder durch Niederschlagswasser, das im Bereich der Fenster oder durch undichte Stellen der Dachhaut eindringt, ist vor der *Instandsetzung* der Decke der *Herd* des *Schadens* zu beseitigen.

Läßt sich die Schadensursache nicht oder nur mit verhältnismäßig großem Aufwand beheben, beispielsweise wenn die Deckenbalken feuchtem Mauerwerk aufliegen, ist die *Adaptierung* erforderlich: Die Holzdecke wird durch eine Massivdecke ersetzt.

Dem Feuchtigkeitseinfluß auf eine Holzdecke unter Naßräumen wird durch wasserdichte Ausbildung des ↑ Fußbodens begegnet.

Schäden an Holzdecken

Wenn das Deckentragwerk nach unten eine ↑ Unterdecke, nach oben ein ↑ Fußboden abschließt, ist reine *Instandhaltung* weder erforderlich noch möglich.

Instandsetzung ist notwendig, wenn einzelne Balken

□ von tierischen und pflanzlichen Schädlingen befallen wurden, meist infolge Feuchtigkeitseinwirkung

□ im Bereich von Schornsteinen oder durch Brand angekohlt sind

□ mechanisch beschädigt sind, beispielsweise durch Kriegseinwirkung oder Explosion.

Bei der Instandsetzung wird wie folgt vorgegangen:

□ *Sicherung* durch Entlasten und entsprechendes Unterstellen der Decke

□ Freilegen der Schadensstelle

□ Beseitigen allenfalls noch vorhandener Schadensursachen

□ Entfernen der schadhaften Holzteile

□ Imprägnieren der im Schadensbereich verbleibenden Holzteile bei Schädlingsbefall

□ Wiederherstellen der Tragfähigkeit der Decke nach statischem Erfordernis.

Die Wiederherstellung der Tragfähigkeit erfolgt entsprechend Art und Umfang des *Schadens*:

□ Einzelne, nur im Auflagerbereich schadhafte Balken einer Decke, deren Balken unmittelbar nebeneinander liegen, werden - bei ausreichender Höhe der Fußbodenkonstruktion - im anschließenden, noch gesunden Teil mit Schraubenbolzen an Stahlträgern oder Kanthölzern aufgehängt, die den benachbarten schadensfreien Deckenbalken aufliegen und auf diese die Belastung übertragen **(346)**.

□ Betrifft der Schaden mehrere nebeneinanderliegende Balken einer Decke, entfernt man die schadhaften Balken und versetzt neben den Randbalken der verbleibenden Decke zwei U-Träger. Diese werden mit den Randbalken durch Gestellschrauben verbunden. Die noch gesunden Teile der ausgelösten Deckenbalken oder neue Balken werden zwischen den U-Trägern in Abständen verlegt **(65)**.

□ Von pflanzlichen und tierischen Holzschädlingen angegriffene Stücke von in Abständen verlegten Deckenbalken werden abgeschnitten und durch gleich große Balkenstücke ersetzt. Der Stoß der beiden Holzteile ist biegefest auszubilden - beispielsweise mit seitlich angebrachten Holzlaschen **(341)**.

□ Sind Balken in weiteren Bereichen von Schädlingen befallen und darum gänzlich zu erneuern, werden sie vorsichtig mit der Kettensäge in kurzen Abständen eingeschnitten und dann abgetragen **(235, 236)**.

Besonders zu achten ist auf die zur Aussteifung der Außenmauern eines *Gebäudes* erforderliche zugfeste Verbindung der Außenmauern in Höhe der Decken. Dazu dienen Anker aus Flacheisen, die von Außenwand zu Außenwand reichen oder an den Enden von Deckenbalken angeschlagen sind **(235)**. An der Außenseite der Außenmauer sind die Flacheisen zu einem Öhr geformt, durch das ein Splint gesteckt ist. Dieser Splint befindet sich gewöhnlich in einer Ritze des Mauerwerks unter Putz **(79)**, kann aber auch sichtbar vor der Wandfläche liegen und besonders ausgestaltet sein. Bei Sanierungsmaßnahmen an Holzdecken sind diese Anker in ihrer Funktion zu erhalten und erforderlichenfalls instand zu setzen. Fehlende Teile müssen ergänzt werden.

Neue Holzteile sind vor dem Versetzen gegen pflanzliche und tierische Schädlinge mit einem Schutzmittel zu imprägnieren. Dabei ist große Sorgfalt geboten, damit das Schutzmittel nicht in die ↑ Unterdecke dringt und dort Flecken verursacht.

Eisenteile sind erforderlichenfalls zu entrosten und jedenfalls rostschützend zu beschichten.

Schäden an Gewölben

Bei fehler- und mangelfreien *Konstruktionen* erfolgt grundsätzlich die *Rekonstruktion*:

□ Einzelne schadhafte Steine werden ausgelöst und durch neue ersetzt.

□ *Risse* werden gemäß ihrer Ursache - zum Beispiel der Gewölbeschub, der von Widerlagermauern, Strebepfeilern oder Ankern **(237)** nicht aufgenommen wird **(77, 186)** - beseitigt.

□ Mechanische Beschädigungen, wie sie bei Gewölbedurchbrüchen zur Leitungsführung erfolgen, sind fachgerecht durch Ausmauern im Verband zu beseitigen. Ausgießen mit Beton ist

235, 236 Wiederherstellen und Erhöhen der Tragfähigkeit einer Holzdecke. Die Decke **(235)** wurde um 1800 verlegt. Sie besteht aus unmittelbar nebeneinanderliegenden, mit der Axt behauenen Holzbalken. Mit dem Ersatz der vorhandenen Bauschutt-Beschüttung durch eine solche mit Hochofenschlacke (in **(235)** im Hintergrund bereits aufgebracht) sollte das Eigengewicht der Decke verringert und damit die Tragfähigkeit der Deckenkonstruktion erhöht werden.
Bei dieser Behebung eines *Mangels* zeigten sich auch *Schäden*: Zwei nebeneinanderliegende Balken hatten infolge Feuchtigkeitseinwirkung unter Schädlingsbefall gelitten. Einer davon konnte ohne Beschädigung der reich ausgestalteten Unterdecke, deren Verrohrung direkt an den Balken befestigt ist, in der Mitte geteilt und ausgelöst werden (in **(235)** unter dem rechten Fuß des Zimmermanns und über der Schiebtruhe liegend). Der zweite Balken hatte jedoch noch feste Verbindung mit der Unterdecke. Er wurde mit der Kettensäge in kurzen Abständen eingeschnitten und dann mit Dechsel **(235)**

nicht fachgerecht und verursacht bei späterer *Adaptierung* Schwierigkeiten.
□ Bei lockerem, brüchigem, teilweise fehlendem Fugenmörtel wird der vollkommen von losem Material gesäuberte Gewölberücken mit dünnem Kalkzementmörtel ausgegossen. Im Falle extremer Erhaltungserfordernisse kann man zur Verfestigung des Fugenmörtels Kunstharz injizieren.

Unzureichende Tragfähigkeit einer sonst mangelfreien und auch schadensfreien Decke

Eine Verstärkung ist vor allem unter Räumen erforderlich, die entgegen ihrer früheren *Funktion* für Menschenansammlungen oder zu Lagerzwecken verwendet werden sollen.

Holzbalkendecken. Die *Adaptierung* erfolgt nach statischem Erfordernis durch
□ Verstärken der einzelnen Deckenbalken **(337 - 345)**
□ Herstellen eines neuen Deckentragwerkes, so daß die alten Deckenbalken nur mehr die ↑ Unterdecke tragen
□ Neuherstellung einer Decke gleicher oder anderer Art.

Gewölbe. Die Tragfähigkeit bei Schadens- und Mangelfreiheit ist unter der Voraussetzung gleichmäßiger Belastung im allgemeinen groß. Reicht sie nicht aus, wird über dem Gewölbe und statisch unabhängig von diesem eine ebene Decke eingezogen. Das Gewölbe hat dann nur mehr die Funktion einer Unterdecke.

Die Anordnung eines neuen, von dem vorhandenen unabhängigen Deckentragwerkes kann auch zweckmäßig sein, wenn
□ die Decke ungenügenden Schallschutz gewährt
□ der Fußboden besonderen Erschütterungen ausgesetzt ist
□ die Unterdecke empfindliche Stukkaturung trägt, die gegen Risse infolge Durchbiegen der Decke zu schützen ist.

Für die Neuherstellung oder Adaptierung eines Deckentragwerkes durch Einziehen einer Massiv-

und Stemmeisen bis auf Pfostenstärke abgetragen. Dieses Restholz wurde samt Unterdecke mit versenkt angeordneten Gestellschrauben an einem neuen Deckenbalken befestigt.
An dem in **(235)** vor dem schadhaften Deckenbereich liegenden Balken ist rechts ein schmiedeeiserner Maueranker angeschlagen.
Vor Aufbringen der neuen Beschüttung wurden die Fugen zwischen den Deckenbalken mit einem Steinwollestrick geschlossen **(236)**.

decke sind vorgefertigte Stahlbetonelemente zwischen oder auf Trägern aus Formstahl besonders zweckmäßig:

□ Auflagermauern müssen nicht durchlaufend aufgeschlitzt werden, sondern werden nur an einzelnen Stellen geschwächt
□ geringe Baufeuchtigkeit
□ kurzfristige Belastbarkeit
□ kein oder nur geringfügiger Aufwand für Schalung und Gerüstung.

Wird die Tragfähigkeit einer Decke durch schadhafte, mangelhafte oder fehlerhafte Auflager beeinträchtigt **(75, 76)**, sind diese entsprechend zu sanieren.

UNTERDECKEN

Das ↑ Deckentragwerk ist nach unten im allgemeinen durch eine Unterdecke begrenzt, der verschiedene Aufgaben in konstruktiver, funktioneller und formaler Hinsicht zukommen. Wegen der Bedeutung des oberen Abschlusses für die *Wirkung* eines Raumes erhielt die Unterdecke vielfach eine farbliche **(36)** oder plastische **(60)** *Ausgestaltung.*
Der Beurteilung von *Qualität* und *Zustand* einer Unterdecke sowie dem Erkennen von *Schäden* und *Mängeln* dient die *Bestandanalyse* **(238)**. Die Maßnahmen zur Behebung von Schäden und Mängeln hängen außer von den konstruktiven Gegebenheiten von Art und Umfang der *Mißstände* ab:

Schäden an der Unterdecke

Bei schadhafter *Beschichtung* auf Holz, Beton oder Putz erfolgt die *Instandhaltung* durch *Erneuerung* der Beschichtung.
Schäden an der Unterdecke selbst machen eine *Instandsetzung* erforderlich, die bei reicher *Ausgestaltung* mit Malerei, Stuck und Schnitzwerk zur *Restaurierung* wird. Verlangt die Instandsetzung eine teilweise oder gänzliche Erneuerung, erfolgt die *Rekonstruktion* nach Entfernen der alten Unterdecke **(97-99)**. Bestandanalytisch festgestellte *Fehler* in *Planung* oder *Ausführung* der ursprünglichen Unterdecke können dabei ebenso wie die in der Folge behandelten *Mängel* beseitigt werden.

Restaurierung von Stuckdecken

Schäden an Stuckdecken können betreffen:

1. ↑ Deckentragwerk. Die Ursache von *Rissen* und Stauchungen im Stuck sowie von dessen Abfallen sind oft zu große Formänderungen des Deckentragwerkes, wie sie bei Be- und Entlastung weitgespannter Holzdecken als *Mangel*, bei Gewölben durch Nachgeben der Widerlager als Folge von *Schäden* auftreten können. Dabei muß die *Sanierung* vom Deckentragwerk ausgehen.
In schweren Schadensfällen des Deckentragwerkes, die dessen vollständige *Erneuerung* erfordern – beispielsweise bei starkem Hausschwammbefall – kann es bei wertvollen Stukkaturen erforderlich sein, diese nach Anwendung von Verfahren 14 (Fotografische Aufnahmen) der *Bestandanalyse* in Teilstücken geeigneter Größe abzunehmen und am neuen Deckentragwerk wieder zu befestigen.

2. Eigene Tragkonstruktion der Unterdecke. Es kann sich dabei um eine vom Deckentragwerk konstruktiv getrennte Holzbalkendecke handeln. Seit der Barockzeit sind auch vom Deckentragwerk sowohl konstruktiv als auch formal unabhängige *Scheinkonstruktionen*, meist Scheingewöl-

be aus Holz, ausgeführt worden. Formänderungen solcher Tragkonstruktionen der Unterdecke können ebenfalls zu Rissen und Stauchungen im Stuck führen, vor allem im Bereich großer Hohlkehlen zwischen Wand und Decke sowie am Übergang von einem Scheingewölbe zur Wand.
Sind die Ursachen der Risse in normalem Quellen und Schwinden des Holzes gelegen und ungefährlich, können sie mit Glasvlies überbrückt werden. Wo dies formal zulässig ist, beispielsweise oberhalb eines Gesimses, ist die Umwandlung solcher Risse in eine Bewegungsfuge zweckmäßig.

3. Befestigung der Stukkatur (Stuck samt Stuckträger) am ↑ Deckentragwerk oder an einer Tragkonstruktion der Unterdecke. Drähte und Nägel zur Befestigung von Stukkatur auf Holzkonstruktionen können durch Korrosion oder mechanische Beschädigung ihre Funktionsfähigkeit verlieren. Die Stukkatur löst sich von ihrer Tragkonstruktion und wird rissig. Nach *Sicherung* absturzgefährdeter Stukkaturbereiche kann die neuerliche Befestigung mit Metallplättchen erfolgen, die im erforderlichen Abstand versenkt in der Stukkatur angeordnet und an der tragenden Holzkonstruktion angeschraubt werden.
In ähnlicher Weise wird Stukkatur, die sich von Gewölbemauerwerk gelöst hat, wieder an ihrer Tragkonstruktion befestigt, wobei im Mauerwerk Dübel vorzusehen sind. Es ist aber auch möglich, durch feine Löcher in der Stukkatur ein Klebemittel einzuspritzen und sodann mit Latten die Stukkatur an das Mauerwerk zu pressen.

4. Stuckträger. Dazu dienen Verrohrungen mit Stukkaturrohr sowie Lattungen. Ist der Stukkaturträger in kleinen Bereichen durch Feuchtigkeitseinwirkung verrottet oder durch mechanische Beschädigung gebrochen, wird dort die meist rissige Stukkatur

□ vorsichtig abgenommen
□ um die Dicke des Stuckträgers und eines Klebemörtels abgearbeitet
□ mit Klebemörtel an einem neuen Stuckträger befestigt.

Vorher sind die Ursachen der Feuchtigkeit nach Verfahren 10 (Feuchtigkeitsmessung) der *Bestandanalyse* zu ermitteln und sodann zu beseitigen.

5. Stuck. Für die Herstellung von Stuckmörtel wurden vor allem Gips, Kalk, Marmorsand und -mehl verwendet, aber auch Holzkohle, gehackte Kälberhaare, zerriebene Seile, Leim, Zuckermelasse und Bier. Zur oberflächlichen Farbgebung oder zur Durchfärbung des Stuckmörtels dienten Mineralfarben und Ruß. Metallauflagen erfolgten mit Blattgold, -silber und -kupfer. Polierte Stuckoberflächen wurden unter anderem mit warmen Wachs-Harz-Öl-Mischungen geschaffen.
Sanierungsbedürftig ist der meist aus Unterputz, Grobstuck und Feinstuck bestehende Stuck bei folgenden Mißständen:

□ Festigkeitsverlust infolge fehlerhafter Herstellung und Verarbeitung des Stuckmörtels. Zur Sanierung ist besonders bei wertvollen Stuckdecken eine chemische Verfestigung zu versuchen. Gelingt das nicht, müssen die schadhaften Teile erneuert werden.
□ Zerstörung des Materialgefüges durch längerdauernde oder ständige Durchfeuchtung. Zunächst ist die Ursache der Feuchtigkeit zu ermitteln und zu beseitigen. Sodann sind die schadhaften Stuckteile zu erneuern, sofern sie nicht chemisch verfestigt werden können. Ausblühungen sind trocken abzubürsten.
□ Mechanische Beschädigung, insbesondere durch unsachgemäßes Entfernen von *Beschichtungen*. Die fehlenden Teile werden ergänzt.
□ Rissigkeit. Risse sind erst nach Feststellung und Beseitigung ihrer Ursachen (siehe die vorangegangenen Punkte 1 bis 4) zu schließen.

Erneuerungsbedürftige und fehlende Stuckteile werden durch *Rekonstruktion* ergänzt. Auf Form und Farbe der zu ergänzenden Teile kann dabei entweder aus den noch erhaltenen Teilen der Stuckdecke oder aus bildlichen Darstellungen (*Bestandanalyse*, Verfahren 2) geschlossen werden.

6. Oberflächenbehandlung. Ist durch Beschichtung mit Kalk oder anderen Materialien die ursprüngliche Farbgebung überdeckt oder die plastische Ausgestaltung kaum mehr erkennbar, muß die Stuckoberfläche wie bei Wandstuck **(70, 71)** freigelegt werden. Eine solche Freilegung ist grundsätzlich der Erneuerung durch Rekonstruktion vorzuziehen. Sie erfordert große spezielle Fachkenntnis und beträchtlichen Zeitaufwand. Ist eine sachgemäße Freilegung aus personellen, zeitlichen oder finanziellen Gründen nicht möglich, sollte nur eine *Konservierung* erfolgen, damit die Möglichkeit einer späteren sachgemäßen Sanierung erhalten bleibt.

Die Art der Freilegung hängt vom Beschichtungsmaterial ab:

□ Leim- und Ölfarben sind durch Anwendung chemischer Mittel zu entfernen.

□ Kalkübertünchungen werden mechanisch mit meist spachtelähnlichen Werkzeugen vorsichtig entfernt. Bewährt hat sich auch die sogenannte Leim-Strappo-Methode. Dabei wird auf der beschichteten Oberfläche nach Reinigung Knochen- oder Hautleim mit dem Pinsel aufgetragen. Die so behandelte Oberfläche bestrahlt man mit Infrarotlampen, wodurch der Leim unter starker Schrumpfung trocknet, sich einrollt und dabei eine oder mehrere Schichten von der ursprünglichen Stuckoberfläche abhebt. Bei mehrschichtigen Übertünchungen ist das Verfahren so oft als erforderlich zu wiederholen. In Vertiefungen verbleibende Reste der Beschichtung müssen mechanisch entfernt werden.

Nach erfolgter Freilegung ist die ursprüngliche Stuckoberfläche wiederherzustellen durch

□ Ausfüllen kleiner Fehlstellen

□ Beschichten (Fachausdruck: Fassen) der Oberfläche im Originalton - materialfarbig weißgrau, weiß oder farbig. Bildliche Darstellungen sind fachgerecht zu restaurieren.

Mangelhafte formale Qualität

Maßnahmen der *Adaptierung* sind:

□ Herstellen einer ebenen Untersicht bei offenen Stahlbeton-Plattenbalkendecken und -Rippendecken durch

Schalung

Gipskarton-Bauplatten

Putz auf Putzträger

□ Ausgestaltung einer verputzten Decke mit Stuckelementen, die nach Entfernen von *Beschichtungen* direkt am Deckenputz angebracht werden

□ Ausführung einer Stuckdecke.

Ungenügende Wärme- und Schalldämmung

Der *Mangel* kann durch *Adaptierungen* folgender Art behoben werden:

□ direktes Befestigen von Dämmstoffen an der bestehenden Decke

□ Abhängen einer Unterdecke mit Dämmwirkung

□ Herstellen einer selbsttragenden, dämmenden Unterdecke.

Darf der Raum unter der Decke nicht in die Baumaßnahmen einbezogen werden oder hat die Unterdecke durch Malerei, Stuck oder Schnitzwerk besonderen *Wert*, müssen die Maßnahmen im Bereich des Fußbodens erfolgen.

Zu groß empfundene Raumhöhe

Dieser *Mangel* entsteht besonders bei der grundrißlichen Unterteilung großer hoher Räume in kleinere, beispielsweise in Sanitärräume, die dann wie Schächte wirken.

Die *Adaptierung* kann erfolgen durch eine

□ von der bestehenden Decke abgehängte Konstruktion der Unterdecke

□ seitlich an den Wänden befestigte selbständige Konstruktion der Unterdecke.

Dabei ist es zweckmäßig, einzelne Elemente der Unterdecke abnehmbar auszubilden, damit der Raum darüber nötigenfalls leicht zugänglich ist – insbesondere im Hinblick auf dort verlegte Leitungen ↑ gebäudetechnischer Anlagen.

237 Laubengang einer Burg, überspannt mit einer Reihe von Kreuzgewölben. Der über den Säulen wirkende Gewölbeschub wird durch schmiedeeiserne Anker aufgenommen, die in Längsrichtung des Ganges und senkrecht dazu angeordnet sind.

238 Beurteilung von *Qualität* und *Zustand* einer Unterdecke sowie Erkennen von *Schäden* und *Mängeln* durch *Bestandanalyse*

	Verfahren der Bestandanalyse	Baukörper	Anwendung der Bestandanalyse
1	Auswerten vorhandener Pläne	Alle Arten Unterdecken	Erkunden von konstruktivem Aufbau und Tragfähigkeit (Beleuchtungskörper!) sowie ob, wann und welche Veränderungen an der ursprünglichen Unterdecke vorgenommen wurden
2	Auswerten bildlicher Darstellungen		
3	Auswerten schriftlicher Quellen		
4	Auswerten mündlicher Überlieferungen		
5	Augenschein	Alle Arten Unterdecken	Allgemeine Feststellungen – ausgehend von der Oberfläche – über Qualität und Zustand
6	Befühlen	Unterdecken aus Holz, verputzt oder unverputzt	Grobe Feststellung der oberflächlichen Festigkeit und Feuchtigkeit
7	Abklopfen	Alle Arten Unterdecken	Beurteilung bestimmter Qualitäts- und Zustandsmerkmale im Oberflächenbereich
		Unterdecken von Holzbalkendecken, Stahlbeton-Plattenbalkendecken und -Rippendecken mit ebener Untersicht	Liegt die Unterdecke den Balken und Rippen an, läßt sich deren Lage durch Abklopfen am hellen Klang feststellen. Bei abgehängten oder selbsttragenden Unterdecken ist der Klang durchgehend dumpf
10	Feuchtigkeitsmessung	Alle Arten Unterdecken	Verfolgen des Austrocknens nach vorübergehender Feuchtigkeitseinwirkung auf die Decke
12	Messen von Formänderungen	Alle Arten Unterdecken	Beobachten von Rissen
14	Fotografische Aufnahmen	Stuckdecken	Dokumentation wichtiger Sanierungsphasen
16	Entfernen von Beschichtungen und Bekleidungen	Alle Arten Unterdecken	Feststellen der Oberflächenbeschaffenheit der Unterdecke, vor allem von Schäden und Mängeln
17	Freilegen der Grundkonstruktion (das ist die Tragkonstruktion der Unterdecke)	Unterdecken mit eigener Tragkonstruktion	Als Voraussetzung für die Verfahren 5, 6, 7, 10, 12 und 14
		Stuckdecken	Stuck und Stuckträger werden erforderlichenfalls teilweise oder ganz entfernt. Bei gut erhaltenen sowie plastisch und farblich ausgestalteten Stukkaturen sind Öffnungen nur im unbedingt erforderlichen Ausmaß und nur dort herzustellen, wo sie leicht wieder geschlossen werden können, meist also in ebenen Oberflächenbereichen
18	Öffnen der Grundkonstruktion	Unterdecken mit eigener Tragkonstruktion	Feststellen von Aufbau und Zustand der Tragkonstruktion

	Verfahren der Bestandanalyse	Baukörper	Anwendung der Bestandanalyse
19	Endoskopie	Abgehängte oder selbsttragende Unterdecken	Einsehen des Hohlraumes zwischen Deckentragwerk und Unterdecke zur Feststellung von deren Beschaffenheit und Zustand an der Oberseite sowie gegebenenfalls der Art und Beschaffenheit einer Aufhängung
20	Probenentnahme	Stuckdecken	Feststellen der Materialbeschaffenheit, vor allem durch chemische Analyse

FUSSBÖDEN

Der das ↑ Deckentragwerk nach oben begrenzende Fußboden hat verschiedene, von der Raumnutzung abhängige Aufgaben in funktioneller, konstruktiver und nicht zuletzt formaler Hinsicht zu erfüllen. Er ist der Abnützung und anderen Beschädigungen durch

- □ Begehen
- □ Befahren
- □ Bewegen von Einrichtungsgegenständen und Lagergut

meist stark ausgesetzt. Trotzdem haben sich Fußböden aus mitunter weit zurückliegender Zeit bis heute erhalten. Dazu gehören:

1. Holzfußböden:
- □ Pfosten- oder Bohlenböden
- □ Bretter- oder Dielenböden
- □ Tafelböden, bei denen je zwei Bretter miteinander verleimt sind
- □ Schiffböden, deren Bretter durch Feder und Nut verbunden sind
- □ Stabparkettböden (Brettlböden) auf Blindboden **(2, 48)**
- □ Tafelparkettböden einschließlich Intarsiaböden auf Blindboden **(1, 50, 58, 72)**.

2. Pflaster, verlegt in Sand- oder Mörtelbett, aus
- □ natürlichen Steinen **(106, 130)**
- □ gebrannten Steinen wie Ziegeln **(32, 180)** und Fliesen
- □ gebundenen Steinen **(3)**, hergestellt in einem Abbindevorgang meist mit Zement als Bindemittel.

3. Estriche, das sind aus mörtelartigen Massen hergestellte fugenlose Fußböden.
4. Beläge (*Bekleidung*).

Der Beurteilung von *Qualität* und *Zustand* eines Fußbodens sowie dem Erkennen von *Schäden* und *Mängeln* dient die *Bestandanalyse* **(239)**. Die Maßnahmen zur Behebung von Schäden und Mängeln hängen außer von den konstruktiven Gegebenheiten von Art und Umfang der bestehenden *Mißstände* ab:

Schäden an Holzfußböden

Betrifft der *Schaden* die *Beschichtung*, wird die *Instandhaltung* durch *Erneuerung* der Beschichtung - Anstrich oder Versiegelung - vorgenommen. Ausgetretene, abgeriebene oder fleckige Böden sind zuvor abzuschleifen.

Zur *Instandsetzung* werden schadhafte Teile des Fußbodens ausgewechselt oder ergänzt. Offene Fugen von Bretterböden werden ausgespant. Bei Tafelparkettböden, insbesondere Intarsiaböden, ist *Restaurierung* mit großer Sorgfalt bei der Wahl des Holzes und bei der Ausführung erforderlich.

Bei Erneuerungsbedürftigkeit erfolgt die *Rekonstruktion* nach Abheben des alten Bodens. Meist ist dabei auch der Wandputz im Fußbodenbereich instandzusetzen. Eine Erneuerung ist vor allem bei Vorhandensein tierischer und pflanzlicher Holzschädlinge erforderlich. Vom Hausschwamm befallene Böden **(320)** sind samt Beschüttung bis auf Wand- und Deckentragwerk zu entfernen und nach Imprägnieren von Wand und Decke mit einem geeigneten Schutzmittel mit ebenfalls imprägniertem Holz zu erneuern.

Bestandanalytisch festgestellte *Fehler* in *Planung* oder *Ausführung* des ursprünglichen Fußbodens können im Zuge einer Erneuerung beseitigt werden.

239 Beurteilung von *Qualität* und *Zustand* eines Fußbodens sowie Erkennen von *Schäden* und *Mängeln* durch *Bestandanalyse*

	Verfahren der Bestandanalyse	Baukörper	Anwendung der Bestandanalyse
1	Auswerten vorhandener Pläne	Alle Arten Fußböden	Erkunden ob, wann und welche Veränderungen an dem ursprünglichen Fußboden vorgenommen wurden
2	Auswerten bildlicher Darstellungen		
3	Auswerten schriftlicher Quellen		
4	Auswerten mündlicher Überlieferungen		
5	Augenschein	Alle Arten Fußböden	Allgemeine Feststellungen – ausgehend von der Oberfläche – über Qualität und Zustand
		Holzfußböden	Feststellen von Insektenbefall an Fluglöchern und Bohrmehl (↑ Holzkonstruktionen)
7	Abklopfen	Alle Arten Fußböden	Beurteilung bestimmter Qualitäts- und Zustandsmerkmale im Oberflächenbereich
9	Ermittlung der Oberflächenhärte	Pflaster, Estrich, Beläge	Festigkeitsbestimmung
10	Feuchtigkeitsmessung	Fußböden aus porösen Materialien	Bestimmung des Feuchtigkeitsgehaltes, insbesondere bei Holzfußböden von nicht unterkellerten und von Naßräumen
14	Fotografische Aufnahmen	Alle Arten Fußböden	Dokumentation wichtiger, auf andere Weise nicht oder nur schwer erfaßbarer Phasen der Sanierung
16	Entfernen von Beschichtungen und Bekleidungen	Alle Arten Fußböden	Feststellen der Oberflächenbeschaffenheit des beschichteten oder bekleideten Fußbodens, vor allem von Schäden und Mängeln
19	Endoskopie	Alle Arten Fußböden	Feststellen des Aufbaues sowie von Qualität und Zustand der durchbohrten Materialien
20	Probenentnahme	Pflaster, Estrich, Beläge	Materialprüfung
		Holzfußböden	Materialprüfung des Holzes und Bestimmung seiner Schädlinge

Schäden an Fußböden aus Steinplatten

Sind die einzelnen plattenförmigen Elemente eines Pflasters aus natürlichen, gebrannten oder gebundenen Steinen

☐ an den Kanten abgestoßen
☐ in der Fläche ausgeschlagen
☐ gesprungen
☐ wackelig
☐ nicht in der Bodenebene liegend,

werden zur *Instandsetzung* diese Steine neu versetzt, wobei man erneuerungsbedürftige austauscht. Befinden sich die Steine jedoch nicht mehr im Handel, was bei älteren Plattenböden meist der Fall ist, sind sie

☐ dem Gebäude an anderer Stelle zu entnehmen, z. B. so, daß man die Platten zweier schadhafter Fußbodenflächen zu einer davon verwendet und die zweite mit anderem Material adaptiert

☐ von einem Abbruch oder aus einem Depot zu besorgen

☐ besonders anzufertigen.

Das Auslösen schadhafter, lockerer sowie nicht bodenebener Steine und Ausgießen der Fehlstellen mit Mörtelmassen ist nur zur vorübergehenden *Sicherung* anzuwenden oder dann, wenn der Boden mit einem Belag überdeckt werden soll.

Schäden an Estrichböden

Die *Instandsetzung* durch Beseitigen von Rissen und Unebenheiten in formal befriedigender Weise ist schwierig, wenn der Boden danach nicht einen deckenden Anstrich erhält. Häufig wird der Boden gespachtelt, eventuell geschliffen und dann mit Linoleum, Kunststoff oder textilem Material belegt.

Mängel an Holzfußböden

Dem Wunsch nach Adaptierung eines Fußbodens, der

☐ nicht einfach genug zu reinigen und zu pflegen ist

☐ als unmodern oder unansehnlich empfunden wird,

kann durch teilweises oder gänzliches Abtragen der vorhandenen Fußbodenkonstruktion und Herstellen einer neuen entsprochen werden.

Unter Belassung des bestehenden Fußbodens kommen folgende Adaptierungsmaßnahmen in Betracht:

☐ Auf ebenem Boden direktes Auflegen eines Linoleum-, Kunststoff- oder textilen Belages.

☐ Bei geringen Unebenheiten kann über dem alten Fußboden eine Hartfaserplatte angeordnet werden, die den Belag trägt.

☐ Auf sehr unebenen Fußböden oder bei stark durchhängenden Decken wird für den Belag ein Unterbau aus Spanplatten auf entsprechend unterpackelten oder unterkeilten Latten verlegt. Diese Anordnung führt zu Stolperstufen und kann nicht unerhebliche adaptive Maßnahmen im Bereich der Türen und Fenster erfordern.

☐ Verlegen eines neuen Holzfußbodens auf dem nun als Blindboden verwendeten alten Fußboden mit Ausgleich von dessen Unebenheiten durch Holzpackeln oder -keile, wobei auch hier das Fußbodenniveau erhöht wird.

Diese Maßnahmen sind im Grunde nicht als *Sanierung* anzusehen, sondern ergeben ein Provisorium, dessen *Qualität* und Bestandsdauer denjenigen des gesamten Gebäudes meist nicht entspricht. Erkennbare und nicht erkennbare Schäden am alten Fußboden werden nicht behoben, sondern nur überdeckt.

Holzböden, in die von unten oder seitlich Feuchtigkeit dringen kann, dürfen keinesfalls durch *Beläge* abgedeckt werden.

Mangelnde Wasserdichtheit eines Fußbodens

Ist unter bestehenden oder geplanten Naßräumen, insbesondere Sanitärräumen, der Fußboden nicht wasserdicht, muß er entfernt werden. Sodann kommt über einer Schicht Unterbeton – besser sind vorgefertigte Stahlbetonplatten – als Träger der Feuchtigkeitsabdichtung ein Pflaster oder ein Estrich.

Für solche Adaptierungsmaßnahmen zur Beseitigung von *Mängeln* an Fußböden gilt vor allem, daß der neue Fußboden nicht schwerer als der alte sein soll. Ist eine Vermehrung des Gesamtgewichtes der Decke unvermeidlich, muß im Tragfähigkeitsnachweis (*Bestandanalyse*, Verfahren 15) die verbleibende höchstzulässige Nutzlast ermittelt werden.

TREPPEN

Entsprechend der materiellen und immateriellen *Funktion* einer Treppe haben sich in einer langen Zeitspanne in Burgen, Schlössern, Kirchen, Amts- und Wohnhäusern verschiedene Grundformen herausgebildet. Sie reichen von den sehr wenig Raum beanspruchenden Wendeltreppen mit Spindel, die in einem Hohlraum einer Mauer Platz finden konnten, bis zu mehrläufigen Prunkstiegen großer Ausdehnung. Als Material dienten Holz, Naturstein und Ziegel, später Kunststein, Eisen, Stahl und Stahlbeton.

Der Beurteilung von *Qualität* und *Zustand* einer Treppe sowie dem Erkennen von *Schäden* und *Mängeln* dient die *Bestandanalyse* **(240)**. Die im folgenden an einigen häufig vorkommenden Fällen der Praxis dargelegten Maßnahmen zur Behebung von Schäden und Mängeln hängen außer von den konstruktiven Gegebenheiten von Art und Umfang dieser *Mißstände* ab. Hinsichtlich *Instandhaltung, Instandsetzung* und *Adaptierung* von Treppen aus Holz, Eisen und Stahl sind auch die Kapitel ↑ Holzkonstruktionen sowie ↑ Eisen- und Stahlkonstruktionen maßgebend.

	Verfahren der Bestandanalyse	Baukörper	Anwendung der Bestandanalyse
1	Auswerten vorhandener Pläne	Alle Arten Treppen	Erkunden von konstruktivem Aufbau und Tragfähigkeit sowie ob, wann und welche Veränderungen an der ursprünglichen Treppe vorgenommen wurden
2	Auswerten bildlicher Darstellungen		
3	Auswerten schriftlicher Quellen		
4	Auswerten mündlicher Überlieferungen		
5	Augenschein	Alle Arten Treppen	Allgemeine Feststellungen – ausgehend von der Oberfläche – über Qualität und Zustand
		Holztreppen	Feststellen von Insektenbefall an Fluglöchern und Bohrmehl (↑ Holzkonstruktionen)
6	Befühlen	Alle Arten Treppen	Grobe Feststellung der oberflächlichen Festigkeit und Feuchtigkeit
7	Abklopfen	Alle Arten Treppen	Beurteilung bestimmter Qualitäts- und Zustandsmerkmale im Oberflächenbereich
9	Ermittlung der Oberflächenhärte	Stahlbetontreppen	Bestimmung der Druckfestigkeit des Betons
10	Feuchtigkeitsmessung	Holztreppen	Bestimmung des Feuchtigkeitsgehaltes, besonders im Bereich feuchter Wände und Decken
11	Aufsuchen von Metallen	Stahlbetontreppen	Feststellen der Bewehrung
13	Planliche Aufnahmen	Alle Arten Treppen	Bei Maßnahmen an räumlich komplizierten Treppenanlagen und bei umfassenden Sanierungsmaßnahmen, insbesondere Adaptierungen
15	Statische und andere Berechnungen	Alle Arten Treppen	Tragfähigkeitsnachweis
16	Entfernen von Beschichtungen und Bekleidungen	Holztreppen, Stahltreppen	Anstriche und Beläge werden entfernt, wenn darunter Schäden an Holz oder Stahl zu vermuten sind
17	Freilegen der Grundkonstruktion	Treppen aus Holz, Stein und Stahlbeton mit verputzter Untersicht	Feststellen von Aufbau und Zustand der Treppe
18	Öffnen der Grundkonstruktion	Holztreppen	Feststellen von holzzerstörenden Pilzen und Insekten
		Stahlbetontreppen	Überprüfen der Bewehrung
20	Probenentnahme	Holztreppen	Materialprüfung des Holzes und Bestimmung seiner Schädlinge
		Stahlbetontreppen	Materialprüfung von Beton und Stahl
		Stahltreppen	Materialprüfung

Schäden an Holztreppen

Zur *Instandhaltung* wird eine schadhafte *Beschichtung* – Anstrich oder Versiegelung – erneuert.

Die *Instandsetzung* abgetretener Stufen erfolgt durch

☐ Erneuerung der Trittstufe

☐ Einsetzen eines Paßstückes.

Nicht als Maßnahme der Instandsetzung, sondern als Provisorium ist es anzusehen, wenn die Fehlstellen mit Kunststoff-Spachtelmasse ausgefüllt und die Trittstufen sodann mit einem Belag versehen werden.

Ist eine mangelfreie Stiege beispielsweise infolge dauernder Feuchtigkeitseinwirkung erneuerungsbedürftig, wird sie rekonstruiert, gegebenenfalls unter Verwendung brauchbarer Elemente der alten Stiege wie eines reich verzierten Geländers.

Schäden an Naturstein- und Kunststeintreppen

Die *Instandsetzung* abgetretener oder abgeschlagener Stufen erfolgt durch

☐ Einsetzen von Paßstücken gleichen Materials;

☐ Aufbringen einer Kunststeinmasse, die danach steinmetzmäßig bearbeitet werden kann.

Als Provisorium wird den Stufen nach Auffüllen der Fehlstellen mit einer Kunststoff-Spachtelmasse ein Belag aufgeklebt.

Gesprungene Stufen werden saniert durch

☐ Erneuerung

☐ Unterstützen mit Stahl- oder Stahlbetonträgern

☐ kraftschlüssiges Ausfüllen der *Risse* mit Kunstharz.

Mängel einer Treppe

Besonders in historischen Gebäuden, in denen Veranstaltungen mit großer Teilnehmerzahl stattfinden sollen, sind die vorhandenen Treppen als Fluchtwege im Katastrophenfall (Brand, Panik) häufig nicht geeignet oder nicht ausreichend. Aus diesem oder einem anderen Grund auftretende *Mängel* können in folgender Weise behoben werden:

1. Bei zu geringer Tragfähigkeit ist meist eine *Adaptierung* mit einer Hilfskonstruktion nach statischem Erfordernis möglich.

2. Die Widerstandsfähigkeit gegen Feuer kann – insbesondere bei Weichholztreppen – durch unterseitiges Aufbringen eines Putzes, erforderlichenfalls auf Putzträger, erhöht werden. Treppen aus Eichenholz gelten auch ohne Putz als feuerhemmend.

3. Bei einer zu schmalen oder zu steilen Treppe ist vielfach wegen des größeren Raumbedarfes der neuen Treppe eine Adaptierung unmöglich und des hohen immateriellen *Wertes* der bestehenden Treppe wegen oft auch unzulässig. In solchen Fällen kann die Anordnung einer zusätzlichen Treppe in

☐ dafür umgewidmeten Räumen an anderer Stelle des Gebäudes

☐ einem Schacht oder einem Innenhof

☐ einem *Zubau*

zweckmäßig sein.

DACHTRAGWERKE

Das Dachtragwerk hat die ↑ Dachdeckung zu tragen und über diese Belastungen durch Wind und Schnee aufzunehmen und abzuleiten.

Die Dachform **(241–260)** – vor allem die Dachneigung – und damit auch die Konstruktion des Dachtragwerkes waren bis in das 19. Jahrhundert bestimmt von

☐ den klimatischen Verhältnissen

☐ den verfügbaren Deckungsmaterialien

☐ der Nutzung des Dachraumes.

Weil alle drei Faktoren regional annähernd die gleichen waren, entwickelten sich im Laufe der Jahrhunderte verschiedene bodenständige Dachformen **(261)**, die den Siedlungen ihr charakteristisches Gepräge gaben. Dazu kamen Dächer, vor allem solche herrschaftlicher und kirchlicher Bauten, deren Formen überregionalen Architekturströmungen folgten.

Den unterschiedlichen Erfordernissen von Dachform, Dachdeckung, Dachbelastung, Spannweite und Dachraumnutzung folgend ist eine Vielzahl verschiedenartiger Dachkonstruktionen ausgeführt worden **(297–304)**. Grundsätzlich wird bei hölzernen Dachtragwerken die horizontal verlaufende Lattung **(267–270)** oder Schalung **(271, 272)** der Dachdeckung an senkrecht dazu in der Dachneigung angeordneten Rundhölzern **(145, 146)** oder Kanthölzern des Dachtragwerkes – Sparren – befestigt. Wenn diese die Dachlasten direkt ableiten, spricht man von einem Sparrendach **(262)**. Werden die Dachlasten von den Sparren über senkrecht dazu und waagrecht verlaufende Balken – Pfetten – abgeleitet, handelt es sich um ein Pfettendach **(263)**.

Neben Dachtragwerken aus Holz wurden seit der Mitte des 19. Jahrhunderts auch ↑ Eisen- und Stahl-

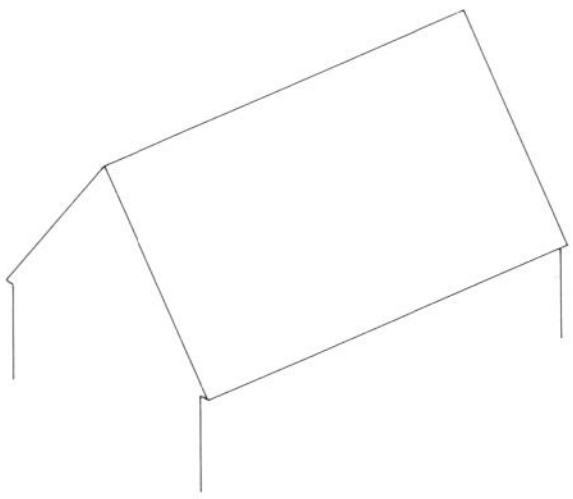
241
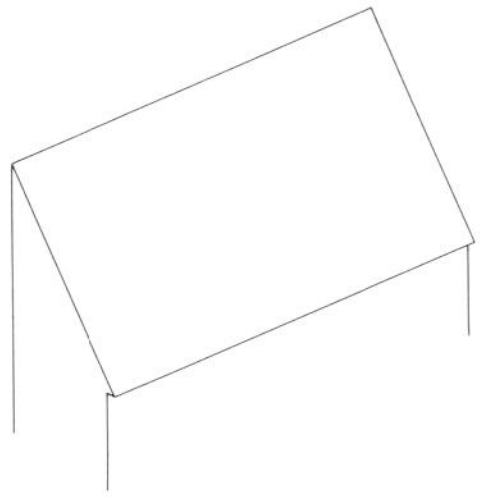
242
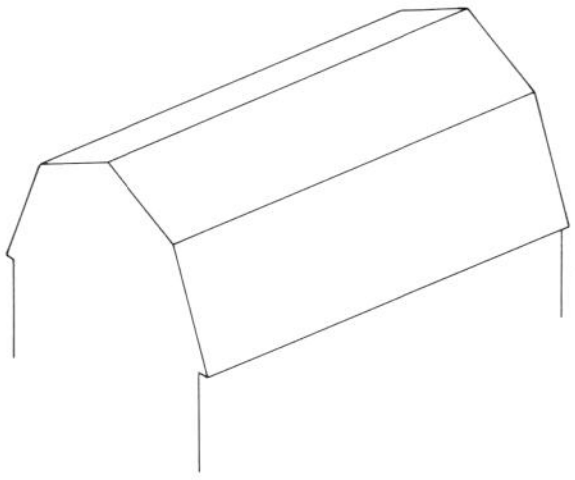
243
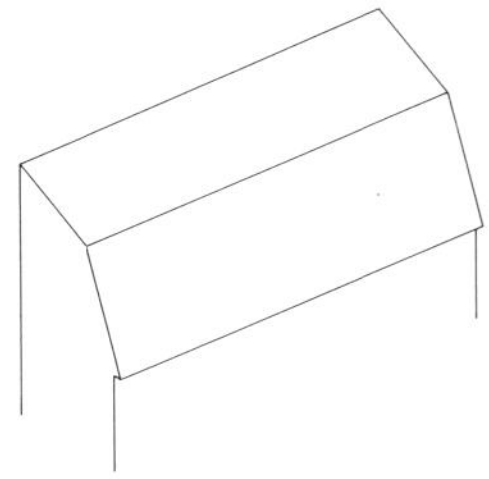
244
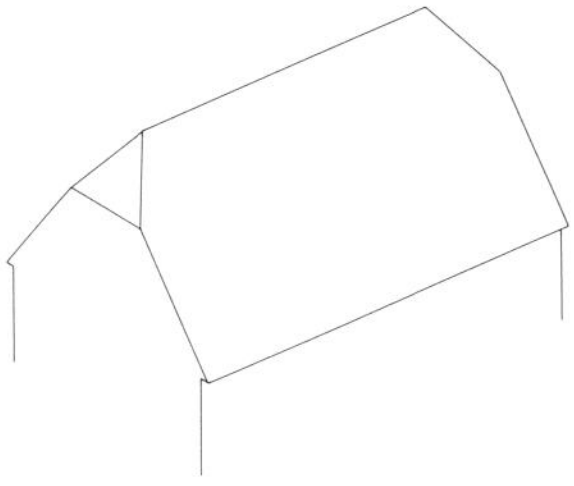
245
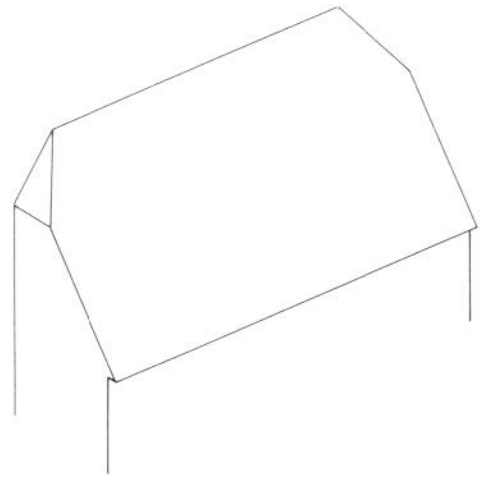
246
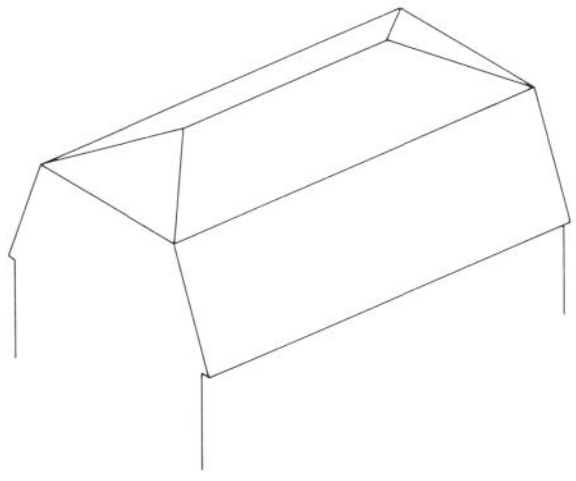
247
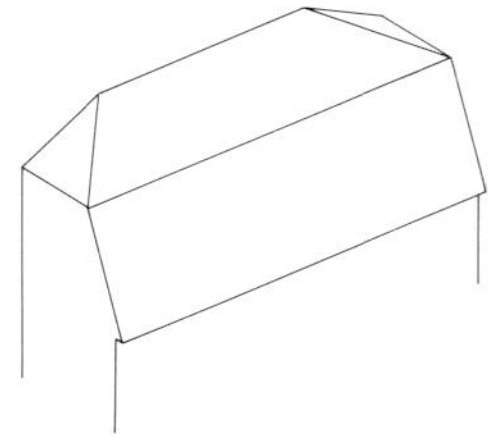
248
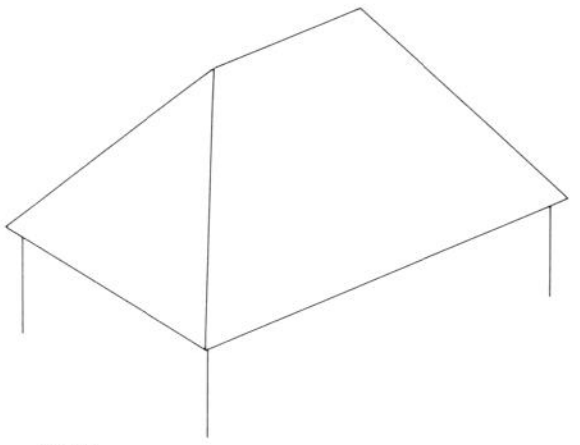
249
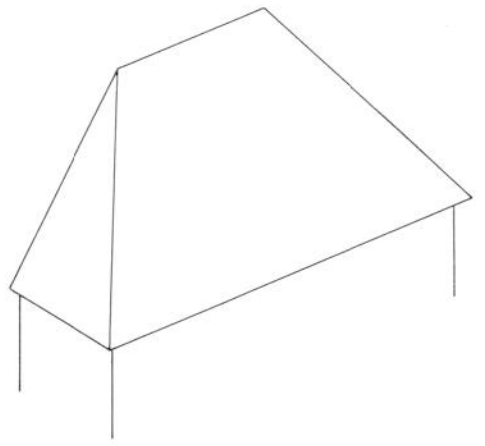
250
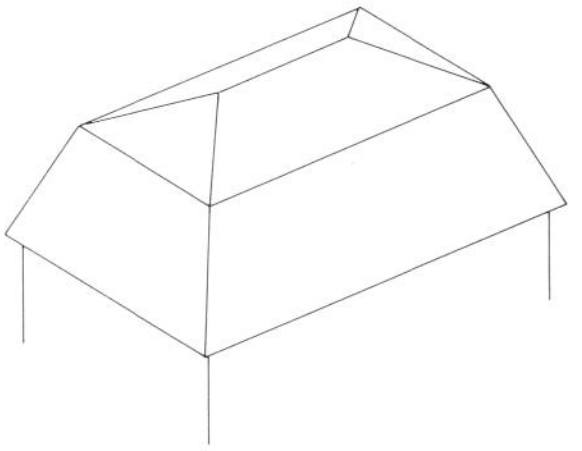
251
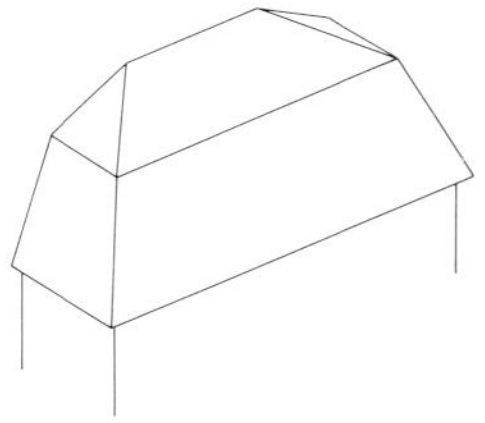
252
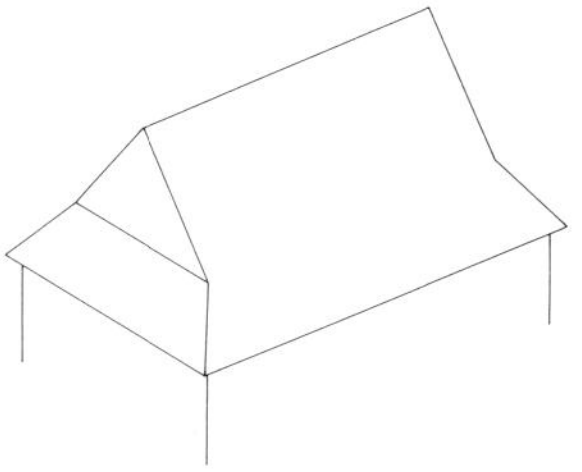
253
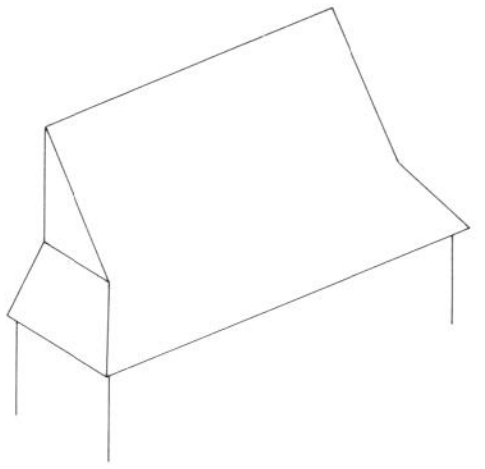
254
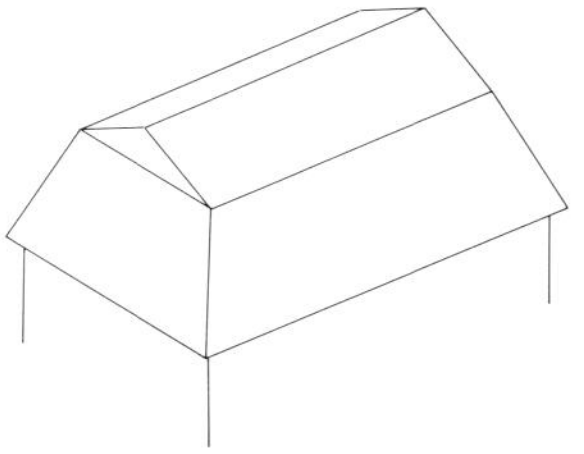
255
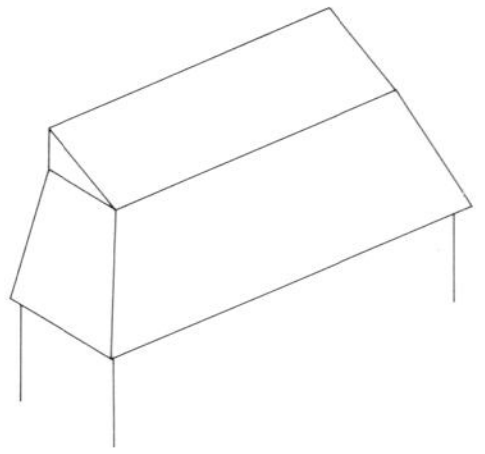
256

konstruktionen vor allem für weitgespannte Dächer verwendet **(264, 265)**.
Der Beurteilung von *Qualität* und *Zustand* eines Dachtragwerkes sowie dem Erkennen von *Schäden* und *Mängeln* dient die *Bestandanalyse* **(266)**.

Für die im Laufe der Jahrhunderte entstandene Vielfalt verschiedener Dachtragwerke einerseits sowie deren mögliche Schäden, Mängel und *Fehler* lassen sich folgende allgemeine Grundsätze der *Sanierung* angeben:
1. Die *Planung* und *Ausführung* von Sanierungsmaßnahmen hat auf Grund statischer Berechnungen nach den Regeln des Handwerks und der Technik entsprechend Art und Umfang von Schäden, Mängeln und Fehlern zu erfolgen.
2. Im Zusammenhang mit der statischen Berechnung ist bestandanalytisch festzustellen, ob erforderliche Konstruktionselemente des Dachtragwerkes geschwächt sind oder fehlen, die
□ durch Kriegseinwirkung, Explosion, Brand, Korrosion sowie holzzerstörende Pflanzen und Insekten Schaden genommen haben
□ eine *Adaptierung* – vor allem einen Ausbau – behindert haben.
Durch die *Bestandanalyse* ist auch zu erkunden, ob Aufbauten wie Dachgaupen und Dachreiter vorhanden waren, die aus wirtschaftlichen Erwägungen oder zur *Modernisierung* entfernt wurden und rekonstruiert werden könnten.
3. Elemente eines Dachtragwerkes, die auf Grund der Berechnung statisch unwirksam sind

241–260 Dachformen. Dächer mit einer Firstgeraden: Satteldach **(241)**, Pultdach **(242)**, Mansarddach **(243)**, Mansardpultdach **(244)**, Schopfwalmdach **(245)**, Schopfwalm-Pultdach **(246)**, Schopfwalm-Mansarddach **(247)**, Schopfwalm-Mansardpultdach **(248)**, Walmdach **(249)**, abgewalmtes Pultdach **(250)**, abgewalmtes Mansarddach **(251)**, abgewalmtes Mansardpultdach **(252)**, Fußwalmdach **(253)**, Fußwalm-Pultdach **(254)**, Fußwalm-Mansarddach **(255)**, Fußwalm-Mansardpultdach **(256)**. Dächer mit einem Firstpunkt: Pyramidenzeltdach **(257)**, Mansard-Pyramidenzeltdach **(258)**, Kegelzeltdach **(259)**, Mansard-Kegelzeltdach **(260)**. Bei großer Neigung der Dachflächen (in **(257)** und **(259)** gestrichelt) werden die Dächer mit einem Firstpunkt als Turmdächer bezeichnet.

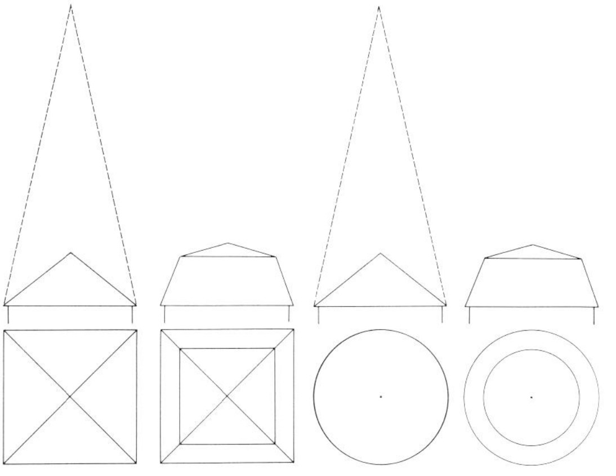

257 258 259 260

261 Die bodenständigen Dachformen des mitteleuropäischen Raumes. Bis in das 19. Jahrhundert mußte das Dach mit Rücksicht auf die herrschenden klimatischen Verhältnisse und die verfügbaren Deckungsmaterialien – Stroh, Schilf, Schindeln, unverfalzte Dachziegel, Schiefer – steil angelegt werden. Lediglich die im alpinen Bereich bodenständigen Legschindeldächer **(298)** haben aus klimatischen Gründen geringe Neigung. Bei den dort häufig auftretenden Frostwechseln, genauer Frost-Tauwechseln, bleibt auf Dachflächen geringer Neigung über Kalträumen eine vorhandene Schneedecke gleichmäßig erhalten oder sie schmilzt gleichmäßig ab. Bei größeren Dachneigungen kann es dagegen zu einem ungleichmäßigen Abrutschen des Schnees und zur Bildung von Schneesäcken kommen, die nachts festfrieren und das an den folgenden Tagen gebildete Schmelzwasser zurückstauen. Nur von sehr steilen Dächern würde der Schnee gleichmäßig abrutschen.

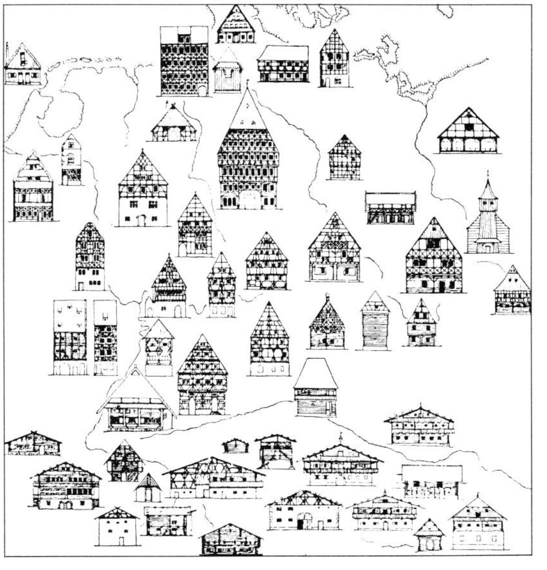

oder durch eine Adaptierung statisch unwirksam werden, sind nicht auszubauen, wenn

☐ sie schadensfrei sind

☐ ihr Verbleiben konstruktiv unbedenklich oder sogar vorteilhaft ist

☐ dies hinsichtlich der Nutzung des Dachraumes - besonders bei Ausbauten - vertretbar ist

☐ damit ein schwerer formaler Eingriff in das bestehende Gefüge des Dachtragwerkes verbunden wäre.

4. Die tragfähigen Konstruktionselemente des Bestandes sind in die Planung von Adaptierungen weitestmöglich einzubeziehen.

5. Neue Elemente sollen mit dem bestehenden Dachtragwerk in *Funktion, Konstruktion* und *Form* eine Einheit bilden. Vor allem die Abmessungen der neuen Elemente und ihre Verbindungen sind dem Bestand anzupassen.

6. Vor Entfernen oder Schwächen von Konstruktionselementen eines Dachtragwerkes ist durch *Sicherung* für eine entsprechende Entlastung dieser Elemente zu sorgen.

7. Große Dachräume sollen durch Brandwände in Brandabschnitte unterteilt werden. Öffnungen in den Brandwänden erhalten Feuerschutzabschlüsse.

Vorhandene Brandwände und Feuerschutzabschlüsse sind auf ihre Eignung bestandanalytisch zu untersuchen und erforderlichenfalls zu adaptieren oder zu erneuern. Ungeeignet sind nicht nur ↑ Wände mit ungenügender Brandwiderstands-

262, 263 Die beiden Grundarten hölzerner Dachtragwerke. **(262)** zeigt ein Kehlbalkendach als Beispiel für das Sparrendach. Als Beispiel für das Pfettendach ist in **(263)** ein Pfettendach mit doppeltem Sprengwerk, der sogenannte Wiener Dachstuhl, dargestellt.

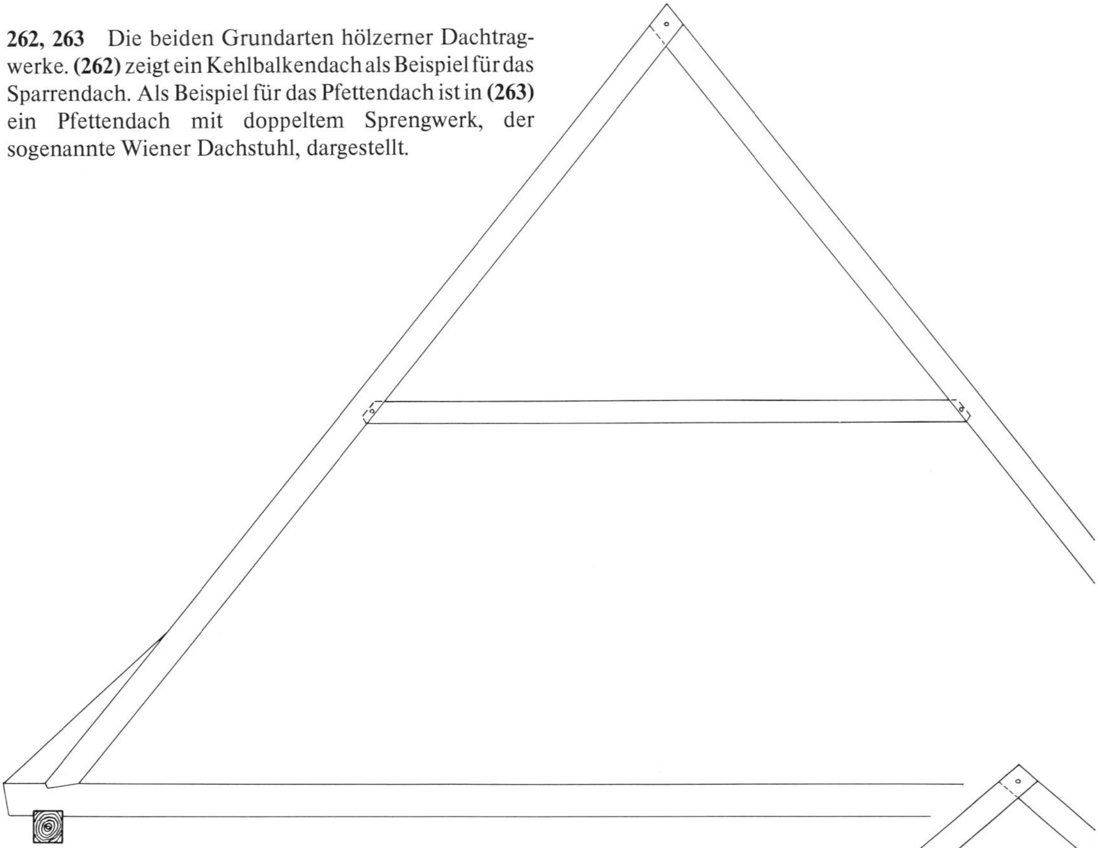

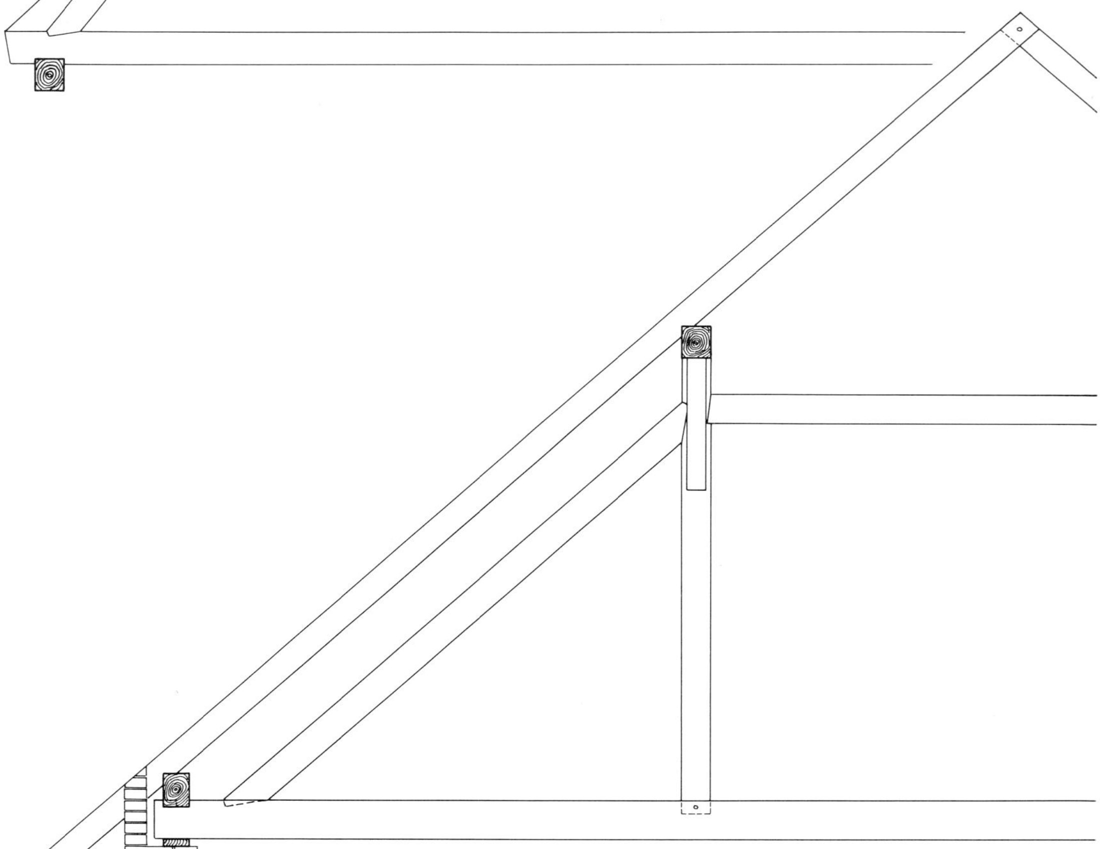

264, 265 Stahlkonstruktion als Tragwerk eines Kirchendaches (St. Stephan in Wien), errichtet nach der Zerstörung des ehemaligen Holzdachstuhles im Zweiten Weltkrieg und eingedeckt mit verschiedenfarbig glasierten Biberschwanzziegeln **(265)**

fähigkeit, sondern beispielsweise auch solche, die im Brandfall nicht die genügende Standsicherheit haben und dann nicht nur Personen gefährden, sondern im Umstürzen die Dachdecke durchschlagen und damit entgegen ihrer Aufgabe eine Ausbreitung des Brandes herbeiführen können. Auch die früher verwendeten ↑ Türen aus einfachem Blech eignen sich nicht als Feuerschutzabschlüsse.

Wegen der Brandgefahr sind leicht brennbare Gegenstände wie Papier, Holzwolle, Matratzen und Heizmaterial aus dem Dachraum zu entfernen. Durch Beseitigung vorhandener Holzverschläge und ähnlicher Einbauten wird außerdem gute Kontrolle des Dachraumes und unbehinderte Brandbekämpfung im Notfall möglich.

Adaptierung eines Dachraumes für Aufenthaltsräume

Vor Inangriffnahme eines Dachausbaues sind wie folgt grundsätzliche Überlegungen anzustellen.

Der Dachraum wird nach unten von der obersten

	Verfahren der Bestandanalyse	Baukörper	Anwendung der Bestandanalyse
1	Auswerten vorhandener Pläne	Alle Arten Dachtragwerke	Erkunden von konstruktivem Aufbau und Tragfähigkeit sowie ob, wann und welche Veränderungen an dem ursprünglichen Dachtragwerk vorgenommen wurden
2	Auswerten bildlicher Darstellungen		
3	Auswerten schriftlicher Quellen		
4	Auswerten mündlicher Überlieferungen		
5	Augenschein (erforderlichenfalls zuerst Verfahren 17)	Alle Arten Dachtragwerke	Allgemeine Feststellungen über Qualität und Zustand des Dachtragwerkes
		Holzdachstühle	Kontrolle der Holzverbindungen und der Auflager Wellenförmiger First und stellenweise eingesunkene Dachflächen lassen auf eine Überlastung von Tragwerksteilen schließen. Feststellen von Insektenbefall an Fluglöchern und Bohrmehl (↑ Holzkonstruktionen)
		Dachtragwerke aus Stahl	Feststellen von Rissen
6	Befühlen	Holzdachstühle	Grobe Feststellung der oberflächlichen Festigkeit und Feuchtigkeit
7	Abklopfen	Alle Arten Dachtragwerke	Beurteilung bestimmter Qualitäts- und Zustandsmerkmale im Oberflächenbereich
		Dachtragwerke aus Stahl	Überprüfen des festen Sitzens von Nieten
8	Abhorchen	Holzdachstühle	Feststellen von Insektenbefall
9	Ermittlung der Oberflächenhärte	Dachtragwerke aus Stahlbeton	Bestimmung der Druckfestigkeit des Betons
		Dachtragwerke aus Stahl	Bestimmung der Zugfestigkeit
10	Feuchtigkeitsmessung	Holzdachstühle	Zur genauen Untersuchung von Konstruktionselementen, bei denen durch Befühlen (Verfahren 6) Feuchtigkeit festgestellt wurde. Feuchtigkeitseinfluß ist vor allem an der Oberseite der Sparren und im Traufenbereich zu erwarten
11	Aufsuchen von Metallen	Dachtragwerke aus Stahlbeton	Feststellen der Bewehrung
12	Messen von Formänderungen	Holzdachstühle	Beobachten von Holzverbindungen, die sich geöffnet haben
		Dachtragwerke aus Stahlbeton	Beobachten von Rissen

	Verfahren der Bestandanalyse	Baukörper	Anwendung der Bestandanalyse
13	Planliche Aufnahmen (zur Ergänzung oder an Stelle von Verfahren 1; erforderlichenfalls zuerst Verfahren 17)	Alle Arten Dachtragwerke	Bei Maßnahmen an räumlich komplizierten Dachtragwerken und bei umfassenden Sanierungsmaßnahmen
14	Fotografische Aufnahmen	Alle Arten Dachtragwerke	Bildliches Festhalten des Dachtragwerkes vor, während und nach den Sanierungsmaßnahmen
15	Statische und andere Berechnungen	Alle Arten Dachtragwerke	Tragfähigkeitsnachweis
16	Entfernen von Beschichtungen und Bekleidungen	Dachtragwerke aus Eisen und Stahl	Anstriche werden entfernt, wenn darunter Schäden, vor allem durch Korrosion, zu vermuten sind
17	Freilegen der Grundkonstruktion	Holzdachstühle, Dachtragwerke aus Stahl	Feststellen des Zustandes, insbesondere eingemauerter Tragwerksteile im Traufenbereich. Auch das Entfernen von inneren Bekleidungen des Dachtragwerkes und von Dacheinbauten kann notwendig sein
18	Öffnen der Grundkonstruktion	Holzdachstühle	Feststellen von holzzerstörenden Pilzen und Insekten
		Dachtragwerke aus Stahlbeton	Überprüfen der Bewehrung
20	Probenentnahme	Holzdachstühle	Materialprüfung des Holzes und Bestimmung seiner Schädlinge
		Dachtragwerke aus Stahlbeton	Materialprüfung von Beton und Stahl
		Dachtragwerke aus Stahl	Materialprüfung, insbesondere zur Feststellung der durch einen Brand eingetretenen Änderungen der Materialeigenschaften

Geschoßdecke - Dachdecke - und nach oben von der ↑ Dachdeckung sowie fallweise seitlich von den über die Dachdecke hochgeführten Außenmauern - Trempelwände - begrenzt. Er hat vielfache Funktionen:

□ Lagerraum. Dazu wird der Dachraum den geänderten Lebensgewohnheiten entsprechend in den früheren Ausmaßen kaum mehr benötigt. Es sollte jedoch im Zusammenhang mit der Frage der Dachraumnutzung geprüft werden, ob der Dachraum nicht statt für Aufenthaltsräume weniger aufwendig für Abstellzwecke oder als Trockenboden genützt werden soll.

□ Raum, in dem sich das Dachtragwerk befindet. Es ist meist eine Holzkonstruktion, welche die Dachdeckung trägt. Vielfach bildet sie mit der Dachdecke eine konstruktive Einheit.

□ Raum mit bauphysikalischen Funktionen. Das Dach früherer Zeiten hat bauphysikalisch gesehen mit Dachdecke und Dachdeckung zweischaligen Aufbau **(274)**. Der Dachdecke als unterer Schale fällt die Aufgabe der Wärmedämmung zu. Die Dachdeckung als obere Schale hat das Niederschlagswasser vom Gebäudeinneren fernzuhalten, aber auch die durch Wärmestrahlung hervorgerufenen Temperaturspitzen im Sommer und

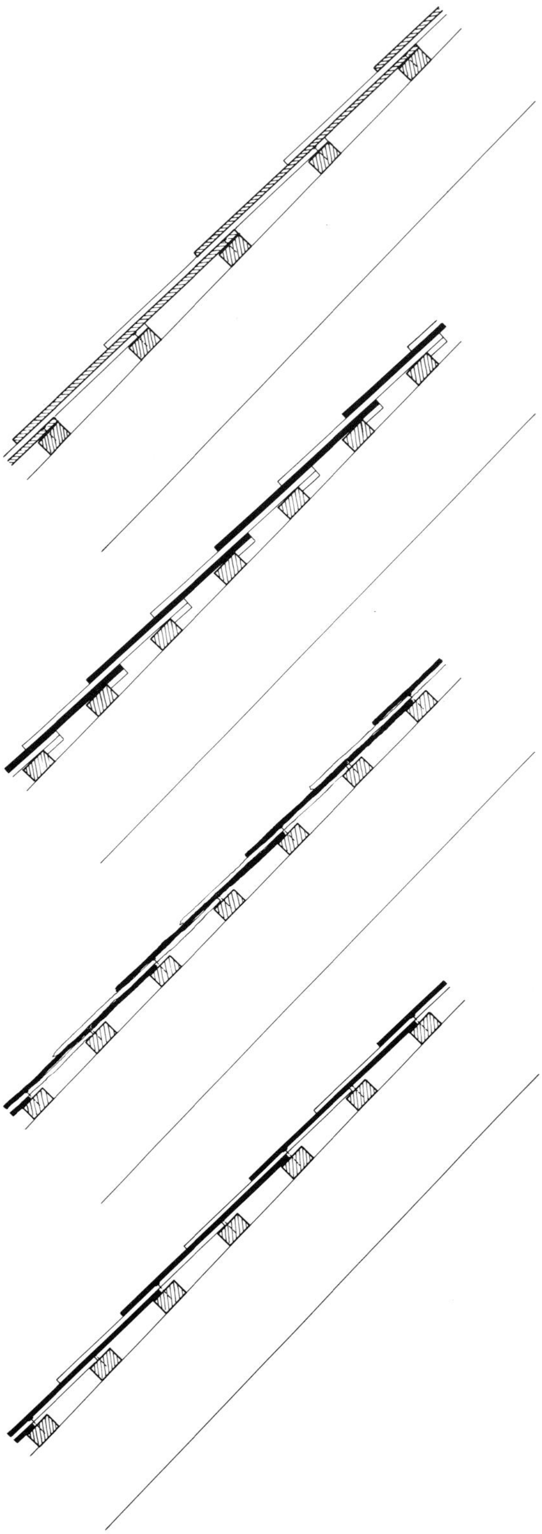

267 - 270 Grundtypen einschaliger, luftdurchlässiger Dachdeckungen mit Schindeln **(267)**, Dachziegeln **(268)**, Dachschiefer **(269)** und Asbestzementplatten **(270)**

Winter. Durch die Fugen von Schindel-, Ziegel-, Schiefer-, Asbestzementplatten- oder Betonsteindeckungen auf Lattung steht der Dachraum mit der Außenluft in Verbindung, so daß die im Gebäude entwickelte, in den Dachraum aufsteigende feuchtwarme Luft dort nicht stagniert.

□ Kontrollraum, von dem aus die Unterseite der Dachdeckung laufend beobachtet werden kann und Schäden samt Folgeschäden am Dachtragwerk frühzeitig erkennbar sind. An der Dachaußenseite lassen sich auch vom Fachmann, der zudem das Dach nur in größeren Zeitabständen übersteigt, nicht alle Undichtheiten der Dachdeckung feststellen. Bei Dachdeckungen aus einzelnen nicht fugendicht miteinander verbundenen Elementen wie Schindeln, Dachziegeln, Dachschiefer, Asbestzementplatten oder Betondachsteinen kann außerdem Flugschnee und Treibwasser, eventuell auch zurückgestautes Schmelzwasser, in den Dachraum gelangen. Das Eindringen von Insekten ist ebenfalls möglich. Kann nun - wie vielfach bei Dachraumausbauten - die Dachdeckung von unten nicht mehr eingesehen werden, können bereits schwere Schäden am Dachtragwerk eingetreten sein, bis dies im Gebäudeinneren erkennbar wird.

Der Ausbau eines Dachraumes kann auf Dauer nur dann zu einem befriedigenden Ergebnis führen, wenn es gelingt, die Funktionen des Dachraumes dabei zu erhalten oder auf konstruktiv einwandfreie Weise anderen *Gebäudeteilen* und *Gebäudeelementen* zu übertragen. Läßt man diese Erfordernisse außer acht, entstehen nicht nur geringwertige Räume im Dachgeschoß, sondern es wird das ganze Gebäude gefährdet und damit abgewertet. Freilich kann die einwandfreie Ausführung eines Dachausbaues die Grenzen der Wirtschaftlichkeit erreichen oder sogar überschreiten. Zweckmäßig ist die Nutzung des Dachraumes für einen Ausbau bei steilen Dächern mit Trempelwand und einem Dachtragwerk, das ohne wesentliche *Adaptierung* eine ausreichende Raumhöhe und einen Fußboden ohne Schwellen ermöglicht.

Im Zuge der Adaptierung eines Dachraumes für Aufenthaltsräume sind neben *Instandhaltung* und *Instandsetzung* an Maßnahmen erforderlich:

□ Adaptierung des Dachtragwerkes, wenn es den Ausbau behindert, insbesondere dann, wenn es die erforderliche Raumhöhe beeinträchtigt.

□ Anordnung der Fenster als Gaupen oder Dachflächenfenster, erforderlichenfalls nach Auswechseln einzelner Sparren, sowie der Ausstiegsöffnungen für Dachdecker und Spengler außerhalb der ausgebauten Räume.

☐ Adaptierung der Dachdeckung und der Dachentwässerungseinrichtungen. Einschalige, luftundurchlässige Dachdeckungen nach **(271, 272)** und zweischalige Dachdeckungen nach **(273)** mit Unterdach schaffen insbesondere bei Dachraumausbauten Sicherheit gegen Eindringen von Niederschlagsfeuchtigkeit, vorausgesetzt, daß die Deckungen nach den Regeln des Handwerks ausgeführt werden. Das Unterdach der zweischaligen Dachdeckung **(273)** kann aus einer Lage unbesandeter Bitumenpappe bestehen, die mit entsprechender Stoßdeckung auf eine dem Dachtragwerk aufliegende Holzschalung genagelt ist. Durch die Anordnung einer Konterlattung wird zwischen Unterdach und Dachdeckung eine Luftströmung ermöglicht, die eine dauernde Durchnässung der Lattung infolge Feuchtigkeitseintritt verhindert.
Zu beachten ist, daß die Unterdachdeckung in der eben beschriebenen Ausführung eine Dampfsperre oder zumindest Dampfbremse für die im Gebäude aufsteigende Luftfeuchtigkeit darstellt, so daß es zur Bildung von Kondenswasser kommen kann. Es muß daher der Raum unter dem Unterdach als Kaltraum ausgebildet, also ebenfalls belüftet werden **(275)**. Dies erfolgt am besten durch Fenster in der Dachfläche oder im Giebel **(275)**. Lüftungsöffnungen, die nicht geschlossen werden können, sind so anzuordnen und auszubilden, daß durch sie nicht Schlagregen, Flugschnee, Insekten und Vögel in den Dachraum gelangen können. Dies gilt besonders für ausgebaute Dachräume. Trotzdem sollte der First- und vor allem der Traufenbereich auch nach dem Ausbau begehbar und von hier aus die Unterseite der Dachdeckung einzusehen sein **(276)**. Das lose Einlegen einer Bitumenpappe oder Plastikfolie zwischen einer einschaligen, luftdurchlässigen Dachdeckung nach **(267–270)** und den den Dachausbau seitlich und nach oben begrenzenden Wänden und Decken, das vor allem die Sparren nicht vor Durchnässung schützt, ist eine Behelfslösung, welche die Bestandsdauer des Dachausbaues eng begrenzt.

☐ Einziehen eines ↑ Deckentragwerkes, wenn die Tragfähigkeit der Dachdecke zu gering ist oder über Binderbalken eine neue Fußbodenebene geschaffen werden muß. Das neue Deckentragwerk besteht zweckmäßig aus Stahlträgern, zwischen denen Holzbalken oder – insbesondere unter Naßräumen – Stahlbetondielen angeordnet werden. Ansonsten genügt die Adaptierung des vorhandenen ↑ Fußbodens.

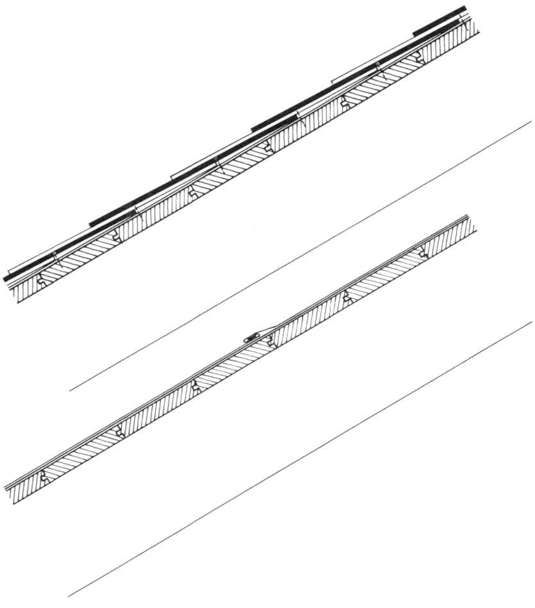

271, 272 Grundtypen einschaliger, luftundurchlässiger Dachdeckungen mit Asbestzementplatten **(271)** und Blech über einer Pappenlage **(272)**

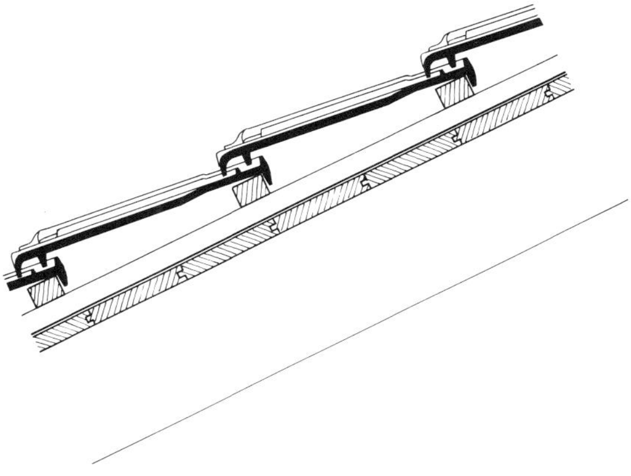

273 Grundtyp der zweischaligen Dachdeckung mit Schindeln, Dachziegeln (Bild), Dachschiefer, Asbestzementplatten oder Betondachsteinen

☐ Herstellen der den Dachausbau seitlich und nach oben umschließenden Wände und Decken, sowie der Trennwände in seinem Inneren. Dabei werden nach Möglichkeit die über die Dachdecke geführten bestehenden Wände und die Konstruktionselemente des Dachtragwerkes mitverwendet.

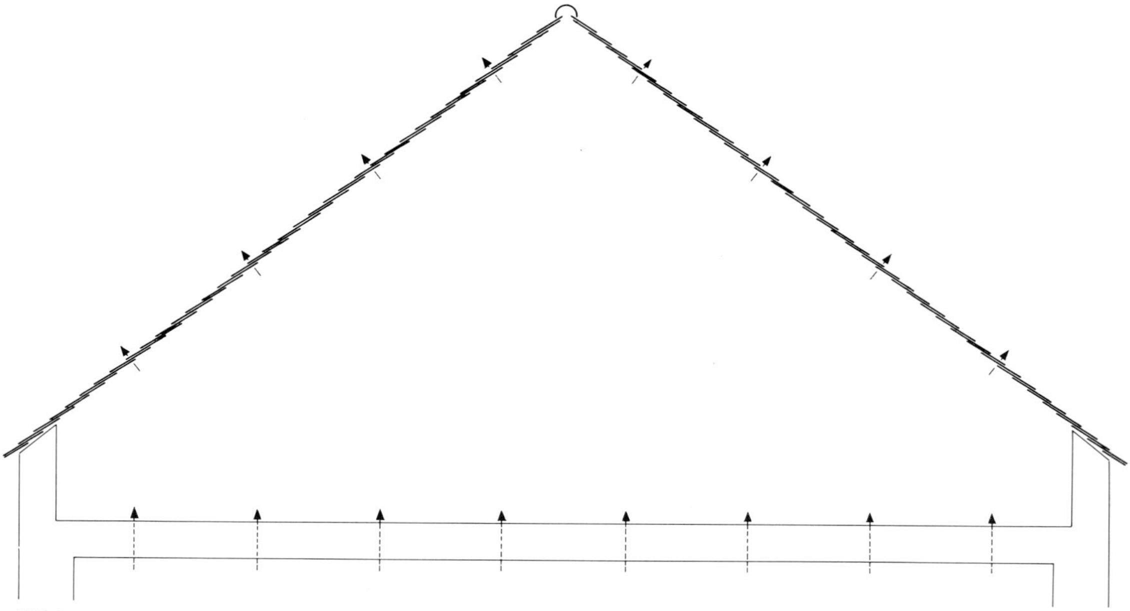

274 △

Bei Vorhandensein oder bei Herstellung eines zusammenhängenden belüfteten Kaltraumes **(276)** unter einer einschaligen, luftundurchlässigen Dachdeckung nach **(271, 272)** oder einer zweischaligen Dachdeckung nach **(273)** fällt den den Dachausbau seitlich und nach oben umschließenden Wänden und Decken bauphysikalisch nur die Aufgabe der Wärmedämmung zu. Die Anordnung einer Dampfsperre oder Dampfbremse ist bei nicht übermäßiger Raumfeuchtigkeit der Luft und ausreichender Wärmedämmung überflüssig, ja sogar unzweckmäßig.

☐ Herstellen der erforderlichen neuen und dementsprechende Adaptierung der vorhandenen gebäudetechnischen Anlagen ebenso wie der Schornsteine, deren Putztürchen zweckmäßig im Spitzboden über dem Dachausbau angeordnet werden.

☐ Ausführung von *Bekleidungen* und *Beschichtungen.*

Unzureichende Tragfähigkeit eines schadensfreien Dachtragwerkes

Mängel treten auf

☐ bei Dächern, die ihrer Belastung – vor allem durch Schnee und Wind – infolge von *Fehlern* in *Planung* und *Ausführung* nicht voll gewachsen sind

☐ bei Erhöhung der Belastung, beispielsweise durch Aufhängen schwerer Lüster am Dachtragwerk.

Die *Sanierung* erfolgt nach statischem Erfordernis durch

☐ *Adaptierung* des vorhandenen Dachtragwerkes, insbesondere durch Verstärken einzelner Konstruktionselemente

☐ Anordnung eines eigenen Tragwerkes, meist eines Fachwerkträgers aus Holz oder Stahl, das die Lasten zusammen mit dem alten Dachtragwerk oder allein aufnimmt.

DACHDECKUNGEN

Zu den ursprünglich landschaftsgebundenen Deckungsmaterialien zählen

☐ Stroh **(299, 300)** und Schilf **(146, 147, 303, 304)**. Im Hinblick auf die Brandgefahr und die immer schwieriger werdende Beschaffbarkeit geeigneten Materials ist die Verwendung – abgesehen von der *Rekonstruktion* historischer Gebäude – fragwürdig.

☐ Schindeln **(267, 298)**

☐ unverfalzte Dachziegel **(268, 277–282, 302)**

☐ Schiefer **(269)**.

Dazu kamen

☐ Bretter **(155–157)**

☐ Blech **(272)**, wegen des hohen Preises zunächst vor allem nur bei herrschaftlichen sowie kirchlichen Bauten und erst seit dem 19. Jahrhundert allgemein verwendet

☐ Falzziegel **(273, 283–293)**

☐ Asbestzementplatten **(270, 271)**

☐ Betondachsteine.

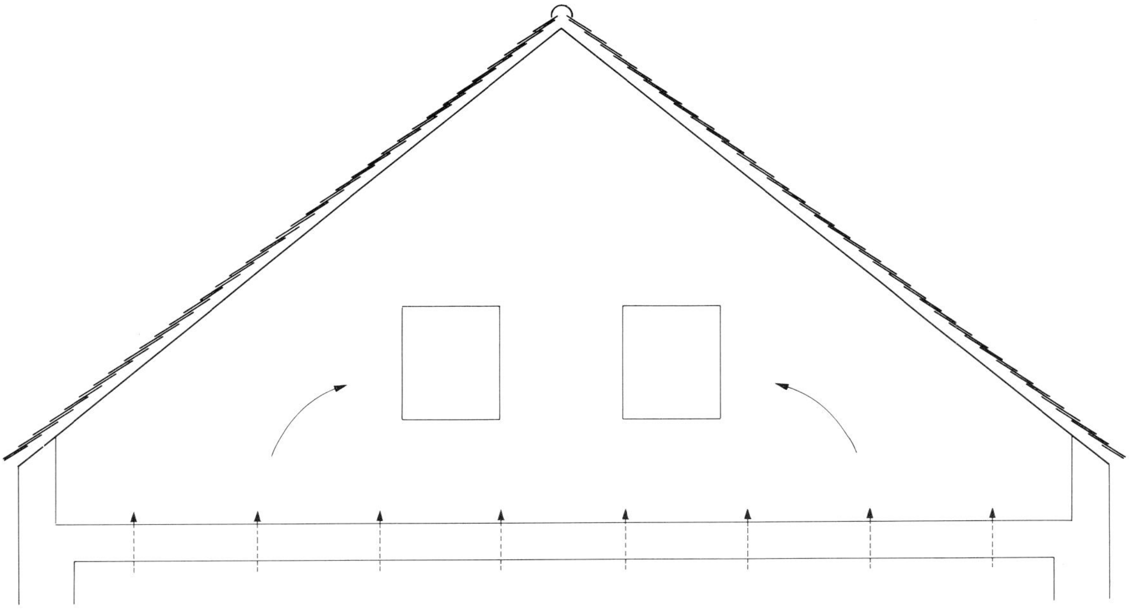

275 △

274 Bauphysikalische Funktionsweise eines Dachraumes bei einschaliger, luftdurchlässiger Deckung **(267 bis 270)**. Das Dachtragwerk und das Tragwerk der Dachdecke sind in der schematischen Darstellung nicht enthalten.

275, 276 Bauphysikalisch richtige Funktionsweise eines Dachraumes bei einschaliger, luftundurchlässiger Deckung **(271, 272)** oder zweischaliger Deckung **(273)**, nicht ausgebaut **(275)** und ausgebaut **(276)**. Das Dachtragwerk, das Tragwerk der Dachdecke sowie die den Dachausbau seitlich und nach oben umschließenden Wand- und Deckentragwerke sind in den schematischen Darstellungen nicht enthalten.

Deckungsmaterialien, welche die Ausführung von Flachdächern erlauben, fanden erst in unserem Jahrhundert allgemeine Verbreitung.

Der Beurteilung von *Qualität* und *Zustand* einer Dachdeckung sowie dem Erkennen von *Schäden* und *Mängeln* dient die *Bestandanalyse* **(294)**. Die Maßnahmen zur Behebung von Schäden und Mängeln hängen außer von den konstruktiven Gegebenheiten von Art und Umfang dieser *Mißstände* ab:

276 ▽

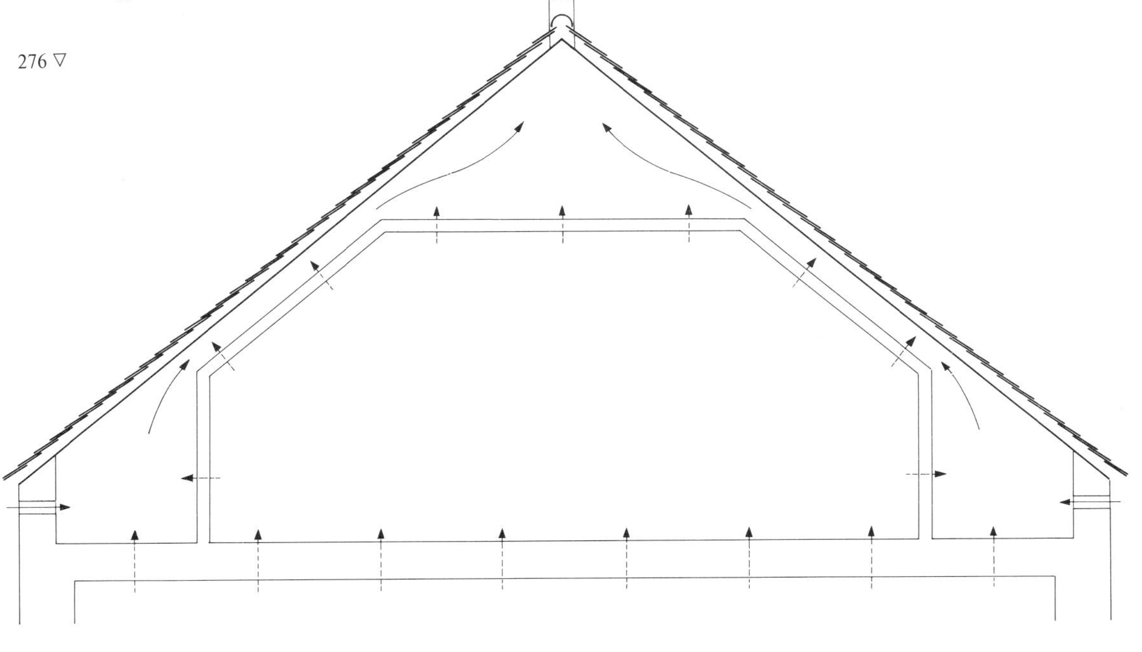

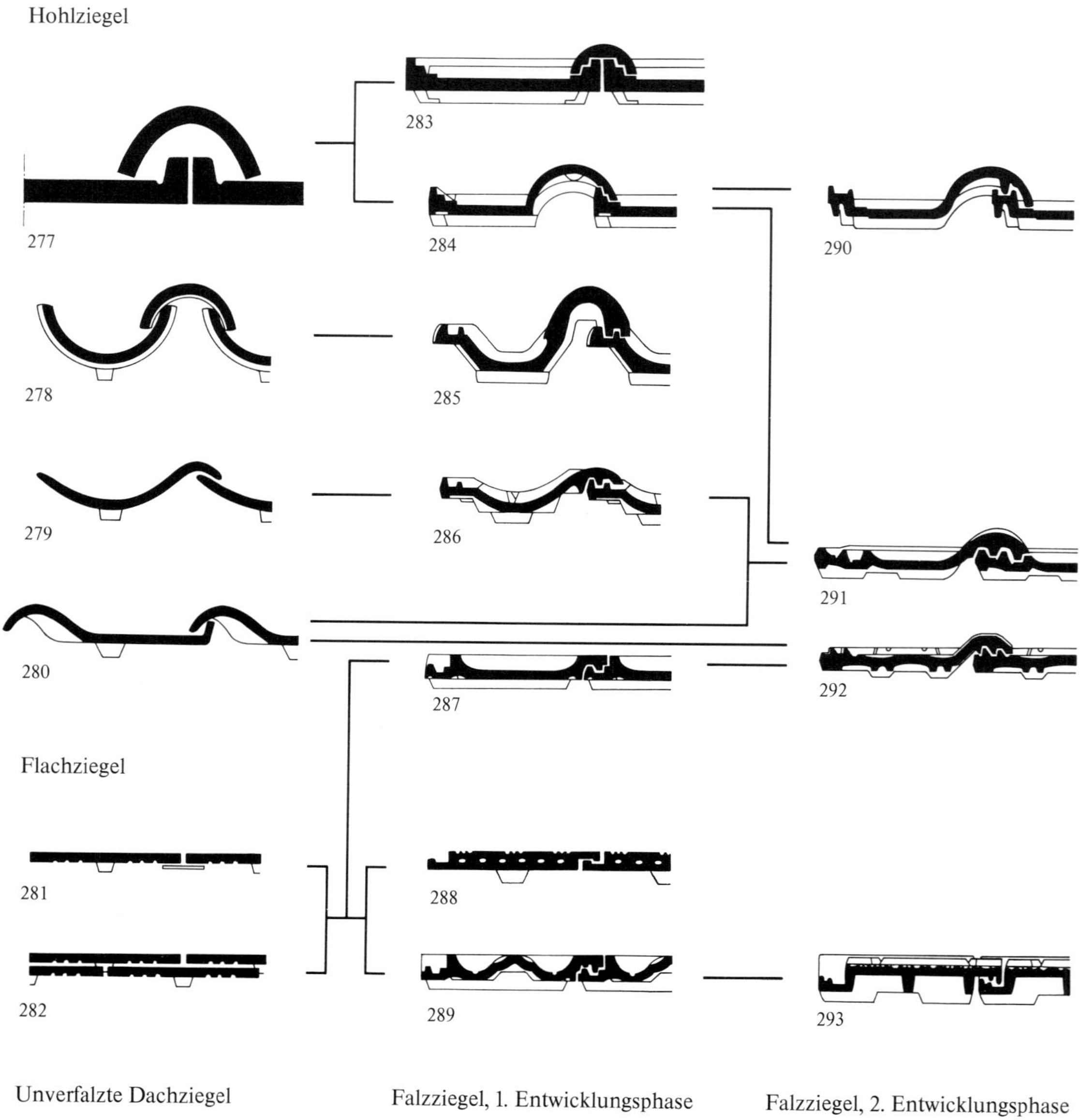

277–293 Entwicklung der Dachziegelarten, dargestellt in dem für Form und Funktionsweise vor allem charakteristischen Querschnitt. Unverfalzte Dachziegel, wie sie bis in das 19. Jahrhundert allein verwendet wurden: Dachziegel der Griechen und Römer **(277)**, Haken und -deren Längsfugen überdeckend - Preisen (»Mönche und Nonnen«) **(278)**, Hohlpfannen **(279)**, Krempziegel **(280)**; Flachziegel ursprünglicher Art (Biberschwanzziegel) in einfacher Deckung mit den Längsfugen unterlegten Holzspänen, sogenannten Spließen (Spließdeckung) **(281)**, und in doppelter Deckung **(282)**.

Falzziegel der ersten Entwicklungsphase: »Griechische« Dachziegel **(283)**, »Römische« Dachziegel **(284)**, »Altdeutsche« Falzziegel oder »Klosterpfannen« **(285)**, Falzpfannen **(286)**, Reformpfannen **(287)**; Strangfalzziegel **(288)**, Falzziegel ursprünglicher Art **(289)**. **(283, 284, 285)** sind historische Dachziegelarten aus dem 19. Jahrhundert.

Falzziegel der zweiten Entwicklungsphase: »Römerpfannen« **(290)**, Flachdachpfannen **(291)**, Flachkremper **(292)**; Falzplatten **(293)**.

Schäden einer Dachdeckung

Die Dachdeckung hat die wichtige Funktion, Witterungseinflüsse vom Gebäudeinneren fernzuhalten. Undichte Stellen der Dachhaut, die besonders im Bereich von Schornsteinen, Dachfenstern und anderen Durchdringungen der Dachfläche sowie im Traufenbereich auftreten, sind in Hinblick auf die Gefahr von Folgeschäden - vor allem an Dachtragwerk und Dachdecke - durch laufende *Instandhaltung* sowie erforderlichenfalls durch teilweise oder gänzliche *Erneuerung* zu beheben.

Eine erneuerungsbedürftige Dachdeckung wird zweckmäßig durch abschnittsweise *Rekonstruktion* saniert, wobei für ständigen Niederschlagsschutz des Gebäudeinneren während der Arbeiten durch *Sicherung* gesorgt werden muß.

Die Art der Sanierungsmaßnahmen ist vom Deckungsmaterial abhängig:

□ Holzdeckung. Zur Instandhaltung sind einzelne schadhafte Elemente eines Schindel- oder Bretterdaches zu erneuern, lockere zu befestigen. Die Widerstandsfähigkeit der Deckung gegen pflanzliche und tierische Schädlinge wird durch regelmäßiges außenseitiges Imprägnieren mit einem geeigneten Holzschutzmittel erhöht. Nicht geeignet sind ölige Schutzmittel, die der Ausdehnung des Holzes bei Nässe und damit dem dichten Schließen der Deckung entgegenwirken.

Sind zahlreiche Elemente vermorscht, rissig oder locker, hat eine Erneuerung der Deckung zu erfolgen. Dabei sollen die Schindeln und Bretter vor dem Einbau imprägniert werden, zweckmäßig durch Kurztauchen in ein vorbeugendes Schutzmittel gegen Schädlingsbefall.

□ Steindeckung mit Dachziegeln, Dachschiefer, Asbestzementplatten oder Betondachsteinen. Die Instandhaltung erfolgt durch regelmäßiges Übersteigen des Daches, wobei einzelne schadhafte Elemente erneuert und lockere befestigt werden. Sind zahlreiche Deckungselemente schadhaft und locker, erfolgt die Instandsetzung durch Erneuerung, wobei noch brauchbare alte Deckungselemente wiederverwendet werden können.

□ Blechdeckung. Deckungen aus verzinktem Eisenblech sind durch regelmäßige Erneuerung der *Beschichtung* zum Schutz gegen Korrosion

294 Beurteilung von *Qualität* und *Zustand* einer Dachdeckung sowie Erkennen von *Schäden* und *Mängeln* durch *Bestandanalyse*

	Verfahren der Bestandanalyse	Baukörper	Anwendung der Bestandanalyse
1	Auswerten vorhandener Pläne	Alle Arten Dachdeckungen	Erkunden ob, wann und welche Veränderungen an der ursprünglichen Dachdeckung vorgenommen wurden
2	Auswerten bildlicher Darstellungen		
3	Auswerten schriftlicher Quellen		
4	Auswerten mündlicher Überlieferungen		
5	Augenschein	Alle Arten Dachdeckungen	Allgemeine Feststellungen an der Außenseite des Daches und im Dachraum über Qualität und Zustand der Dachdeckung
6	Befühlen	Holzdeckungen, Dachschalungen	Grobe Feststellung der oberflächlichen Festigkeit und Feuchtigkeit
7	Abklopfen	Alle Arten Dachdeckungen	Beurteilung bestimmter Qualitäts- und Zustandsmerkmale
20	Probenentnahme	Alle Arten Dachdeckungen	Materialprüfung

instand zu halten. Die Instandsetzung einzelner Durchrostungen erfolgt durch Lötung, wobei erforderlichenfalls Blechstücke aufgesetzt werden. Sind größere Flächen durchrostet, ist eine Instandsetzung durch teilweise oder gänzliche Erneuerung notwendig.

Bei Deckungen mit Zink- oder Kupferblech treten Schäden vor allem durch Temperaturdehnungen oder durch die Sogwirkung des Windes auf, die zur Lösung der Deckung vom Untergrund führen können. Zur Neudeckung kann noch brauchbares Deckungsmaterial wiederverwendet werden. Dies wird bei der Teilerneuerung einer bereits grün gefärbten Kupferdeckung auch aus formalen Erwägungen angebracht sein.

Mängel einer Dachdeckung

Die Beseitigung von *Mängeln* wie

- ☐ unzureichende Dichtheit gegen Niederschläge, besonders gegen Flugschnee
- ☐ ungenügende Brandwiderstandsfähigkeit
- ☐ in verhältnismäßig kurzen Zeitabständen **(105)** notwendige *Instandhaltung, Instandsetzung* und *Erneuerung*
- ☐ unbefriedigende immaterielle *Qualität*

erfolgt durch *Adaptierung.* Die vorhandene Dachdeckung wird mit den erforderlichen Vorkehrungen zur *Sicherung* des Gebäudeinneren vor Witterungseinflüssen nach den Regeln des Handwerks durch eine andere ersetzt. Dabei ist darauf zu achten, daß damit nicht wesentliche Qualitätsmerkmale der früheren Deckung verlorengehen.

SCHORNSTEINE

In Bauernhäusern wurden bis in unser Jahrhundert die Rauchgase von Feuerstätten – der offene Herd zum Kochen und zur Warmwasserbereitung, Öfen zur Raumheizung († gebäudetechnische Anlagen) – ohne Schornstein in den Dachraum und von dort durch Öffnungen in der Dachdeckung oder im Giebel ins Freie geleitet **(300, 304)**. Oder es führte ein meist besteigbarer Schornstein entsprechend großen Querschnitts und mit nach unten trichterartiger Erweiterung (ähnlich der Rauchhaube über dem Schmiedeherd) von einem Raum, in dem die Rauchgase gesammelt wurden, über Dach **(298, 302)**.

Bei den mehrgeschossigen Gebäuden der Städte kam es in den oberen Geschossen und im Dachbereich zu einem bedeutenden Gesamtquerschnitt der Schornsteine. Die damit verbundenen konstruktiven Probleme wurden durch Schwächung und durch Auswechslung von Elementen der † Deckentragwerke und des † Dachtragwerkes im Bereich der Schornsteine gelöst. Wo dies nicht ausreichte, wurden die Schornsteine geschleift, wobei freistehenden Schornsteinen im Dachbereich Gewölbe, das Dachtragwerk oder eigene Holzbalken als Stütze dienten. Auch auf hölzernen Geschoßdecken errichtete man Schornsteine. Erst durch die Einführung enger Schornsteine mit fest angeschlossenen, nicht offenen Feuerstätten änderten sich seit dem 19. Jahrhundert diese Verhältnisse.

Der über Dach befindliche Teil des Schornsteins, der Schornsteinkopf, wurde in vielfältiger Weise ausgebildet **(147, 179, 297, 301)**.

Heute sind zu unterscheiden

- ☐ Rauchschornsteine, die Rauchgase fester und flüssiger Brennstoffe
- ☐ Abgasschornsteine, die Abgase gasförmiger Brennstoffe

von Feuerungen aufwärts und über das Dach ins Freie führen.

Der geeignete Schornsteinquerschnitt ist von der Wärmeleistung der Feuerung, der Brennstoffart und der Schornsteinhöhe abhängig.

Der Beurteilung von *Qualität* und *Zustand* eines Schornsteins sowie dem Erkennen von *Schäden* und *Mängeln* dient die *Bestandanalyse* **(295)**. Die Maßnahmen zur Behebung von Schäden und Mängeln hängen außer von den konstruktiven Gegebenheiten von Art und Umfang dieser *Mißstände* ab.

Infolge mangelnder *Instandhaltung* und *Instandsetzung* sowie fehlerhafter Benützung aufgetretene Mißstände wie

- ☐ schadhafter Innenputz
- ☐ Versottungen
- ☐ brüchiges und rissiges Wangenmauerwerk
- ☐ Zungenbrüche
- ☐ schadhafte Reinigungstüren
- ☐ schadhafte und fehlerhafte Einmündungen
- ☐ verwitterte Schornsteinköpfe
- ☐ offene Fugen zwischen Schornsteinkopf und Dachdeckung

bilden Gefahren und können zu ernsten Folgeschäden führen.

Vor allem können hölzerne Konstruktionselemente der Deckentragwerke und des Dachtragwerkes

295 Beurteilung von *Qualität* und *Zustand* eines Schornsteins sowie Erkennen von *Schäden* und *Mängeln* durch *Bestandanalyse*

	Verfahren der Bestandanalyse	Baukörper	Anwendung der Bestandanalyse
1	Auswerten vorhandener Pläne	Schornsteine und andere Schächte	Erkunden von Anzahl, Anordnung und Verlauf sowie ob, wann und welche Veränderungen an den ursprünglich vorhandenen Schornsteinen vorgenommen wurden
2	Auswerten bildlicher Darstellungen		
3	Auswerten schriftlicher Quellen		
4	Auswerten mündlicher Überlieferungen		
5	Augenschein	Schornsteine und andere Schächte	Auffinden und oberflächliche Beurteilung
7	Abklopfen		
8	Abhorchen		
11	Aufsuchen von Metallen	Schornsteine und andere Schächte	Bestimmung des Verlaufes
13	Planliche Aufnahmen	Schornsteine und andere Schächte	Zur Planung von Sanierungsmaßnahmen und zur Dokumentation
14	Fotografische Aufnahmen		
15	Statische und andere Berechnungen	Schornsteine	Untersuchung in statischer und wärmetechnischer Hinsicht
17	Freilegen der Grundkonstruktion	Schornsteine	Feststellen der Beschaffenheit des Schornsteinmauerwerks, insbesondere von abgemauerten Schornsteintüren und Einmündungen
18	Öffnen der Grundkonstruktion	Schornsteine und andere Schächte	Voraussetzung für Feststellungen im Schornsteininneren gemäß den Verfahren 5, 7, 13, 14 und 15
19	Endoskopie	Schornsteine und andere Schächte	Untersuchung von Verlauf und Qualität sowie des Zustandes der Innenflächen

im Bereich schadhafter oder mangelhafter Schornsteine

□ in den direkten Einfluß des Schornsteins kommen – beispielsweise durch ausgebrochene Ziegel – und damit der Brandgefahr ausgesetzt sein

□ von Niederschlagsfeuchtigkeit, die durch und rings um die Schornsteinköpfe in das Gebäudeinnere dringt, sowie durch sich bildende Kondensfeuchtigkeit betroffen und damit der Zerstörung durch pflanzliche und tierische Schädlinge ausgesetzt sein.

Es müssen daher Anzahl, Verlauf, Querschnitt, *Funktion* und *Zustand* der Schornsteine eines Gebäudes genau bekannt sein. Erforderlichenfalls ist diese Kenntnis durch eingehende *Bestandanalyse* zu gewinnen.

Die *Sanierung* ist nach folgenden Grundsätzen durchzuführen:

1. Schornsteinmauerwerk ist meist ein Teil der tragenden ↑ Wände. Schäden haben daher nicht nur heizungstechnische Folgen, sondern betreffen auch die *Grundkonstruktion* des Gebäudes.
2. Die Instandsetzung des Schornsteinmauerwerks soll aus konstruktiven Gründen auch bei Schornsteinen erfolgen, die nicht in Betrieb ste-

hen. Erforderlichenfalls sind solche Schornsteine auszumauern.

3. Mit Schutt gefüllte Schornsteine mit meist schadhaftem Zungen- und Wangenmauerwerk sind aus konstruktiven Erwägungen bedenklich und können bei *Adaptierungen* durch ausfließenden Schutt Schwierigkeiten verursachen. Sie sind durch Öffnungen, die an geeigneten Stellen im Wangenmauerwerk hergestellt werden, vorsichtig zu räumen **(98)**.

4. Die Sanierung erfolgt durch Instandsetzung des Schornsteinmauerwerks sowie des Innenputzes mittels Ausschleifen. Schadhafte Schornsteinköpfe werden soweit erforderlich abgetragen und erneuert.

5. Nicht benützte Schornsteine können bis zur Dachdecke abgetragen und dort feuerbeständig abgeschlossen werden. Das hat den Vorteil, daß die Dachdeckung geschlossen werden kann und der Dachraum freier wird. Jedoch ist zu berücksichtigen, ob durch den *Abbruch* der Schornsteinköpfe die *Wirkung* des Gebäudes nicht wesentlich beeinträchtigt wird. Letzteres gilt auch für die Adaptierung von Schornsteinköpfen.

6. Zumindest unter der Dachdecke sollte man Schornsteine aus funktionellen Gründen erhalten, selbst wenn sie momentan nicht benötigt werden, denn sie können später

- □ als Rauch- oder Abgasfänge wieder Bedeutung erlangen
- □ als Lüftungsschächte wichtig sein, insbesondere für innenliegende Räume
- □ vertikale Leitungsführungen ermöglichen und damit Deckendurchbrüche und Schlitze in den Wänden ersparen.

7. Schornsteine, die auf hölzernen Geschoßdecken stehen sowie solche, die vom Dachtragwerk oder eigenen Holzbalken gestützt werden, sind brandgefährlich und können im Brandfall abstürzen. Sie sollten wenn möglich abgetragen werden.

8. In Schornsteinen mit zu großem Querschnitt können Einsatzrohre aus Schamotte oder Edelstahl angeordnet werden.

9. Hat der Schornstein zu kleinen Querschnitt oder fehlt er überhaupt, wird vor der Wand ein Schornstein aus Ziegeln oder Fertigteilen aufgemauert, wobei für die Decken in diesem Bereich erforderlichenfalls neue Auflager geschaffen werden müssen.

GEBÄUDETECHNISCHE ANLAGEN

Es sind dies

- □ Heizungs- und Lüftungsanlagen
- □ Anlagen zur Wasserversorgung und Abwasserbeseitigung
- □ Starkstromanlagen
- □ Schwachstromanlagen
- □ Aufzüge.

Dem Schutz von Personen und Sachen im *Gebäude* wie des Gebäudes selbst dienen

- □ Blitzschutzanlagen
- □ Brandmeldeanlagen
- □ Einbruchssicherungsanlagen.

Der Beurteilung von *Qualität* und *Zustand* einer gebäudetechnischen Anlage sowie dem Erkennen von *Schäden* und *Mängeln* dient die *Bestandanalyse* **(296)**.

Für die Neuherstellung und *Sanierung* gebäudetechnischer Anlagen in bestehenden *Gebäuden* gelten folgende Grundsätze:

1. Die im Verhältnis zum Gebäude kurze konstruktive und funktionelle Bestandsdauer gebäudetechnischer Anlagen **(105)**, das heißt ihre relativ rasche *Alterung* und *Veralterung*, erfordert einfache *Erneuerung* und *Adaptierung*. Die Installation der Anlagen soll daher aus technischen und wirtschaftlichen Gründen mit möglichst geringem Eingriff in die Bausubstanz erfolgen.

2. *Schäden* infolge Alterung durch Benützung und Betrieb bestehender Anlagen werden durch *Instandhaltung* (Wartung) behoben.

3. *Instandsetzungen* und Adaptierungen sind dem System der vorhandenen Anlage weitestmöglich anzupassen. Ist jedoch bereits Veralterung der Anlage eingetreten, ist eine Erneuerung meist unumgänglich.

4. Anlagenteile, die durch Alterung oder Veralterung unbrauchbar wurden, sind stillzulegen und nach Möglichkeit zu entfernen, weil sie bei späteren Sanierungsmaßnahmen Anlaß zu gefährlichen Verwechslungen geben können.

5. Brauchbare Teile einer veralterten Anlage lassen sich aus konstruktiven und wirtschaftlichen Gründen meist nicht in die *Planung* einer neuen Anlage einbeziehen. Das Entfernen gebäudetechnischer Anlagen kann jedoch einen Verlust an *Wert* des Gebäudes bedeuten bei

- □ sehr seltenen und daher technikgeschichtlich interessanten Anlagen
- □ Anlagen, die für die Wirkung eines Raumes

wesentlich sind, beispielsweise einer Gaststube oder einer Küche, die sich seit dem 19. Jahrhundert unverändert erhalten hat.

6. Alle Anlagenteile sollen gut zugänglich sein, damit auftretende Schäden und *Mängel* leicht festgestellt und behoben werden können.

7. Leitungen sind, wenn dies konstruktiv, funktionell und formal vertretbar ist, grundsätzlich frei zu führen. Das gilt nicht nur für untergeordnete, sondern auch für kostbar ausgestaltete Räume, deren Wandflächen nicht aufgestemmt werden dürfen.

Freie Leitungsführung bewirkt

☐ einfache Installation

☐ einfache Adaptierung

☐ leichtes Erkennen und Beheben von Schäden, vor allem bei wasserführenden Leitungen.

Ist die Grundkonstruktion des Gebäudes bereits von Leitungsverlegungen betroffen, sind im Rahmen der Sanierung einer Anlage vorhandene Schlitze und Durchbrüche in Wänden und Decken soweit möglich wieder zu verwenden oder aber fachgerecht zu schließen, weil durch das Einstemmen eine bedenkliche Schwächung der *Grundkonstruktion* des Gebäudes entstanden sein kann **(75, 76)**.

Nach Abschlagen des Putzes zeigt sich oft, daß die Wand- und Deckenflächen von einem Netz von Leitungsschlitzen verschiedenster Art durchzogen sind. Manche dieser Elektro-, Gas-, Wasser-, Heizungs-, Fernsprech-, Alarm- und anderen Leitungen sind längst nicht mehr in Betrieb. Für neue Leitungen wurden ohne Rücksicht auf die Verwendbarkeit bereits vorhandener Schlitze und Durchbrüche immer wieder neue Ausnehmungen gestemmt.

8. Stemm- und Verputzarbeiten bei Maßnahmen an gebäudetechnischen Anlagen können weitgehend eingeschränkt werden durch

☐ Verlegen der Leitungen auf der Wand, gegebenenfalls unter einer abnehmbaren Bekleidung, oder in Kanälen aus Holz, Metall oder Kunststoff

☐ vertikale Leitungsführung in freien Schornsteinen oder eigenen Installationsschächten

☐ horizontale Verteilung der Leitungen in Decken und Installationswänden

☐ Verlegen von Leitungen, insbesondere von Abwasserleitungen, die unter Fußbodenniveau geführt werden müssen, zwischen der vorhandenen Decke und einer neuen ↑ Unterdecke, wobei die Leitungen nur vom darunterliegenden Geschoß aus erreichbar sind. Bei genügender Raumhöhe können die Leitungen zwischen der Decke und einer begehbaren Unterdecke mit Einstieg von oben angeordnet werden.

Ist das Verlegen von Leitungen unter einer Wandoberfläche unumgänglich, werden die erforderlichen Nuten zweckmäßig maschinell gefräst. Sol-

296 Beurteilung von *Qualität* und *Zustand* einer gebäudetechnischen Anlage sowie Erkennen von *Schäden* und *Mängeln* durch *Bestandanalyse*

	Verfahren der Bestandanalyse	Baukörper	Anwendung der Bestandanalyse
1	Auswerten vorhandener Pläne	Alle Anlagen	Angaben über Anordnung und Funktionsweise gebäudetechnischer Anlagen, die in Betrieb stehen oder standen
2	Auswerten bildlicher Darstellungen		
3	Auswerten schriftlicher Quellen		
4	Auswerten mündlicher Überlieferungen		
5	Augenschein	Alle Anlagen	Allgemeine Feststellungen über Qualität und Zustand
		Leitungen	Erkennen des Verlaufes schlecht eingeputzter Leitungen sowie unter Putz verlegter, schlecht isolierter Kaltwasserleitungen

	Verfahren der Bestandanalyse	Baukörper	Anwendung der Bestandanalyse
6	Befühlen	Wasserführende Leitungen	Feststellung, ob die Leitung in Betrieb ist
7	Abklopfen	Alle Anlagen	Beurteilung bestimmter Qualitäts- und Zustandsmerkmale im Oberflächenbereich
8	Abhorchen	Rohrleitungen	Bestimmen des Verlaufes und Feststellen des Durchflossenseins
11	Aufsuchen von Metallen	Leitungen und andere, nicht freiliegende metallische Anlagenteile	Bestimmung des Verlaufes
13	Planliche Aufnahmen	Anlagen größeren Ausmaßes	Sanierungsmaßnahmen zur Herstellung, Erneuerung und Adaptierung von Anlagen. Die Rücksicht auf den Baubestand und damit auch auf die Kosten erfordert genaue und überlegte Planung, insbesondere hinsichtlich Fundamenten für Geräte, Schlitzen sowie Wand- und Deckendurchbrüchen. Geeignet dazu sind Grundrisse und Vertikalschnitte von entsprechend großem Maßstab, in die die Anlage eingezeichnet wird. Solche Installationspläne von Elektro-, Sanitär-, Wasser-, Heizungs- und Lüftungsanlagen dienen weiterhin als Grundlage für Betrieb und Instandhaltung der Anlagen, vor allem solcher Teile, die eingemauert, eingeputzt oder bekleidet werden
14	Fotografische Aufnahmen	Alle Anlagen	Dokumentation von Anlagenteilen, die eingemauert, eingeputzt oder bekleidet werden und deren Lage planlich nur schwer erfaßbar ist
15	Statische und andere Berechnungen	Alle Anlagen	Feststellen der Funktionsfähigkeit und der Eignung für den betreffenden Fall. Dazu dienen auch bauphysikalische Berechnungen, die sich auf den vorhandenen Baubestand beziehen
16	Entfernen von Beschichtungen und Bekleidungen	Alle Anlagen	Feststellen vermuteter Schäden und Mängel der beschichteten oder bekleideten Anlagenteile. Feststellen des Verlaufes nachträglich eingeputzter Leitungen
17	Freilegen der Grundkonstruktion	Leitungen, Geräte	Orten vorhandener Anlagenteile. Feststellen der Möglichkeiten zur Installation neuer Anlagenteile, insbesondere zur Eignungsfeststellung von Wand- und Deckenkonstruktionen für Leitungsverlegungen, Anbringen von Halterungen und Konsolen sowie Aufstellen von Geräten
18	Öffnen der Grundkonstruktion	Leitungen	Feststellen von Schächten und anderen Hohlräumen, die sich zur Leitungsverlegung eignen
19	Endoskopie	Kanäle, Kamine	Untersuchung
20	Probenentnahme	Alle Anlagen	Materialprüfung, beispielsweise zur Feststellung der Schweißbarkeit älterer Anlagenteile

cherart können Nuten verschiedener Breite und Tiefe hergestellt werden.

9. Werden Leitungsrohre durch Holzdecken oder -wände geführt, ist durch entsprechende Isolierung dafür zu sorgen, daß sie diese nicht durch Hitze - wie bei Dampfheizungsrohren - oder durch Kondensfeuchtigkeit - wie bei Kaltwasserleitungen - gefährden.

Unzureichende oder als unbequem empfundene Heizung

Der offene Herd **(297-304)**, der nicht nur Wärme spendet, sondern vor allem zum Kochen und zur Warmwasserbereitung dient, ist heute nur mehr nach *Konservierung, Versetzen* oder *Rekonstruktion* in musealer *Funktion* anzutreffen. Von den schon im Mittelalter verwendeten Heizeinrichtungen hat sich neben dem offenen Kamin vor allem der Kachelofen bis heute erhalten, dies nicht nur seiner infolge Wärmespeicherung milden Wärmeabgabe wegen, sondern auch in Hinblick auf das damit verbundene Gefühl der Behaglichkeit, das er vermittelt, und - als weitere ideelle Funktion - die *Wirkung* durch eine über die Erfordernisse seiner materiellen Funktion als Wärmequelle oft weit hinausgehende *Grundform* und *Ausgestaltung.*

Sind zur Beheizung einer Wohnung mit Einzelöfen nicht genügend funktionsfähige ↑ Schornsteine vorhanden oder ist der Betrieb mehrerer Öfen zu aufwendig, wird diesem *Mangel* abgeholfen mit

□ Gas-Einzelheizung. Gasheizkörper eignen sich für kurzfristige, rasche Beheizung. Mit Anschluß an einen Schornstein liegen sie meist an den Innenwänden, bei Außenwandöfen sind Lüftungsöffnungen in der Fassade erforderlich **(108)**.

□ Elektro-Einzelheizung. Elektroheizkörper haben als Nachtstrom-Speichergeräte festen Standort, sonst - für Bad und Abort - festen oder - beispielsweise als Zusatzheizung für den Sitzplatz in einem großen Wohnraum - veränderlichen Standort.

□ Etagenheizung. Solche Zentralheizungen für eine Wohnung, ein Büro oder ein Geschäft in einem Gebäude werden zweckmäßig bei der Teilsanierung des *Gebäudes* ausgeführt. Verwendet werden Gas-Heizthermen und Gas-Heizkessel. Kombithermen und Kombikessel liefern zusätzlich Warmwasser für Bad und Küche.

Als Leitungen zu den Heizkörpern dienen Kupfer- und Stahlrohre, deren Verlauf den Unebenheiten und anderen Unregelmäßigkeiten alter Wände gut angepaßt werden kann. Wanddurchlässe werden zweckmäßigerweise gebohrt.

□ Gebäude-Zentralheizung. Ihre Installierung erfolgt am besten im Zuge der Gesamtsanierung eines Gebäudes.

Bei Umstellung von Ofen- auf Zentralheizung können infolge geringerer Luftfeuchtigkeit *Schäden* an *Bekleidungen* von Wänden und Decken wie auch an Möbeln durch Schwinden des Holzes auftreten. Luftbefeuchtung wirkt dem entgegen.

Fehlende Belüftung eines innenliegenden, fensterlosen Sanitärraumes

Möglichkeiten zur Behebung des *Mangels* sind

□ Verwendung eines vorhandenen unbenützten ↑ Schornsteins als Luftschacht, erforderlichenfalls nach Einbau eines Blechkanals

□ Mitbenützung eines genügend großen Leitungsschachtes, in dem ein Abluftkanal geführt werden kann

□ Neuherstellung eines Abluftkanals vor der Wand.

Schadhafte, mangelhafte oder fehlende Sanitäranlagen

Entsprechend der Vielfalt des in verschiedenen Gebieten aus verschiedenen Zeiten auf uns gekommenen Baubestandes lassen sich für die *Adaptierung* oder Neuherstellung nur Richtlinien angeben:

□ Zu der technisch und wirtschaftlich besten Lösung führt die Planung der Anlagen für das ganze *Gebäude*, auch wenn zunächst nur ein Teil ausgeführt werden soll oder kann.

□ Küchen sind wegen der ähnlichen anlagenmäßigen Erfordernisse in die Planung einzubeziehen.

□ Die funktionelle, konstruktive und formale Qualität der Anlage hat der des übrigen Teiles der Wohnung zu entsprechen. Besonders bei großen Altbauwohnungen soll sie nicht engräumig geplant und nicht nach Art eines Provisoriums in irgendeiner Raumecke angeordnet werden.

□ Der Abort ist nach Möglichkeit vom Bad räumlich zu trennen.

□ Anlagen mit Fenstern ins Freie sind im allgemeinen höherwertig als innenliegende.

□ Der ↑ Fußboden von Sanitärräumen muß wasserdicht sein. Das Bad erhält zweckmäßigerweise einen Bodenablauf.

HOLZKONSTRUKTIONEN

Die folgenden Ausführungen über das Erkennen und Beheben von *Schäden* und *Mängeln* an Holzkonstruktionen haben für fast alle voranstehenden Kapitel Bedeutung. Im besonderen betreffen sie ↑ Wände, ↑ Deckentragwerke und ↑ Dachtragwerke **(297-304)**, die durch die Jahrhunderte mit handwerklichen Baumethoden **(305-317)** in Holz ausgeführt wurden.

Schäden durch Pilze

Die wichtigsten holzzerstörenden Pilze **(318)** bestehen aus dem Pilzgeflecht (Myzel), das vorwiegend in der Unterlage verborgen ist und sich an der Oberfläche (Oberflächenmyzel) zu Strängen umbildet. Am Pilzgeflecht entstehen Fruchtkörper.

Holzzerstörende Pilze werden meist durch befallenes Bau- oder Brennholz übertragen. Sie brauchen mit Ausnahme des Echten Hausschwammes, der bereits bei 20% Holzfeuchtigkeit gedeiht, feuchtes Holz.

Bei Pilzbefall, vor allem bei Auftreten des Echten Hausschwammes **(319, 320)**, ist folgendermaßen vorzugehen:

1. Feststellen von Art, Ausmaß und Ursache des Befalles durch *Bestandanalyse*, insbesondere mit den Verfahren 5 (Augenschein), 6 (Befühlen), 10 (Feuchtigkeitsmessung), 19 (Endoskopie) und 20 (Probenentnahme). Dabei ist im Bereich des Befalles auch Mauerwerk zu untersuchen, das selbst vom Pilz nicht geschädigt, aber durchwachsen werden kann.
2. Soweit erforderlich Ausbauen, Freilegen, Entfernen und sofortiges Verbrennen befallener Konstruktionselemente (bei Hausschwamm rund 1 m über den sichtbaren Befall hinaus), vor allem aber von Pilzgeflechten und Fruchtkörpern.
3. Entfernen von unselbständigen *Gebäudeelementen* und anderen Materialien, die bei der Freilegung befallener Konstruktionselemente in deren Bereich als Schutt anfallen, damit sie nicht zum Ausgangspunkt neuen Befalles werden können. Selbständige Gebäudeelemente wie Mauer- oder Dachziegel müssen vor einer Wiederverwendung behandelt werden.

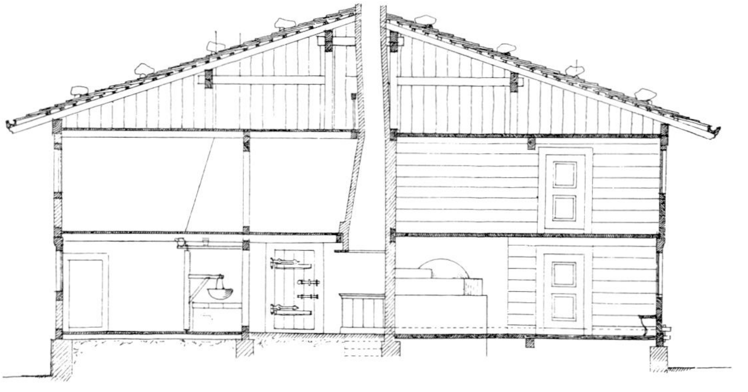

297, 298 Bauernhaus aus dem Allgäu, erbaut 1675, in Ansicht **(297)** und Schnitt **(298)**

4. Abflammen von Mauerwerk im Bereich von Pilzbefall mit einer Lötlampe oder in anderer Weise und Behandeln mit einem geeigneten Holzschutzmittel.

5. Rasches Beseitigen übermäßiger Feuchtigkeit des Holzes und seiner Umgebung, wie sie infolge

☐ baulicher *Mißstände*
☐ hoher Luftfeuchtigkeit
☐ Einwirken von Löschwasser
☐ Baumaßnahmen

auftritt.

6. Wiederherstellen der Tragfähigkeit der Holzkonstruktion durch *Instandsetzung* oder *Erneuerung* geschwächter oder zerstörter Elemente (siehe unten).

7. Imprägnieren neuer ebenso wie der im Bereich von Schädlingsbefall verbleibenden gesunden Teile alter Konstruktionselemente aus Holz mit einem geeigneten Schutzmittel.

8. Beobachten des Erfolges der getroffenen Maßnahmen durch periodische Bestandanalyse.

299, 300 Schwarzwälder Haus in Ansicht **(299)** und Schnitt **(300)**

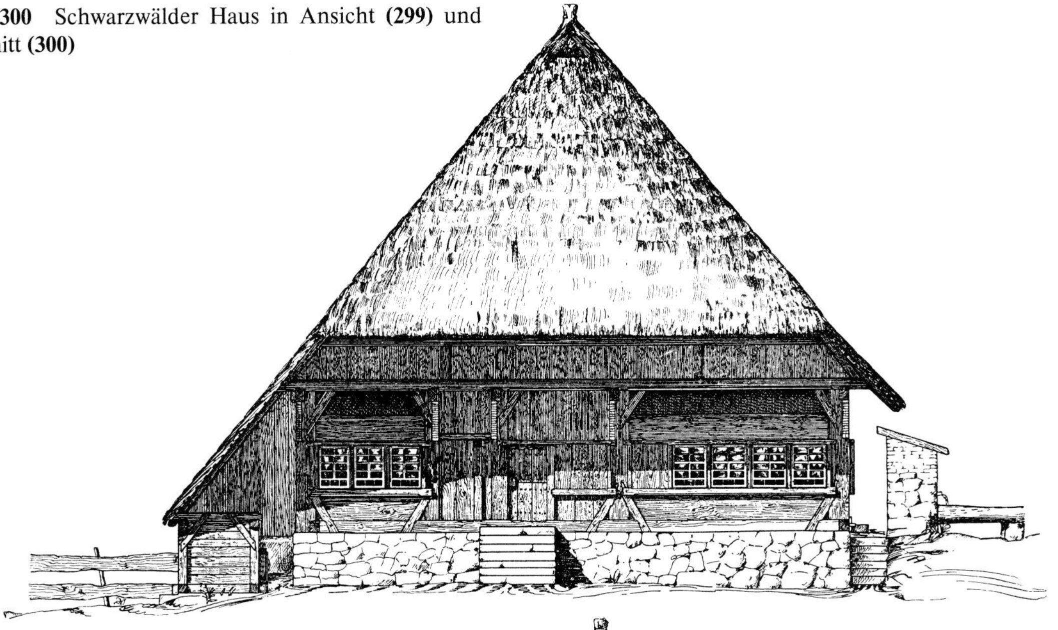

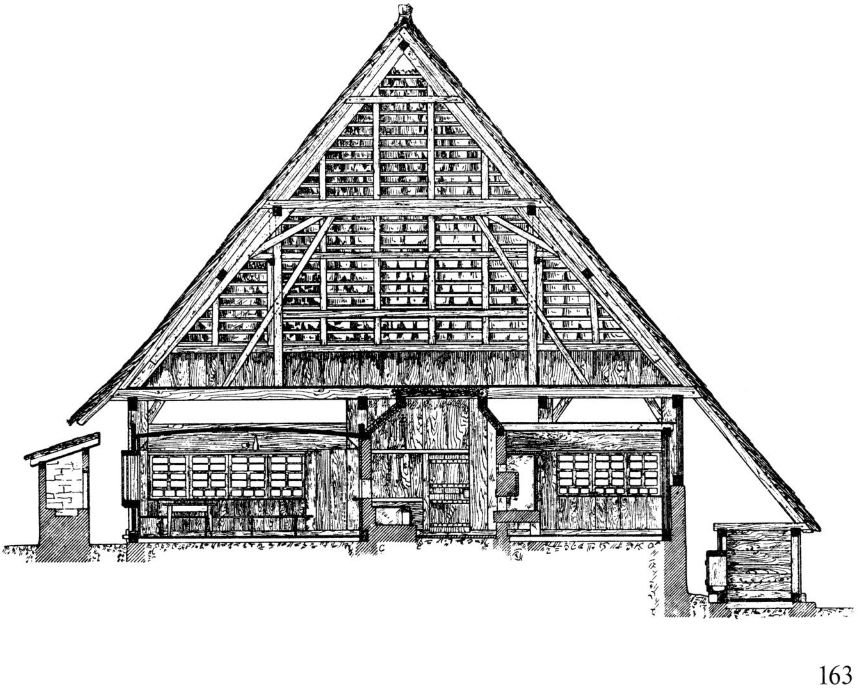

301, 302 Weingärtnerhaus aus dem Neckargebiet, erbaut 1606, in Ansicht **(301)** und Schnitt **(302)**

Vorbeugende Maßnahmen gegen Pilzbefall sind:

1. Schutz des Holzes und seiner Umgebung vor

□ Bodenfeuchtigkeit

□ Mauerfeuchtigkeit

□ Niederschlagsfeuchtigkeit, die durch undichte Stellen in der ↑ Dachdeckung dringt

□ hoher Raumfeuchtigkeit

□ Kondensfeuchtigkeit

□ Feuchtigkeit aus undichten wasserführenden Leitungen **(32)**

□ Baufeuchtigkeit.

2. Derartige Ausbildung von Holzkonstruktionen, die der Witterung ausgesetzt sind, daß das Niederschlagswasser rasch abfließen und nicht in Fugen eindringen kann.

3. Herstellen oder Wiederherstellen solcher baulicher Verhältnisse, die das Holz nicht abschließen, sondern ihm einen ungehinderten Feuchtigkeitsaustausch mit umgebenden porösen Materialien, besser mit der freien Luft, ermöglichen.

4. Keine Lagerung von Brennholz im Bereich hölzerner Konstruktionselemente.

5. Verwendung gesunden, trockenen Holzes ohne Rinde und Bast für *Sanierungen.*

6. Imprägnieren neuer Konstruktionselemente aus Holz mit einem geeigneten Schutzmittel.

303, 304 Bauernhaus aus dem Hamburger Raum in Ansicht **(303)** und Schnitt **(304)**

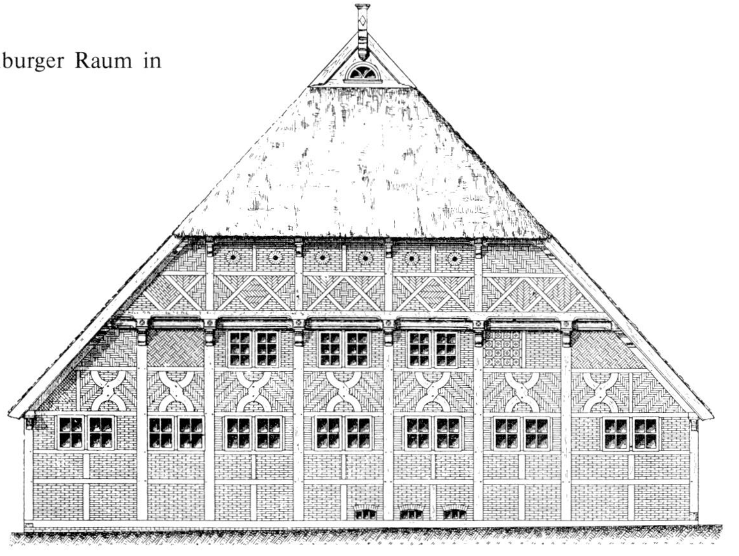

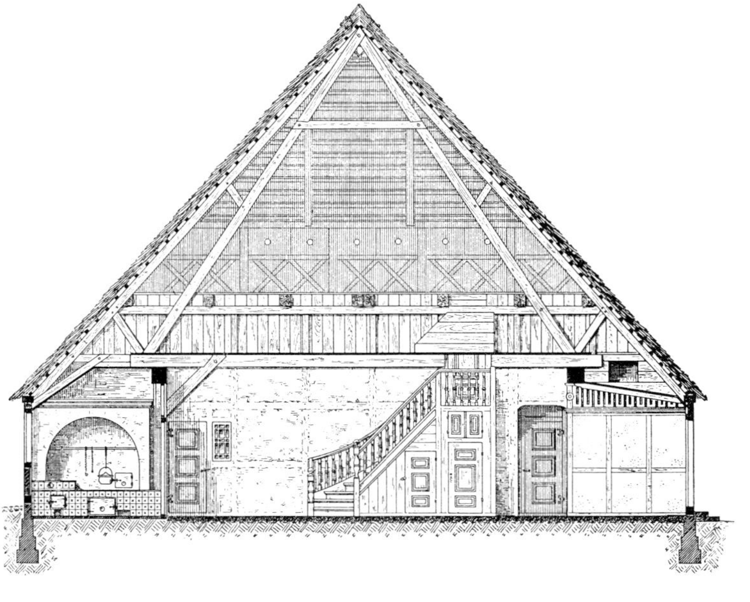

305 - 317 Handwerkliche Holzverbindungen

Verdübelung **(305)**, verwendet unter anderem zur Herstellung von Deckenunterzügen großer Spannweite und hoher Belastung aus zwei Balken.

Verkämmung **(306)**. Sie dient beispielsweise zur Verbindung der Fußpfette mit dem Binderbalken eines Pfettendaches **(263)**. Die Oberflächen der verbundenen Hölzer liegen in verschiedenen Ebenen.

Überblattung. Zum Unterschied von der Verkämmung liegen die Oberflächen der verbundenen Hölzer in einer Ebene. Die Überblattung kommt im Fachwerkbau vielfach vor bei der Kreuzung zweier Hölzer **(307)**, bei dem Anschluß eines Holzes an ein anderes als ganze **(308)**, verdeckte **(309)** und schwalbenschwanzförmige Überblattung **(310)** sowie als Ecküberblattung **(311)**.

Verzapfung mit verdecktem Zapfen **(312)**, verwendet beispielsweise zum Anschluß der Säule an den Binderbalken eines Pfettendaches, mit Schlitzzapfen **(313)** und mit Scherzapfen **(314)**, wie sie zur Firstverbindung zweier Sparren eines Sparrendaches dient.

Versatzung **(315)**. Dargestellt ist ein einfacher Stirnversatz, mit dem bei einem Sparrendach **(262)** Sparren und Binderbalken, bei einem Pfettendach Strebe und Binderbalken miteinander verbunden werden.

Aufklauung als einfache Aufklauung eines Sparrens auf einer Mittelpfette **(316)** und zweier auf Gehrung gestoßener Sparren auf der Firstpfette **(317)**.

305

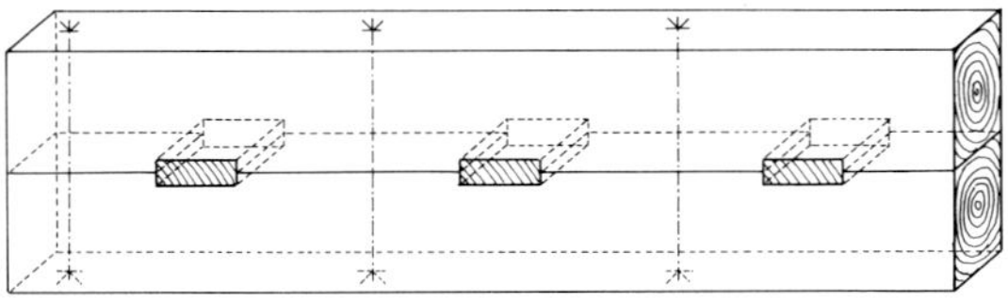

306

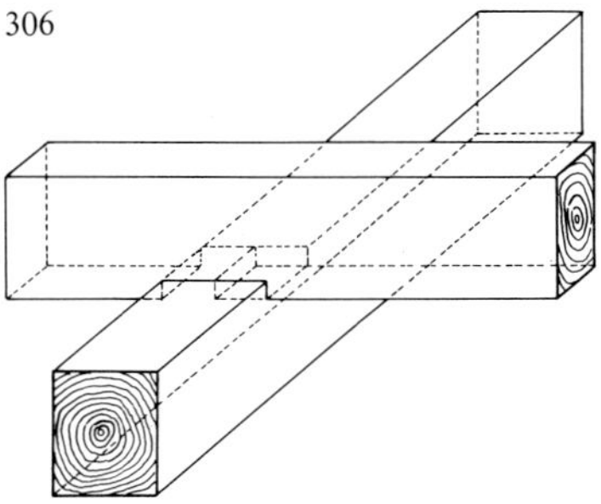

307

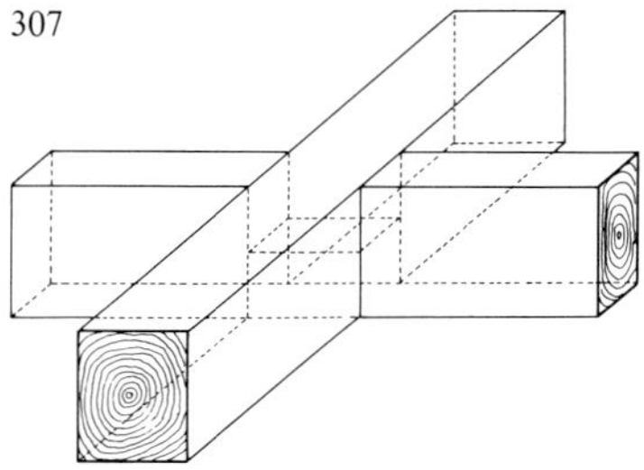

308

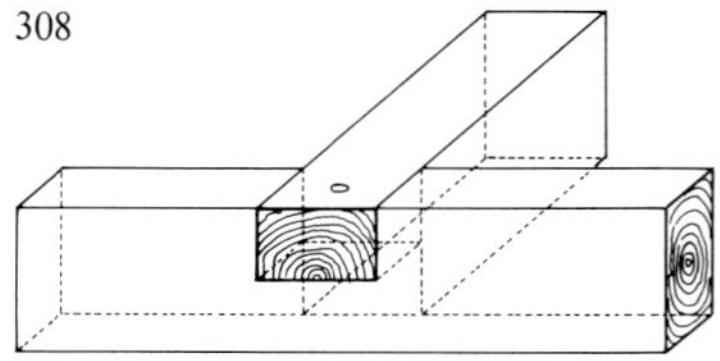

309

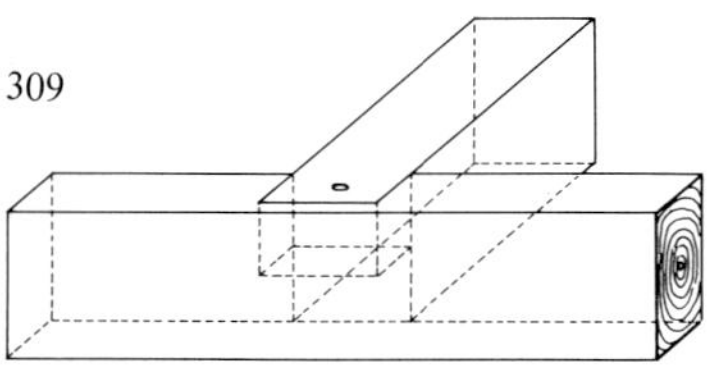

310

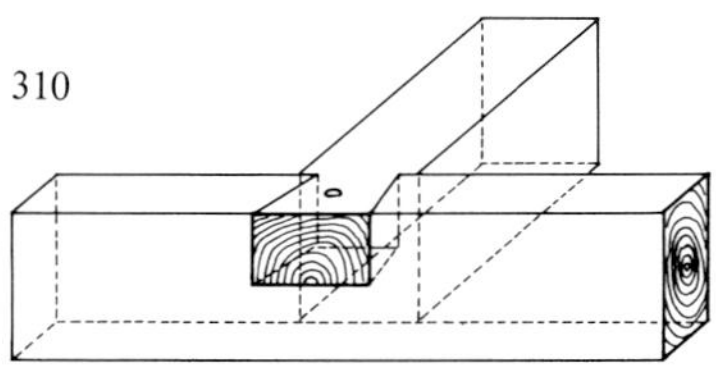

311

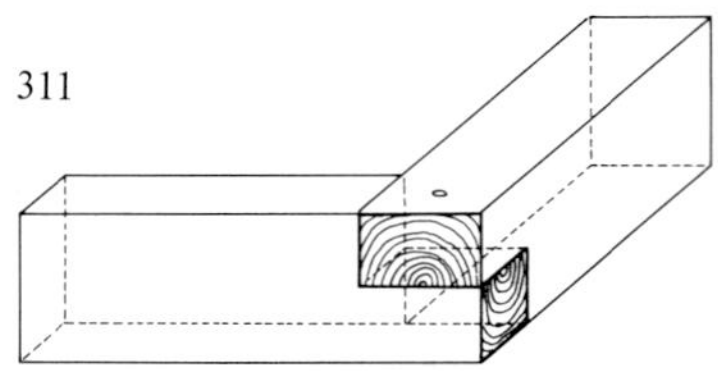

312

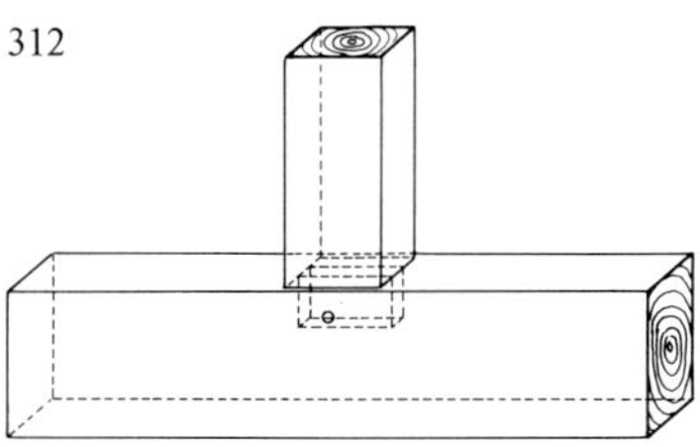

313

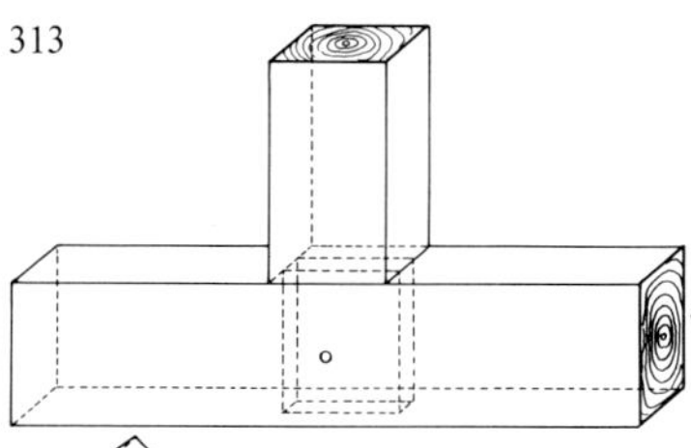

314

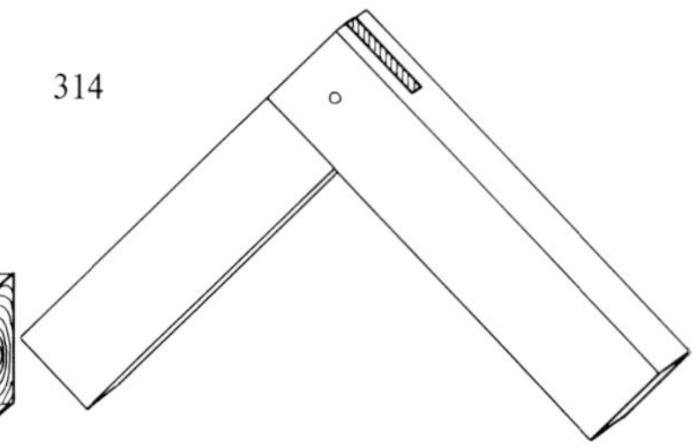

315

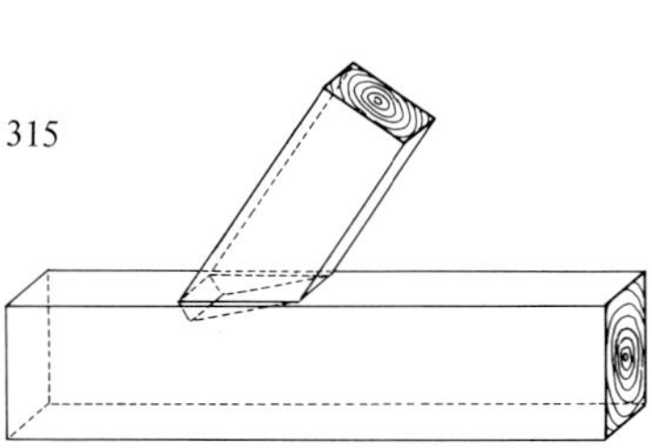

316

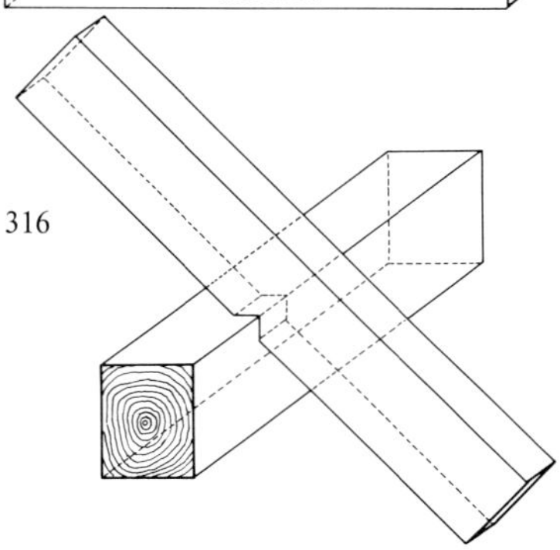

317

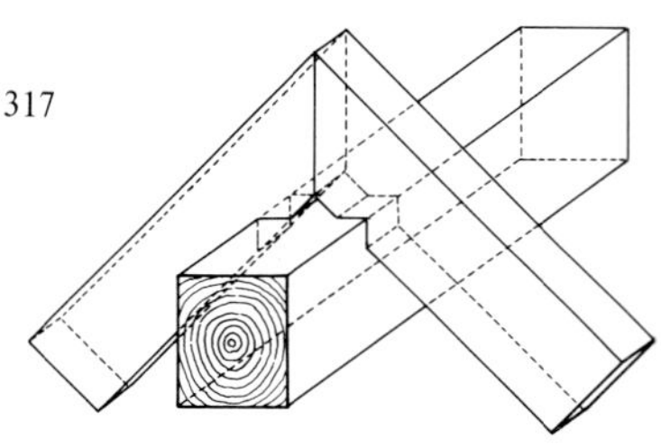

Pilz	Vorkommen	Erkennungsmerkmale		Schadensbild
		Pilzgeflecht	Fruchtkörper	
Echter Hausschwamm	Gedeiht bereits bei 20% Holzfeuchtigkeit. Befällt Nadel- und Laubholz, jedoch auch holzhaltige Baustoffe	Oberflächenmyzel weiß, watteartig, gegen Luftzug empfindlich. Stränge bis bleistiftdick, grau bis graubraun, verzweigt mit lappigem Zwischenmyzel	Rostbraun mit weißem Zuwachsrand. Fleischig weich, aber zäh; leicht von der Unterlage ablösbar; leicht faulend	Braunfäule (Destruktionsfäule) infolge Zersetzung der Zellulose. Zerstörtes Holz zerfällt würfelförmig (Würfelbruch)
Warzenschwamm oder Kellerschwamm	An feuchtem Holz. Befällt Nadel- und Laubholz	Kein Oberflächenmyzel; Oberfläche des befallenen Holzes bleibt ziemlich intakt, so daß der Schaden erst spät augenscheinlich wird. Stränge, mit denen weite Strecken überwunden werden können, sind dünne, schwarzbraune Fäden; selten auftretend	Braun, anfangs mit weißgelblichem Zuwachsrand. Flache, dem Holz aufliegende, filzig-lederige Krusten; besonders im Alter brüchig und schwer von der Unterlage ablösbar; selten auftretend	
Porenschwamm	An feuchtem Holz. Bevorzugt Nadelholz	Luftmyzel weiß, watte- oder eisblumenartig. Stränge, mit denen auch Mauern durchwachsen werden, bis bindfadendick, ziemlich glatt, auch in trockenem Zustand biegsam bleibend	Weiß, später gelblich. Polsterförmig; nicht faulend	

Schäden durch Insekten

Das Holz ist den beiden wichtigsten holzzerstörenden Insekten **(321)** im Laufe ihrer Entwicklung – Ei, Larve, Puppe, fertiges Insekt – Nahrung, Behausung und Brutstätte. Die eigentliche Zerstörung erfolgt durch die Fraßgänge der Larven, von denen die Oberfläche des Holzes meist unversehrt bleibt.

Holzzerstörende Insekten können so wie holzzerstörende Pilze durch befallenes Bau- oder Brennholz eingeschleppt werden. Auch sie bevorzugen feuchtes Holz.

Von Insekten **(322–327)** befallene Holzkonstruktionen werden folgendermaßen behandelt:

1. Feststellen von Art, Ausmaß und Ursache des Befalles durch *Bestandanalyse*, insbesondere mit den Verfahren 5 (Augenschein), 8 (Abhorchen), 10 (Feuchtigkeitsmessung) und 18 (Öffnen der Grundkonstruktion).
2. Abbeilen der befallenen Bereiche der hölzernen Konstruktionselemente, die soweit erforderlich freizulegen sind.
3. Sofortiges Verbrennen von ausgebautem Holz sowie von Spänen und Splittern.
4. Rasches Beseitigen von übermäßiger Feuchtigkeit des Holzes und seiner Umgebung, wie sie infolge
   - ☐ baulicher Mißstände
   - ☐ hoher Luftfeuchtigkeit
   - ☐ Einwirken von Löschwasser
   - ☐ Baumaßnahmen

   auftritt.
5. Wiederherstellen der Tragfähigkeit der Holzkonstruktion durch *Instandsetzung* oder *Erneuerung* geschwächter oder zerstörter Elemente (siehe unten).
6. Imprägnieren neuer ebenso wie der im Bereich von Schädlingsbefall verbleibenden gesun-

319 Auftreten des Echten Hausschwammes in einem Keller. Der Pilz wurde mit befallenem Brennholz eingeschleppt. An der Bretterwand links im Bild das weiße, watteartige Myzel, auf dem Boden in Bildmitte und an der Bretterwand dahinter Fruchtkörper, rostbraun mit weißem Zuwachsrand.

den Teile alter Konstruktionselemente aus Holz mit einem geeigneten Schutzmittel. Bei Elementen, die nicht genügend freigelegt werden können, ist Bohrlochtränkung anzuwenden, wonach die Bohrlöcher mit einem Holzpfropfen zu schließen sind.

7. Beobachten des Erfolges der getroffenen Maßnahmen durch periodische Bestandanalyse.

Die gegen Pilzbefall angegebenen vorbeugenden Maßnahmen gelten sinngemäß auch für tierische Schädlinge.

Brandschäden

Holzkonstruktionen verhalten sich im Brandfall nicht ungünstiger als solche aus anderen Materialien. Holz brennt langsam unter Verkohlung an der Oberfläche, wobei die tiefergelegenen unverbrannten Holzschichten ihre Form und Festigkeit behalten. Erst wenn sich der tragfähige Restquerschnitt zu stark verringert, tritt Versagen des Konstruktionselementes ein.

Konstruktionselemente aus Hartholz, beispielsweise Eichenholz, zeigen ein günstigeres Brandverhalten als solche aus Weichholz, beispielsweise Fichtenholz.

Bei der Schadensbehebung wird folgendermaßen vorgegangen:

□ Feststellen des Schadensausmaßes mit den Verfahren 5 (Augenschein), 18 (Öffnen der Grundkonstruktion) und 19 (Endoskopie) der *Bestandanalyse*

□ Abbeilen der verkohlten Bereiche, die soweit erforderlich freizulegen sind

□ Wiederherstellen der Tragfähigkeit der Holzkonstruktion durch *Instandsetzung* oder *Erneue-*

320 Zerstörung eines Stabparkettbodens samt Blindboden durch den Echten Hausschwamm. Infolge Feuchtigkeitseinwirkung durch eine undichte wasserführende Leitung konnte sich der Pilz über den Blindboden und die Unterseite der Parkettstäbe im ganzen Raum ausbreiten. Erst nach Abheben der eichenen Parkettstäbe (rechts unten im Bild einige davon umgekehrt liegend) wurde der Schaden sichtbar. Der Blindboden zeigt Würfelbruch. Einzelne Stränge des Pilzgeflechtes sind zu erkennnen.

rung geschwächter oder zerstörter Elemente (siehe unten).

Die Widerstandsfähigkeit von Holzkonstruktionen gegen Feuer kann durch Maßnahmen erhöht werden, die

□ die Entflammbarkeit der Oberfläche des Holzes erschweren

□ die Erhitzung des Holzes und damit dessen Verkohlen im Brandfall verzögern.

Dies kann erreicht werden durch:

□ Glatte Oberfläche und abgerundete oder abgefaste Kanten, was der Entflammbarkeit entgegenwirkt

□ Feuerhemmende *Bekleidung* oder Ummantelung mit geeigneten Materialien, beispielsweise Putz auf Putzträger.

Bei Holzbalkendecken wird feuerhemmende Wirkung erzielt durch ↑ Unterdecken mit Putz oder mit Gipskarton-Bauplatten einerseits sowie durch ↑ Fußböden mit nichtbrennbarer Auffüllung. Sägemehl, Torf oder andere brennbare Auffüllungen sind durch nichtbrennbare zu ersetzen.

□ Balken mit großem, gedrungenem Querschnitt, die auch ohne *Bekleidung* oder Ummantelung als feuerhemmend gelten, weil bei ihnen im Brandfall ein tragfähiger Restquerschnitt unter dem Schutz der verkohlten und darum die Wärme sehr schlecht leitenden Außenzone länger erhalten bleibt als bei kleinem, schmalen Querschnitt.

□ *Beschichtung* mit einem chemischen Feuerschutzmittel, das im Brandfall eine aufgeschäumte Dämmschicht bildet und so das darunterliegende Holz schützt. Bei wettergeschützten Konstruktionen bleibt eine solche Beschichtung längere Jahre wirksam.

321 Die beiden wichtigsten in *Gebäuden* auftretenden holzzerstörenden Insekten

Insekt	Vorkommen	Erkennungsmerkmale		Schadensbild	
		Larve	Käfer	Fraßgänge der Larve (unter der Oberfläche)	Flugloch des Käfers (in der Oberfläche)
Hausbock	Fast ausschließlich in Nadelholz, besonders in Dachstuhl und Dachdecke	Elfenbeinfarbig, bis 30 mm lang	Dunkelbraun, Weibchen 8-16 mm lang, Männchen 10-25 mm lang, Flugzeit Juni - August	Im Splintholz, oval mit wellenförmigen Nagespuren; gefüllt mit Gemisch aus feinem Nagemehl und Kotwalzen	Oval, 4-7 mm Durchmesser; Rand unter Dach gefranst, im Freien glatt
Gewöhnlicher Klopfkäfer (Anobium punctatum)	Nadel- und Laubholz, besonders in Keller und Erdgeschoß; auch Möbel werden befallen	3-5 mm lang (»Holzwurm«). Für die Entwicklung ist hohe Luftfeuchtigkeit erforderlich; unter 55% Luftfeuchtigkeit (entspricht etwa 10% Holzfeuchte) hört die Entwicklung auf	Mittelbraun, 3-5 mm lang, Flugzeit Mai - Juli	Gänge ziehen sich kreuz und quer durch das Holz; kreisrund, 2 mm Durchmesser	Kreisrund, 2 mm Durchmesser; beim Schlüpfen der Käfer wird Bohrmehl sichtbar nach außen befördert

322-324 Der Hausbock und sein schädliches Wirken

322 Larve, auf das Doppelte vergrößert
323 Fluglöcher in befallenem Holz
324 Fertiges Insekt (Männchen), doppelte Größe

325-327 Der Gewöhnliche Klopfkäfer (Anobium punctatum) und sein schädliches Wirken
325 Larve (»Holzwurm«), in 10facher Vergrößerung
326 Fraßgänge und Fluglöcher in befallenem Holz
327 Fertiges Insekt, in 10facher Vergrößerung

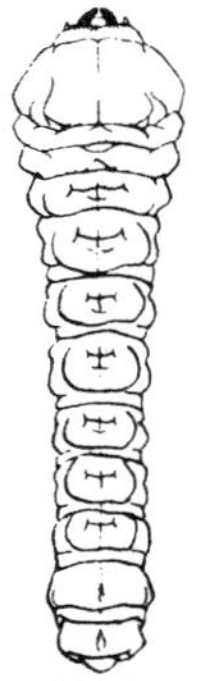

322 △

323 ▽

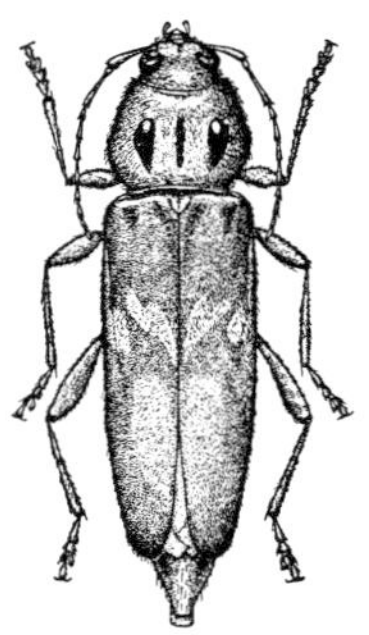

324 △

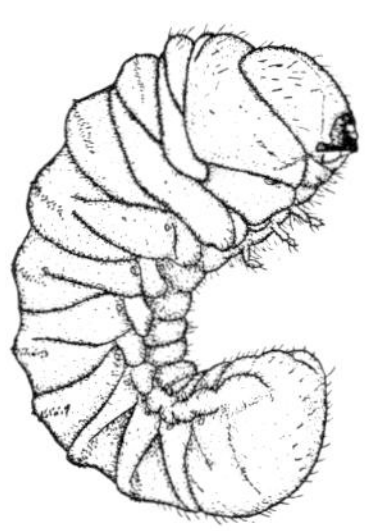

325 △

326 ▽

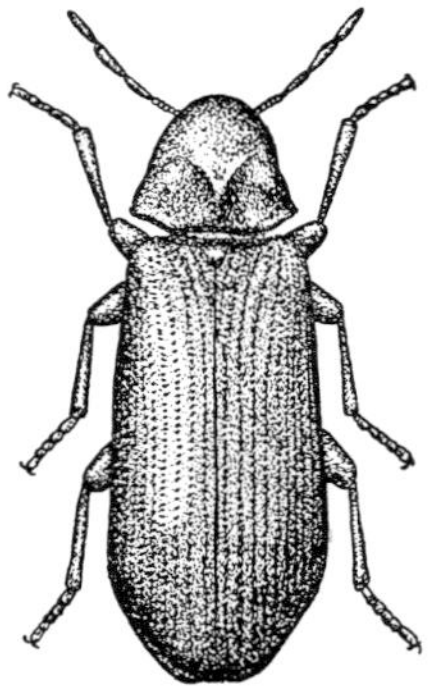

327 △

Schäden durch mechanische Einwirkungen und durch Luftdruck

Zu *Schäden* dieser Art zählen

☐ unplanmäßige Einschnitte, Kerben und Bohrungen, wie sie bei fehlerhaften *Adaptierungen* – beispielsweise im Zuge von Leitungsverlegungen – vorkommen

☐ Absplitterungen und Brucherscheinungen durch Sprengkörper und Explosionen.

Die Wiederherstellung der Tragfähigkeit der Holzkonstruktion erfolgt durch *Instandsetzung* oder *Erneuerung* geschwächter oder zerstörter Elemente (siehe unten).

Schäden durch Schwinden und Quellen des Holzes

Änderungen des Feuchtigkeitsgehaltes führen zum Schwinden und Quellen des Holzes. Diese Volumenänderungen verlaufen in verschiedenen Querschnittsbereichen und -richtungen unterschiedlich:

☐ Das innere Holz des Stammes, das Kernholz, hat kleinere Poren als das äußere Splintholz. Es schwindet und quillt daher weniger.

☐ Radial in Richtung der Markstrahlen schwindet und quillt das Holz bedeutend weniger als tangential in Richtung der Jahresringe.

Bei Änderung des Feuchtigkeitsgehaltes führen diese Materialeigenschaften des Holzes zu Formänderungen: Bretter werfen sich.

Gehen die Volumenänderungen des Holzes nicht ungehindert vor sich, wie dies bei Balken der Fall ist, können die auftretenden Spannungen zu Rissen führen. Das gilt vor allem für Schwindrisse, die bei zu raschem Austrocknen großer Querschnitte auftreten. Sie verlaufen meist radial in Richtung der Markstrahlen und bewirken eine mehr oder weniger starke Festigkeitsminderung des Holzes:

☐ Luftrisse verlaufen von der Oberfläche zum Kern **(328)**. Sie bilden Zugangswege für Holzschädlinge in innere Querschnittsbereiche.

☐ Kernrisse verlaufen vom Kern nach außen **(329)**.

Wenn Holz mit höherem Feuchtigkeitsgehalt als der Dauerfeuchtigkeit **(45)** eingebaut wird, kommt es infolge Schwinden des Holzes zu einer Lockerung seiner Verbindungen **(330, 331)**. Auch die durch die Beanspruchung hervorgerufenen dauernden Formänderungen können zu einer Lockerung der Holzverbindungen führen.

Zur Behebung des *Schadens* werden

☐ bei lockeren zimmermannsmäßigen Holzverbindungen – Anschlüsse, Stöße, Knoten, Verankerungen – die Konstruktionselemente durch Ausfüttern und Auskeilen sowie Nachschlagen der Holznägel wieder kraftschlüssig verbunden

☐ bei lockeren Schraubenbolzenverbindungen die Muttern nachgezogen.

Unter Umständen sind auch adaptive Maßnahmen zweckmäßig **(332)**.

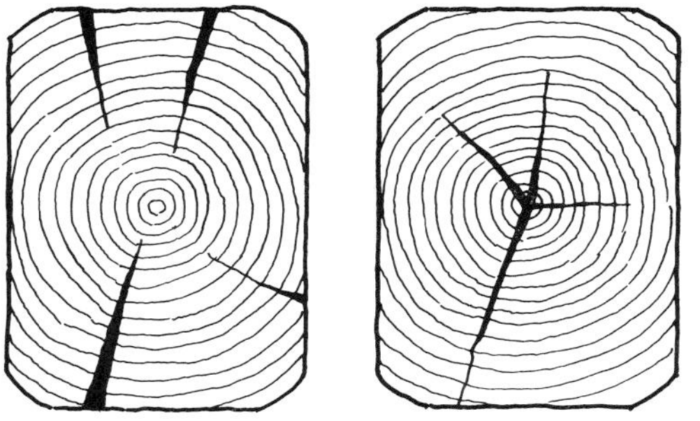

328, 329 Schwindrisse in einem Balkenquerschnitt: Luftrisse **(328)** und Kernrisse **(329)**

Unzureichende Tragfähigkeit

Die vordem im einzelnen beschriebenen *Schäden* durch

☐ Pilze

☐ Insekten

☐ Feuer

☐ mechanische Einwirkungen, unter anderen durch Sprengkörper

☐ Luftdruck bei Explosionen

führen infolge Querschnittsverminderung zu einer Abnahme der Tragfähigkeit der betroffenen Konstruktionselemente von ↑ Wänden, ↑ Decken- und ↑ Dachkonstruktionen.

Mängel hinsichtlich der Tragfähigkeit treten auf bei

☐ Holzkonstruktionen, die ihrer Belastung infolge von *Fehlern* in *Planung* und *Ausführung* nicht gewachsen sind

☐ Erhöhung der Belastung.

Bei schweren Schäden und Mängeln kann es zum Versagen der Konstruktionselemente oder des ganzen Tragwerkes durch Bruch kommen.

Gefährliche Brüche, die zu einem plötzlichen Versagen zumindest der betroffenen Konstruktionselemente und Verbindungen führen, entstehen bei

☐ Zug parallel zur Faserrichtung **(333)**, wobei neben den Querschnittsminderungen durch Schäden auch Äste und Wuchsfehler festigkeitsmindernd wirken

330 △

331 △

☐ Abscheren **(333)**.
In der Regel weniger gefährlich sind Brüche durch
☐ Druck parallel und quer zur Faser **(85, 86)**
☐ Zug quer zur Faser **(334-336)**
☐ Biegung **(87)**, wobei Äste und Randkerben in der Zugzone festigkeitsmindernd wirken. Der Biegebruch kündigt sich durch große Verformungen an, doch sind große Durchbiegungen, wie sie häufig bei Deckenbalken und Pfetten auftreten, noch kein Kriterium für die Überschreitung der zulässigen Spannungen.
Bei Gefahr des Bruches einzelner Konstruktionselemente ist *Sicherung* durch sofortige Entlastung erforderlich.

Zur Wiederherstellung der Tragfähigkeit einer Holzkonstruktion, insbesondere der Holzverbindungen, sind geschwächte oder zerstörte Konstruktionselemente nach dem
☐ Ergebnis der *Bestandanalyse* (Verfahren 5, 12, 15 und 20)
☐ statischen Erfordernis

zu sanieren durch
☐ *Rekonstruktion* in gleicher Art und in gleichen Abmessungen
☐ *Adaptierung* des vorhandenen Holztragwerkes, vor allem durch Verstärken einzelner Konstruktionselemente **(337-345)**
☐ Anordnung von eigenen Tragwerken aus Holz oder Stahl **(346)**, welche die Lasten zusammen mit dem bestehenden Holztragwerk oder allein aufnehmen
☐ Neuherstellung in anderer Art **(65)**

und zwar mit
☐ zimmermannsmäßigen Holzverbindungen **(305-317)**
☐ den im Ingenieurholzbau verwendeten Mitteln, das sind vor allem Metalldübel-, Nagel- und Leimverbindungen
☐ Elementen aus Stahl wie Schraubenbolzen **(335, 346)**, Auflagerschuhen **(336)**, Laschen und Formstahl **(342-345)**
☐ Kunstharz.

Das erste und das letzte dieser Verfahren ist vor allem bei der *Restaurierung* oder *Rekonstruktion* technikgeschichtlich besonders wertvoller Holztragwerke und solcher anzuwenden, bei denen die *Wirkung* erhalten bleiben soll.

Neue sowie freiliegende oder freigelegte Konstruktionselemente und -mittel des bestehenden Holztragwerkes aus Eisen und Stahl - Anker, Klammern, Schrauben, Nägel, Stahlträger - sind vor Korrosion zu schützen (↑ Eisen- und Stahlkonstruktionen).

332 △

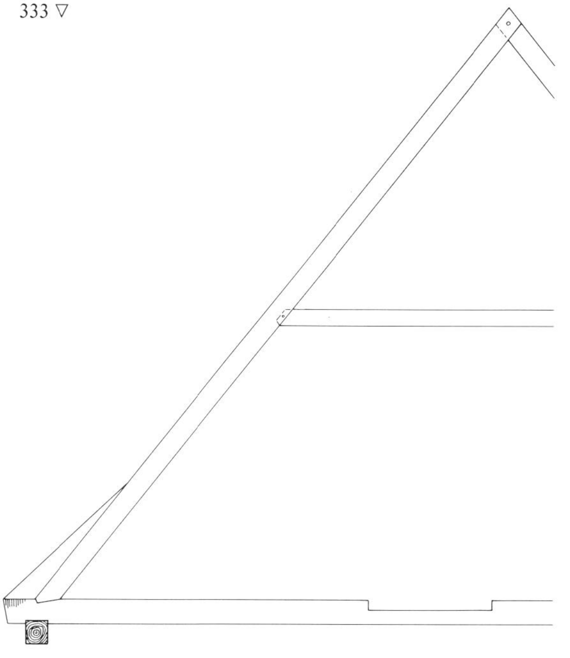

333 ▽

◁ **330–332** *Sanierung* einer Fachwerkwand. Die Wand ist samt Putz 20 cm dick und hat keine Fortsetzung im nächsttieferen Geschoß. Als Ursache der im Putz entstandenen *Risse* **(330)** ließ der Augenschein (*Bestandanalyse*, Verfahren 5) eine Überbelastung der darunterliegenden Decke vermuten. Nach Abschlagen des Putzes wurde eine Fachwerkwand sichtbar. Die Risse waren infolge Austrocknen des Holzes entstanden.

In **(331)** ist die vorhanden gewesene Ziegelausmauerung bereits entfernt. An ihrer Statt erfolgte aus Gewichtsgründen und zur Aussteifung eine Verbretterung des Fachwerkes **(332)**. Die Bretter sind unter 45 Grad geneigt und verlaufen an den beiden Seiten senkrecht zueinander. Sie wurden mit Gipskarton-Bauplatten verkleidet.

333 Bruchgefahr bei einem Sparrendach (↑ Dachkonstruktionen), verursacht durch einen

□ *Mangel* infolge Herstellung einer Ausnehmung im Binderbalken. Wenn dies zu einer Überschreitung der Zugfestigkeit im Restquerschnitt führt, tritt dort der Bruch durch Zerreißen ein.

□ *Schaden* am Versatz **(315)** zum Anschluß des Sparrens an den Binderbalken. Ist infolge Feuchtigkeitseinwirkung der Vorkopf angemorscht (in **(333)** schraffiert), kann es dort zu einer Überschreitung der Scherfestigkeit und damit zum Bruch durch Abscheren kommen. Schaden und Mangel können beispielsweise durch seitlich angebrachte Holzlaschen behoben werden.

EISEN- UND STAHLKONSTRUKTIONEN

Erkennen und Beheben von *Schäden* und *Mängeln* an *Baukörpern* aus Eisen und Stahl haben die verschiedenartige Erzeugung und Verarbeitung des Materials im Laufe der Jahrhunderte zu berücksichtigen:

1. Schmiedeeisen. Es wird in handwerklicher Bearbeitung durch den Schmied **(347–353)**, seit Ausgang des Mittelalters auch durch den Schlosser verwendet für

□ Beschläge von ↑ Fenstern, Türen und Toren

□ Eisentüren und -tore

□ Gitter **(354)** von Fenstern, Türen, Toren, Einfriedungen und Brunnen

□ Handläufe und Geländer von Treppen

□ Beschläge zimmermannsmäßiger Holzverbindungen wie Klammern, Hängeeisen, Schienen, Winkeleisen

□ Befestigungsmittel wie Haken, Bolzen, Nägel, Bankeisen

□ Träger meist rechteckigen Querschnitts, beispielsweise über Maueröffnungen oder in Stiegenwangen **(79)**

□ Anker zur Aussteifung des *Gebäudes* **(79)**, vor allem von dessen Außenmauern (↑ Deckentragwerke) und zur Aufnahme des Gewölbeschubes **(77, 78, 180, 237)**.

2. Gußeisen. Im 19. Jahrhundert finden bei Tragwerken durch Schrauben verbundene Konstruk-

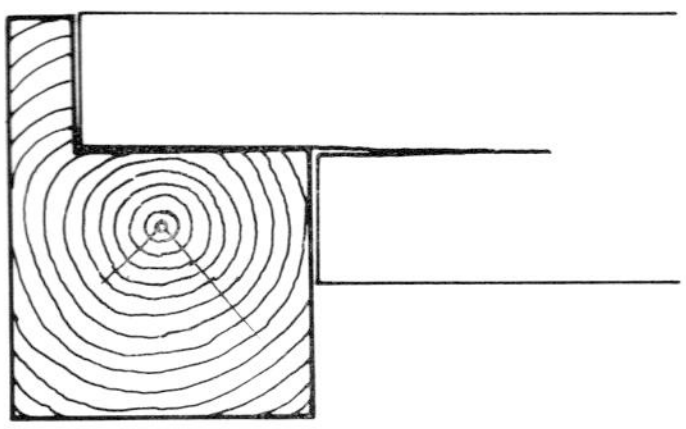
334

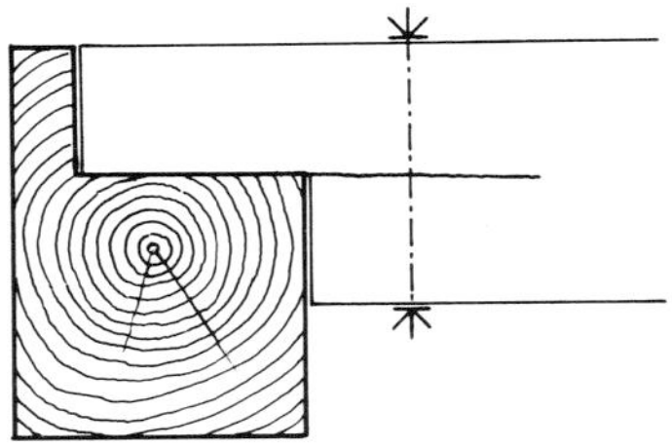
335

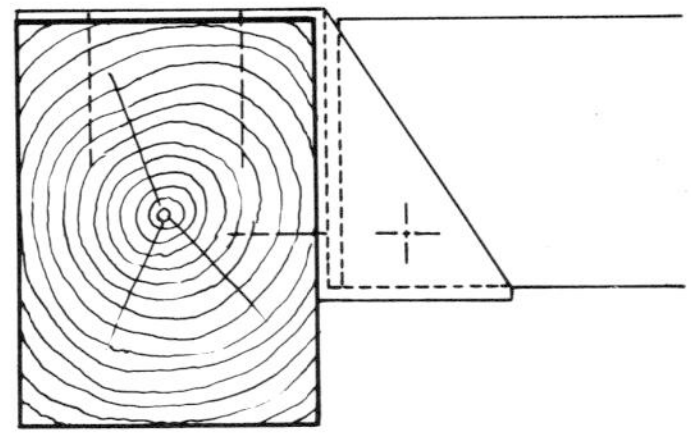
336

334-336 Bruchgefahr bei einem als Überblattung **(309)** ausgeführten Balkenauflager. Bei zu hoher Belastung kann es in dem aufliegenden Balken zur dargestellten Rißbildung infolge Überschreiten der Zugfestigkeit quer zur Faser kommen.

Abhilfe schaffen ein Schraubenbolzen **(335)** oder ein stählerner Balkenschuh **(336)**.

337-345 Verstärkung von auf Biegung beanspruchten Holzbalken, beispielsweise Deckenbalken oder Pfetten, durch

- ☐ oben **(337)**, unten **(338)**, oben und unten **(339)** aufgenagelte oder aufgedübelte Bretter oder Bohlen
- ☐ einseitig **(340)** oder beidseitig **(341)** aufgenagelte oder aufgeschraubte Bretter oder Bohlen
- ☐ aufgeschraubten Formstahl **(342-345)**.

337

338

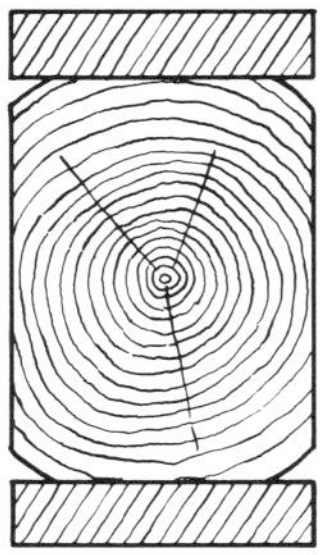
339

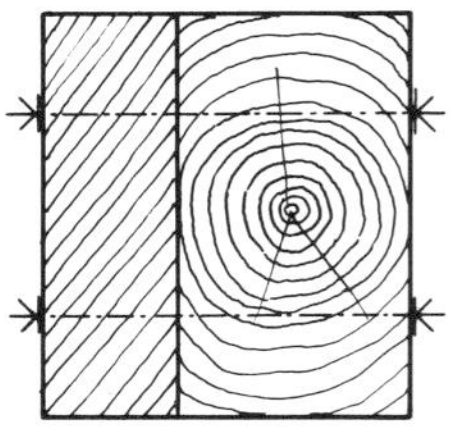
340

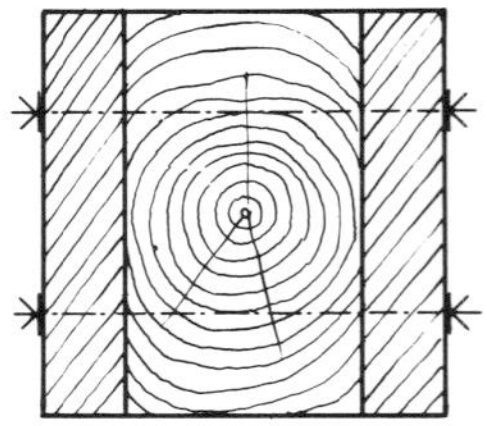
341

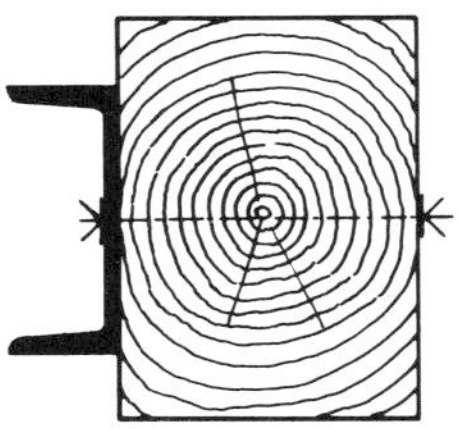
342

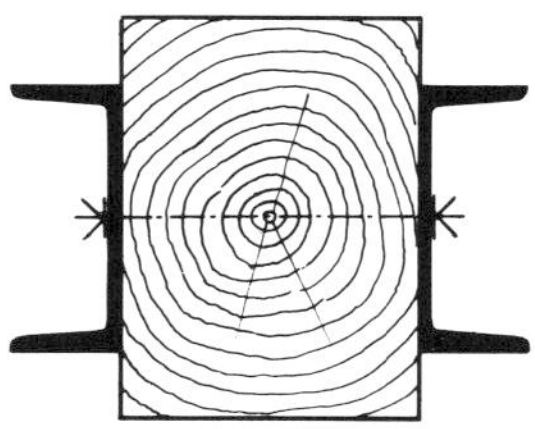
343

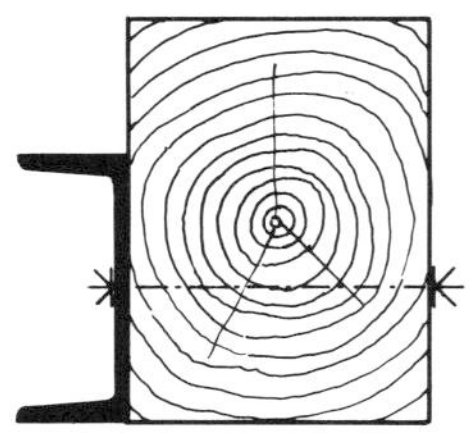
344

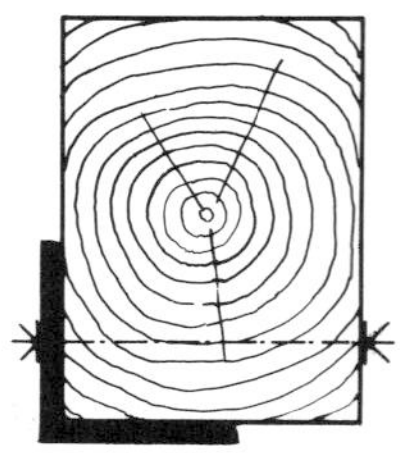
345

tionselemente aus Gußeisen in den für dieses Material charakteristischen Formen weite Verbreitung. Bis in unser Jahrhundert wird Gußeisen unter anderem verwendet für

- ☐ Säulen
- ☐ Gitter von Einfriedungen
- ☐ Geländer von Treppen **(110)**.

3. Stahl. Seit dem 19. Jahrhundert sind im Walzverfahren hergestellte *Gebäudeelemente* verfügbar, deren Material wir heute als Stahl bezeichnen (Formstahl, Stabstahl, Stahlblech) und die vor allem zur Errichtung weitgespannter Konstruktionen verwendet werden **(264, 265)**. Als Verbindungsmittel in Tragwerken dienen Schrauben und Nieten, heute weitgehend durch Schweißung ersetzt.

Schäden durch Korrosion

Korrosion befällt, von der Oberfläche ausgehend, Gebäudeelemente aus Eisen und Stahl als Rost unter der Einwirkung von

- ☐ Wasser in flüssiger Form wie Niederschlags- und Kondenswasser
- ☐ Luftfeuchtigkeit; die untere Grenze für den Beginn der Korrosion liegt bei etwa 65% relativer Luftfeuchtigkeit.

Erscheinungsformen des Rostes sind:

- ☐ Flächenrost, der zunächst als Flugrost die Metalloberfläche befällt. An freiliegenden oder freigelegten, nicht beschichteten Gebäudeelementen ist er durch Augenschein (Verfahren 5 der *Bestandanalyse*) leicht zu erkennen.
- ☐ Lochfraß, der an einzelnen Stellen in das Metall

346 Wiederherstellung der Tragfähigkeit einer Holzbalkendecke. Die Dachdecke (oberste Geschoßdecke) eines im 18. Jahrhundert errichteten Gebäudes besteht aus unmittelbar nebeneinanderliegenden Balken und trägt ein Deckengemälde. Die Balken sind durch Fäulnis geschwächt. Zur Sanierung werden über den Drittelpunkten der Balkenspannweite geschraubte Fachwerkträger aus Formstahl mit Knotenblechen angeordnet und daran die einzelnen Balken mittels Schraubenbolzen gehängt. Die zur Befestigung der Schrauben an der Deckenunterseite notwendigen Löcher in der Unterdecke werden restauratorisch geschlossen.

Im Hintergrund ganz rechts ist ein Träger aus U-Stahl zu erkennen, an dem das Ende eines im Bereich des Fachwerkträgers weitgehend zerstörten Balkens mit einem Schraubenbolzen aufgehängt wird und der dessen Belastung auf die Nachbarbalken überträgt.

eindringt und dieses solcherart zerstört. Er kann erst nach gründlichem Entfernen des ihn überdeckenden Flächenrostes mit dem Auge wahrgenommen werden.

□ Kornzerfall, der als interkristalline Korrosion das ganze Metallgefüge solcher Gebäudeelemente aus Stahl lockert, die dauernd hohen Zug- und Biegezugspannungen unterworfen sind. Er ist äußerlich überhaupt nicht erkennbar.

□ Spaltkorrosion, die entsteht, wenn Eisen- oder Stahlteile ohne Rostschutz zusammengefügt sind und in den zwischen ihnen befindlichen Spalt Feuchtigkeit eindringen kann. Sie ist durch Augenschein erst in fortgeschrittenem Zustand zu erkennen, wenn der Rost die Metallteile auseinanderdrückt **(355)**.

Rostbildung an der Bewehrung von Stahlbeton kann herbeigeführt werden durch

□ zu geringe Betondeckung

□ nicht genügend dichten Beton.

Infolge Volumenvergrößerung übt der Rost Sprengwirkung auf den Beton aus. Dieser Vorgang wird durch Abplatzen des Betons und stellenweises Freiliegen der Bewehrung augenscheinlich.

Auch Konstruktionen aus Naturstein sind oft von der Sprengwirkung des Rostes betroffen, der an eingelassenem Eisen – Geländerstützen, Dübel und anderes mehr – auftritt. Häufig ist ungeeignetes Vergußmaterial die Ursache des Schadens.

Das elektrochemische Verhalten der Metalle zueinander führt bei Konstruktionen aus verschiedenen Metallen – vor allem solche aus Kupfer und

347

348

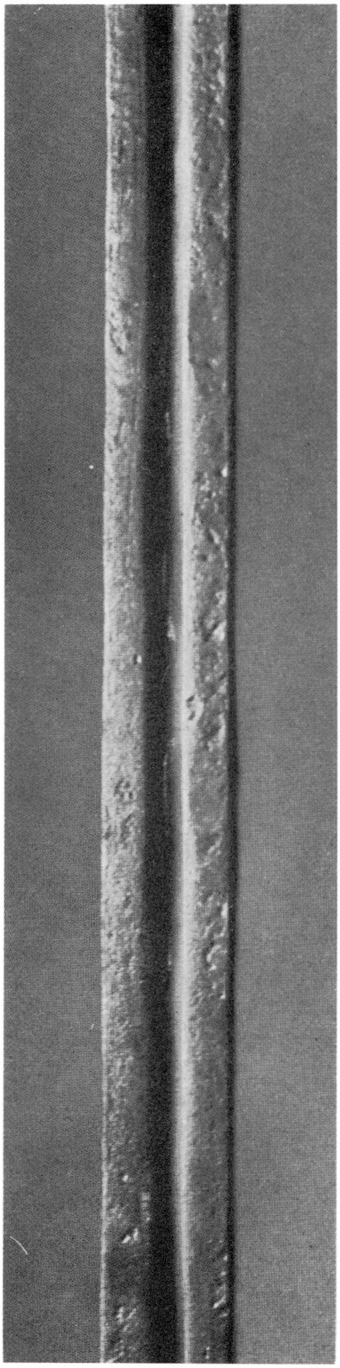

349

347-352 Einfache Gestaltungsarten handgeschmiedeter Rund- und Vierkantstäbe
347 Rundeisen, gestaucht mit gekehlter Rille
348 Quadrateisen, gestaucht
349 Flacheisen, scharf gekehlt
350 Quadrateisen, rund gekehlt
351 Quadrateisen, in warmem Zustand verdreht
352 Flacheisen, gekehlt und dann verdreht

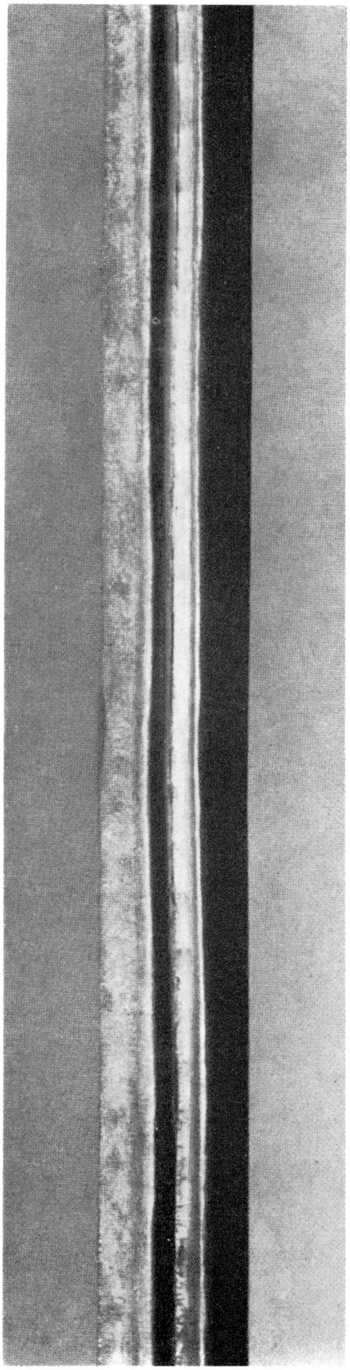

350

351

352

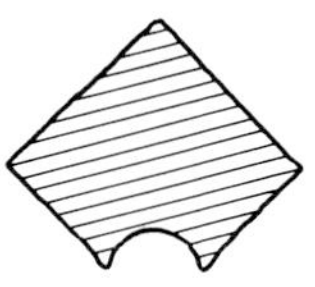

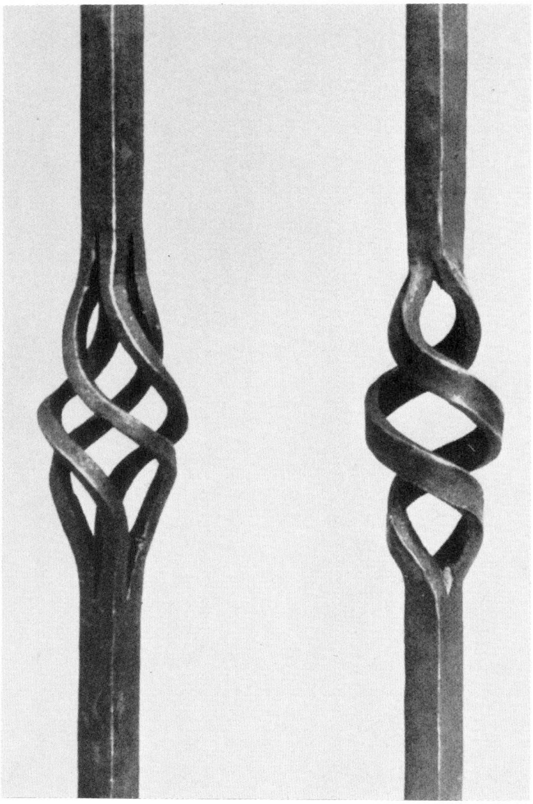

353 Gestaltung handgeschmiedeter Vierkanteisen durch Spalten, Stauchen und Verdrehen

354 Ausschnitt eines handgeschmiedeten Gitters aus Quadrateisen mit gelochten Kreuzstellen und angenieteten Rosetten

Eisen sind im Hochbau häufig – unter Zutritt von Niederschlagswasser zur Kontaktkorrosion des unedleren Metalles, im genannten Fall des Eisens. Dabei müssen die Metalle nicht dicht aneinander liegen **(356)**.

Dem Oberflächenschutz gegen Rost dienen *Beschichtungen*:

□ Anstriche

□ Metallüberzüge mit Zink

□ Brünierung (Bräunung). Durch rostschützende chemische Deckschichten wird eine Färbung der Oberfläche erzielt, deren Metallcharakter dabei ebenso erhalten bleibt wie bei der

□ Färbung durch Einbrennen fetter Stoffe. Dieses Verfahren eignet sich besonders für geschmiedete Eisenkonstruktionen, deren handwerkliche Bearbeitung unter Anstrichen nicht mehr entsprechend erkennbar wäre.

Voraussetzung für gutes Haften und gute Schutzwirkung einer Beschichtung ist die Sauberkeit der Metalloberfläche. Schmutz, Staub, Ruß, alte Anstriche und vor allem Rost sind zu entfernen:

□ Entrosten und Reinigen von Hand durch
Abklopfen mit dem Hammer
Abscheren mit Spachtel und Schaber
Abbürsten mit der Drahtbürste
Abschleifen mit Schleifmitteln wie Schmirgelpapier, Bimsstein, Carborundum.

Rationeller und sicherer ist das

□ Entrosten und Reinigen mit mechanischen Werkzeugen wie
umlaufende Drahtbürsten und Schleifmittel
Klopf- und Schlagwerkzeuge.

Sehr schnell und gründlich ist das

□ Entrosten und Reinigen durch Sandstrahlen.

Bei Beschichtung durch Anstriche muß die Metalloberfläche vollkommen trocken sein. Alte schadensfreie, geeignete Anstriche brauchen nicht entfernt zu werden. Vor Verzinkung ist jedoch eine völlig reine Metalloberfläche herzustellen.

Vom Rost gefährdete oder bereits befallene Metallflächen sind erforderlichenfalls zur Sanierung freizulegen. Das gilt besonders für aneinanderliegende Flächen von Eisen- und Stahlteilen, zwischen denen sich durch eindringende Feuchtigkeit Spaltkorrosion **(355)** bilden kann. Solche Flächen werden durch Lösen von Niet-, Schraub- oder Schweißverbindungen getrennt, entrostet, gereinigt und vor dem neuerlichen Zusammenfügen

rostschützend beschichtet. Allenfalls offen gebliebene Fugen sind zu verkitten.
Die rostschützende Beschichtung ist sofort nach dem Entrosten und Reinigen aufzubringen.
Die Schutzbehandlung ist nicht erforderlich bei Metalloberflächen, die

□ in luftdicht verschlossenen Hohlräumen liegen
□ von Beton umgeben sind.

Gußeisen ist im Freien durch Korrosion wesentlich weniger gefährdet als Stahl.
Der Korrosion von Elementen aus Eisen und Stahl wird durch *Konstruktionen* entgegengewirkt, die

□ das Ansammeln von Feuchtigkeit und Schmutz auf den Metalloberflächen nicht ermöglichen

355, 356 Schadensbilder und Ursachen von Korrosion. Die bei dem Stahlfenster **(355)** vor allem im Bereich von Zarge und Flügelrahmen aufgetretene Spaltkorrosion geht auf hohe Luftfeuchtigkeit im dahinterliegenden Raum und mangelnde *Instandhaltung* zurück. Das Fenster war vor der *Instandsetzung* nicht mehr zu öffnen. Das dickwandige Abflußrohr **(356)** aus Gußeisen wurde durch darin von einer kupfernen Dachdeckung abfließendes kohlen- und schwefelsäurehaltiges Niederschlagswasser zerstört. ▽▷

□ eine leichte Zugänglichkeit aller von Rost gefährdeten Metalloberflächen zur Kontrolle durch die Verfahren 5 (Augenschein) und 7 (Abklopfen) der *Bestandanalyse* sowie zur *Instandhaltung* ermöglichen.
Tragende Konstruktionsteile mit starkem Rostbefall sind erforderlichenfalls durch Verstärkung oder *Erneuerung* zu sanieren (siehe unten).

Brandschäden
Brände können bei Stahlkonstruktionen schon nach kurzer Feuereinwirkung starke Verformungen - Ausbiegungen, Ausknickungen, Durchbiegungen, Verdrehungen - tragender Elemente hervorrufen **(6)**, weil
□ die Festigkeit des Stahls - abhängig von seiner Güte und der Belastung des betroffenen *Gebäudeelementes* - zwischen etwa 450° C und 650° C stark abzunehmen beginnt
□ sich Stahl mit der Temperatur ausdehnt und zwar - abhängig von seiner Güte - um 0,012 bis 0,014 mm je Meter Länge und Grad Celsius, wodurch es nicht nur zu Verformungen der Stahlkonstruktion, sondern auch zu Schäden an den Auflagern kommen kann.
Für Gußeisen gelten ähnliche Werte.

Voll ausbetonierte Stahlrohre reißen infolge des durch die Hitze im Inneren entstehenden Dampfdruckes auf, wenn sie keine Öffnungen haben.
Die Wirkung plötzlicher Abkühlung von Stahlteilen durch Löschwasser hängt von der vorhergehenden Erhitzung sowie von der Stahlgüte ab und ist so wie die der Erhitzung durch *Bestandanalyse* (Verfahren 20) festzustellen.
Die Wiederherstellung der Tragfähigkeit erfolgt durch *Instandsetzung* oder *Erneuerung* verformter oder zerstörter Elemente (siehe unten).
Die Erhitzung von Stahlkonstruktionen im Brandfall kann verzögert werden durch:
□ Feuerhemmende *Bekleidung* oder Ummantelung mit geeigneten Materialien, beispielsweise Putz auf Putzträger. Feuerbeständigkeit erfordert einen Spezialputz. Stützen aus Gußeisen oder Stahl können auch durch Ummantelung mit Beton oder Gips sowie durch Bekleidung mit Ziegeln oder zementgebundenen Steinen feuerbeständig adaptiert werden.
□ *Beschichtung* mit einem chemischen Feuerschutzmittel, das im Brandfall eine aufschäumende Dämmschicht bildet und so die Hitze vom Stahl abhält. Damit kann feuerhemmende Wirkung erreicht werden.

Schäden durch mechanische Einwirkungen und durch Luftdruck
Zu *Schäden* dieser Art zählen
□ unplanmäßige Einschnitte und Bohrungen, wie sie bei fehlerhaften *Adaptierungen* vorkommen.
□ Verformungen, Anrisse, Brüche, Löcher und Kerben durch Sprengkörper und Explosionen.
Von Schäden wie Anrissen, gezackten Löchern und Kerben kann ein wegen seines unvermittelten und verformungslosen Eintrittes gefährlicher Sprödbruch ausgehen.
Die Wiederherstellung der Tragfähigkeit erfolgt durch *Instandsetzung* oder *Erneuerung* geschwächter, verformter oder zerstörter Elemente (siehe unten).

Unzureichende Tragfähigkeit
Die vordem im einzelnen beschriebenen *Schäden* durch
□ Korrosion
□ Feuer
□ mechanische Einwirkungen, unter anderen durch Sprengkörper
□ Luftdruck bei Explosionen
können infolge
□ Querschnittsverminderungen
□ Verformungen
□ Veränderungen der Materialeigenschaften
zu einer Abnahme der Tragfähigkeit der betroffenen Konstruktionselemente bis zu deren Versagen führen.
Im Gefahrenfall ist eine *Sicherung* durch sofortige Entlastung solcher Konstruktionselemente oder des ganzen Tragwerkes vorzunehmen.

Zur Wiederherstellung der Tragfähigkeit sind geschwächte, verformte oder zerstörte Konstruktionselemente nach
□ dem Ergebnis der *Bestandanalyse*, Verfahren 5 (Augenschein), 12 (Messen von Formänderungen), 15 (Statische und andere Berechnungen), 18 (Öffnen der Grundkonstruktion) und 20 (Probenentnahme)
□ dem statischen Erfordernis
□ den einschlägigen Regeln und Vorschriften des Stahlbaues
zu sanieren durch

1. *Instandsetzung.* Sie erfolgt in Sonderfällen, vor allem bei außerordentlichen Erhaltungserfordernissen. Einzelne Schadensstellen, an denen infolge Durchlochungen, Rissen, Ausbrüchen oder Verformungen der Kraftfluß unterbrochen oder unzulässig verändert ist, werden mit neuen Teilen überbrückt.
Der Gefahr von Sprödbrüchen, die von Schäden wie Anrissen, gezackten Löchern und Kerben ausgehen können, begegnet man durch Entfernen des Materials an der Schadensstelle bis zum rissefreien Stahl, wobei die Ränder zu glätten und einspringende Ecken abzurunden sind.
Bei schadhaften genieteten Trägern sind zur *Bestandanalyse* (Verfahren 5) die Nieten zu lösen (Verfahren 18), wenn nicht mit Sicherheit feststeht, daß sich die Schäden auf freiliegende Stellen beschränken.

Die Instandsetzung verformter Konstruktionselemente ist möglich durch
□ Kaltrichten, wenn die Verformung nicht zu stark und der Stahl dafür geeignet ist (Feststellung der Eignung durch *Bestandanalyse*, Verfahren 20)
□ Warmrichten
□ Kaltrichten mit nachherigem Ausglühen.

2. *Erneuerung.* Sie ist erforderlich bei Konstruktionselementen mit starken mechanischen Beschädigungen, Verbrennungen und Verzunderungen.
Mängel hinsichtlich der Tragfähigkeit treten auf
□ bei Eisen- und Stahlkonstruktionen, die ihrer Belastung infolge von *Fehlern* in *Planung* und *Ausführung* nicht voll gewachsen sind
□ bei Erhöhung der Belastung.
Die Sanierung erfolgt nach statischem Erfordernis durch
□ *Adaptierung* des vorhandenen Tragwerkes, insbesondere durch Verstärkung einzelner Konstruktionselemente mit Formstahl, Stabstahl und Blechen
□ Anordnung eines neuen Tragwerkes, das die Last zusammen mit dem bestehenden aufnimmt.
Schäden und Mängel werden auch verursacht durch fehlerhafte Planung und Ausführung. *Fehler* können bei Tragwerken aus Eisen und Stahl auftreten in der
1. Planung:
□ Fehler in der statischen Berechnung
□ konstruktive Fehler hinsichtlich Anschlüsse, Eckausbildungen, Stöße sowie Stabilität
2. Ausführung:
□ Verwendung ungeeigneter Werkstoffe
□ fehlerhafte Niet-, Schraub- und Schweißverbindungen.
Solche Fehler sind durch Adaptierung zu beseitigen.

LITERATURHINWEISE UND BILDNACHWEIS

Die wachsende Bedeutung, welche die Erhaltung und – im weitesten Sinne des Wortes – Nutzung des überlieferten Baubestandes in den vergangenen Jahren erlangte, fand ihren Niederschlag in einer Vielzahl von Veröffentlichungen, die sich mit Fragen der Gebäudesanierung beschäftigen. Wer hier eine Auswahl trifft, wird dem Schrifttum in seiner Gesamtheit kaum gerecht. Es muß daher dem an Sonderfragen interessierten Leser überlassen bleiben, Buchhandlungen oder Bibliotheken bezüglich Büchern und Zeitschriftenaufsätzen zu Rate zu ziehen.

Schrifttum, das für Bildunterlagen herangezogen wurde, ist in der Folge angeführt. Bilder des Verfassers sind im Bildnachweis nicht vermerkt.

Wo das geschriebene Wort zur Darlegung eines Problemes nicht ausreicht, wird das Bild eingesetzt. Dabei sind Ortsangaben bewußt weggelassen, weil es nur um die Darstellung des allgemeinen Problemes und nicht die eines konkreten Falles geht.

Akademie der bildenden Künste Wien, Bibliothek und Sammlung von Handzeichnungen und Kupferstichen: 8

Angst, J., Schwechat: 63

Das Bauernhaus im Deutschen Reiche und in seinen Grenzgebieten, Dresden 1906: 230, 231, 297 – 304

Bayerische Versicherungskammer München, Archiv: 5, 6

Brandschutz in Baudenkmälern und Museen v. W. Kallenbach u. a., 2. Aufl., München 1982: 142

Bruckmann, E.: 148, 149

Bundesdenkmalamt Wien: 121, 122, 139 – 141, 179, 180

Cermak, Mariazell: 31

Denkmalpflege in der Bundesrepublik Deutschland, München 1974: 119

Dombauhütte St. Stephan, Wien: 264, 265

Eichler, F., Bauphysikalische Entwurfslehre, Bd. 1, Berlin 1969: 45

»Eipeldauer-Briefe«, H. 11, Jg. 1820, Wien: 21

Fiegl, J., Wien: 1, 3, 7, 29, 33 – 35, 41, 44, 48 – 50, 58 – 62, 64 – 67, 89, 97 – 99, 106, 108 – 110, 113, 114, 128, 130, 137, 185, 232, 233, 235, 236, 319, 355, 356

Frankenstein, Wien: 28, 129, 132

Freies Dt. Hochstift Frankfurter Goethemuseum: 120

Graf, O., in Taschenbuch für Bauingenieure, hgg. v. F. Schleicher, Berlin 1943: 46, 47

Kastner, R. H., Ziegeldächer. Sieben Jahrhunderte ihrer Entwicklung im Wiener Raum; in Die Wienerberger, H. 6, Wien 1963: 30

Kastner, R. H., in Die praktischen Verfahren zur Bestandanalyse von Hochbauten. Aus Mitteln des Bundesministeriums für Bauten und Technik, Wien, gefördertes Forschungsprojekt von o. Prof. Dipl.-Ing. F. Reischl, Wien 1981: 9 – 17, 32, 36 – 38, 52 – 55, 69, 72 – 77, 79, 81, 82, 88, 90, 91, 112, 123 – 125, 320, 330 – 332

Koller, M., u. Leitner, H., Freilegung von Stukkaturen: Die Leim-Strappo-Methode; in Maltechnik Restauro, Jg. 88, H. 3, München 1982: 70, 71

Kühn, F., Geschmiedetes Eisen, 6. Aufl., Tübingen 1951: 347 – 354

Kuss, J., Mariazell: 156 – 162

Metz, Gebr., Tübingen: 178

Meyer, Wien: 186, 187

Muser, B., u. Drings, H.-R., Baunutzungsdauer, Braunschweig 1977: 105

Österreichische Nationalbibliothek Wien, Porträtsammlung – Bildarchiv: 4, 19, 20, 23, 25 – 27, 115 – 118, 126, 127, 136, 183, 237

Phleps, H., Der Blockbau, Karlsruhe 1942: 261

Pöttler, V. H., Österreichisches Freilichtmuseum Stübing bei Graz: 145 – 147

PROCEQ SA, Zürich: 42, 43, 51

Schaffler, Salzburg: 138

Scherb, K., Wien: 346

Schmidt, H., Tierische Schädlinge im Bau- und Werkholz, Hamburg u. Berlin 1962: 323 – 327

Schütz, C., in Sammlung von Aussichten der Residenzstadt Wien von ihren Vorstädten und einigen umliegenden Oertern, Wien: 18

Schwarz, H., Scheibbs: 133, 134

Spannagel, F., Die Bauschreinerei, Türen und Tore, Bd. 1, 2. Aufl., Ravensburg 1950: 200 – 218

Technische Versuchs- und Forschungsanstalt an der Technischen Universität Wien: 84, 92 – 96

VDI Nachrichten, Jg. 34, Nr. 4, Düsseldorf 1980: 68

Vité, J. P., Die holzzerstörenden Insekten Mitteleuropas, Göttingen 1953: 322